V&R

Psychologie und Beruf

herausgegeben von
Gerd Jüttemann, Heidi Möller, Lutz von Rosenstiel,
Walter Volpert, Wolfgang G. Weber

Band 7: Xiao Juan Ma
Personalführung in China
Motivationsinstrumente und Anreize

Xiao Juan Ma

Personalführung in China

Motivationsinstrumente und Anreize

Mit 19 Abbildungen und 11 Tabellen

Vandenhoeck & Ruprecht

Bibliografische Information der Deutschen Nationalbibliothek

Die Deutsche Nationalbibliothek verzeichnet diese Publikation in der
Deutschen Nationalbibliografie; detaillierte bibliografische Daten sind im
Internet über http://dnb.d-nb.de abrufbar.

ISBN 978-3-525-45156-4

Satz: Daniela Weiland, Göttingen
Druck und Bindung: ⊕Hubert & Co, Göttingen

Gedruckt auf alterungsbeständigem Papier.

Inhalt

Für meine Eltern

Vorwort

Obwohl es sich längst herumgesprochen hat, dass wir in vielen Dienstbereichen in einer globalisierten Welt leben, gibt es doch noch Menschen mit einem ausgesprochen ethnozentristischen Standpunkt, das heißt, sie nehmen ihre Lebensform als das Maß aller Dinge und gehen – meist gänzlich unreflektiert – davon aus, dass auch Menschen aus anderen Kulturen ähnlich wie sie selbst »funktionieren«. Bei Touristen findet man das häufig und gelegentlich in einer durchaus peinlichen Weise. Führungskräfte aus Unternehmen der Wirtschaft sind meist weiter, insbesondere wenn sie im Bereich Marketing und Verkauf tätig sind und ihre Produkte und Dienstleistungen in andere Länder exportieren wollen. Sie haben – um es überspitzt auszudrücken – gelegentlich auf harte Weise lernen müssen, dass es nicht gerade Erfolg versprechend erscheint, Rindfleisch nach Indien exportieren zu wollen oder den deutschen Markennamen »Schwarzkopf« für englischsprachige Länder mit »black head« zu übersetzen. Hier gibt es unmittelbar Feedback, der Markt bestraft Fehler sofort und schmerzlich.

Im Personalbereich sieht das anders aus. Wenn ein Unternehmer im Zuge der Globalisierung Zweigwerk, Produktionsstätte oder Verkaufsniederlassungen jenseits seines Heimatlandes eröffnet, dann werden die dortigen Mitarbeiter nicht selten in ähnlicher Weise geführt, wie dies bei der Muttergesellschaft üblich ist. Und gelegentlich wundert sich dann die Geschäftsleitung eines amerikanischen Unternehmens, wenn Maßnahmen, die in den USA leicht durchzusetzen sind, in Deutschland am Einspruch des Betriebsrates oder schlicht an den bestehenden Arbeitsgesetzen scheitern.

Ganz ähnliche Fehler machen aber auch deutsche Unternehmen in ihren Niederlassungen im Ausland. Sie wenden Führungsprinzipien an, die sich in Deutschland bewährt haben, bilden Entlohnungsmodelle, die im Mutterhaus eine lange Tradition haben oder hoffen, dass Anreize auf Mitarbeiter im Ausland so wirken wie es in Deutschland der Fall ist.

Hier nun setzt das vorliegende Buch von Frau Dr. phil. Xiao Juan Ma an. Sie versucht die Frage zu beantworten, wie chinesische Mitarbeiter auf Anreize reagieren, die ihnen von deutschen Unternehmen in China geboten werden. Sie spekuliert hier nicht, stellt nicht nur begründete Vermutungen auf der Basis der chinesischen Tradition und Kultur an, sondern sie sucht auf empirisch-wissenschaftlichem Wege Antworten auf die damit zusammenhängenden Fragen.*

Die Autorin ist hervorragend geeignet, denn sie hat in China die Rechtswissenschaft studiert, Betriebswirtschaftslehre in den USA und Deutschland und schließlich auch in Deutschland auf dem Gebiet der Arbeits- und Organisationspsychologie promoviert. Entsprechend differenziert und kenntnisreich geht sie die von ihr selbst gestellte Fragestellung an. Die Ergebnisse zeigen, dass chinesische Mitarbeiter auf Anreize anders reagieren als deutsche. Dies hätte man möglicherweise – wenn man nicht ganz naiv ist – auch vermutet. Was man freilich nicht vermuten würde, ist, dass man von einer einheitlichen Kultur, einem relativ einheitlichen Reagieren auf die von den Betrieben gebotenen Anreize nicht sprechen kann. Das, was chinesische Mitarbeiter, die in deutschen Unternehmen arbeiten, von diesen erwarten, wie sie auf Anreize reagieren, ist höchst unterschiedlich, so dass es ein besonderes Verdienst der Autorin ist, hier Reaktionstypen auf empirischer Grundlage zu bilden und aufzuzeigen, wie man diese durch bestimmte Kombinationen von Anreizen am besten ansprechen kann. Für den Praktiker, der dieses Buch zur Hand nimmt, ist es dabei hilfreich, dass er sich nicht unbe-

---

* Dieses Buch beruht auf einer Dissertation, die im März 2006 am Lehrstuhl für Organisations- und Wirtschaftspsychologie der Ludwig-Maximilians-Universität München unter dem Titel »Motivationsmanagement im chinesischen Kontext« eingereicht und angenommen wurde.

dingt durch die wissenschaftliche Fundierung und die reichlich angebotenen Daten »hindurchkämpfen« muss, sondern jeweils die Quintessenz, die Ratschläge für die Praxis prägnant aufbereitet vorfindet.

Viele deutsche Unternehmen haben erkannt, dass China, das bevölkerungsreichste Land der Welt mit einer imponierenden Wachstumsrate, für sie künftig ein wichtiger, ja ein unverzichtbarer Partner werden wird. Wer nicht nur Waren nach China verkaufen möchte, sondern dort Niederlassungen hat oder aufzubauen gedenkt, für den ist die Schrift von Frau Dr. phil. Xiao Juan Ma eine Fundgrube und für das praktische Handeln äußerst hilfreich. So wünsche ich denn diesem Buch viel Erfolg!

Prof. Dr. Lutz von Rosenstiel

1 Warum Personalführung in China? Eine Einleitung

Zunehmende Globalisierung der Märkte und international agierende Unternehmen führen konsequenterweise zu einer Internationalisierung der Personalarbeit. Die Menschen in Organisationen werden immer unterschiedlicher und der Berücksichtigung von Gemeinsamkeiten und Besonderheiten der unterschiedlichen Kulturen und Individuen kommt daher eine wichtige Rolle zu.

Es gibt im Bereich der Personalführung mittlerweile umfangreiche Erkenntnisse und Literatur über Auslandseinsätze von Expatriates. Aus Gründen kultureller Anpassungsschwierigkeiten, der Effektivität und die Kosten bevorzugen einige Unternehmen, lokale Führungskräfte und Mitarbeiter einzustellen. Dafür ist die Entwicklung einer an die kulturellen Bedingungen vor Ort angepassten Personalarbeit notwendig. Doch liegen zu diesem Forschungsgebiet in Deutschland bislang nur wenige Erfahrungen vor (Korb, 1998, S. 263). Motivationsinstrumente und Anreizsysteme können oft nicht uneingeschränkt von einer Kultur zu anderen übertragen werden (Gentz, 1990). Schwalbach (1999) zeigt in diesem Zusammenhang einen großen Unterschied der Anreizsysteme zwischen verschiedenen Nationen.

Offenkundig steht dem Bedarf in den Unternehmen ein Forschungsdefizit gegenüber. Es ist daher wichtig, Erkenntnisse zu gewinnen, welche Anreizsysteme in welchen Situationen und in welchem kulturellen Umfeld effektiv eingesetzt werden können.

Insbesondere China nimmt wirtschaftlich, aber auch politisch, eine zentrale Rolle in 21. Jahrhundert ein. Zwischen 1978 und 2002 betrug die Wachstumsrate des Bruttoinlandsproduktes (BIP) durchschnittlich 9,3 Prozent jährlich (Zeng u.

Williamson, 2004). Es wird von der Weltbank erwartet, dass im Jahr 2008 Chinas BIP die Größe des deutschen BIP erreichen könnte (www.economist.com, 2001). Ausländische Direktinvestitionen in China wachsen stark an. Allein im Jahr 2002 lockte China mehr ausländisches Kapital an als die USA (China: 53,2 Milliarden Dollar, USA: 52,7 Milliarden Dollar) (K. Lieberthal u. G. Lieberthal, 2004). Große deutsche Unternehmen wie Siemens, VW, Deutsche Bank und Thyssen-Krupp haben bereits mehrjährige Erfahrungen in China gesammelt. Mittlerweile sind bereits über 2000 deutsche Unternehmen in China aktiv – davon auch zahlreiche Mittelständler. Das Risiko, nicht auf diesem Markt vertreten zu sein, wird offenbar als größer eingeschätzt als das Risiko des Engagements. Viele Unternehmen nutzen China gerade für personalintensive Produktion.

Es ist also insbesondere für Unternehmen und eine angewandte Wissenschaft wie die Wirtschaftspsychologie relevant, sich mit den Bedingungen der Personalführung in China auseinanderzusetzen. So kann das Potenzial in diesem wachsenden Wirtschaftsraum besser ausgeschöpft werden. Das Verstehen und Führen der chinesischen Mitarbeiter ist daher ein zentrales Thema für ausländische Unternehmen (McComb, 1999; Goodall u. Warner, 1999; Bruton, Ahlstrom u. Chan, 2000; Melvin, 2000). Weldon und Vanhonacker (1999) vertieften diese Gedanken. Sie sehen die größte Herausforderung für ausländische Unternehmen in China darin, eine Strategie zu entwickeln, wie sie ihre chinesischen Mitarbeiter zur Leistung motivieren können.

Hier scheint es große Defizite zu geben, denn trotz großer Investitionen haben bisher nur wenige Unternehmen von ihrem China-Engagement profitiert. Investitionen in China sind nach wie vor als riskant einzustufen. Die Unkontrollierbarkeit der stark dynamischen Personalkosten, hohe Fluktuation und geringe Bindung der Mitarbeiter sowie schlechte Vorhersehbarkeit der Effekte der kurz- und langfristigen Investitionen in chinesische Mitarbeiter sind wichtige Ursachen dieser Schwierigkeiten (Sensenbrenner u. Sensenbrenner, 1994; Beamer, 1998). Gelingt es, diese Risiken kalkulierbar zu machen, steigt die Sicherheit bei Investitionen und die Wettbewerbsfähigkeit und damit die Bereitschaft, sich in China zu engagieren. Was kann also zur Optimierung der Personalarbeit in China getan werden?

Zentrale Aufgabe der Personalarbeit ist es, gut ausgebildete und engagierte Mitarbeiter als wichtige Unternehmensressource und Kapital zu rekrutieren, an das Unternehmen zu binden und dauerhaft zu motivieren. Insbesondere dann, wenn ein Unternehmen sich in einem fremden Land engagiert, ist es notwendig, zu erkennen, welche Wertorientierungen und welches Arbeitsverhalten heimische Mitarbeiter aufweisen. Es gilt, durch geeignete und effektive Anreize die Arbeitsmotivation, Leistung, Leistungsbereitschaft, Identifikation und schließlich Bindung und Arbeitszufriedenheit der chinesischen Mitarbeiter zu erhöhen.

Wegen der großen Kulturunterschiede können sich die gewohnten Effekte von Anreizen aber in einem anderen Land entweder nicht einstellen oder sogar in negative Effekte umwandeln (Kumar, 1991). Die in der Vergangenheit durchgeführten deutschen Forschungsarbeiten über die chinesische Philosophie, Kultur, Gesellschaft (Weggel, 1973; Granet, 1980, Jenner, 1993), Wirtschaftssysteme (Herrmann-Pillath, 1990), Politik (Opletal, 1981), Organisation (Groeling, 1972), Rechtssystem (Bauer, 1980) sowie die Wertorientierung der Chinesen (Bauer, 1971) sind nicht mehr aktuell und lassen außerdem die nötige empirische Stützung vermissen. Auch in aktuellen wirtschaftswissenschaftlichen Beiträgen über interkulturelle Personalführung und Personalstrategie (Mall, 1997; Herrmann-Pilath, 1997; Posth u. Rieken, 1998; Rothlauf, 1999) fehlt die Konkretisierung von Praxisproblemen und die empirische Fundierung. Die englische Literatur über chinesische Werte und Charakteristiken der Chinesen (Bond, 1986, 1991) sowie die Managementpraxis in China (Wall, 1990) leisten zwar einen Beitrag zum Verständnis der chinesische (Management-)Philosophie, bieten aber keine Lösung für das Problem der mangelnden Planungssicherheit im Personalbereich.

Ebenso wie in westlichen Industrieländern (Klages, 1985; Fürstenberg u. Strümpel, 1987; Inglehart, 1998) haben sich auch die Werthaltungen der Chinesen im Zeitablauf stark verändert (Zhu, 1995; Ralston et al., 1996). Die aktuellen Werthaltungen in China sind heterogen und vielschichtig. Der Wertewandel, das Arbeitsverhalten der gut ausgebildeten Angestellten und insbesondere geeignete Anreize zur Steuerung des Arbeitsverhaltens sind deutschen Unternehmen und deutschen Managern weitestgehend unbekannt. Sie wollen ihre Aktivitäten und Geschäfte vor Ort häufig auf die gleiche Weise wie in Deutschland abwickeln. Doch langfristig treten dabei Schwierigkeiten auf, und Chancen werden versäumt. Ein langfristiges Engagement und nachhaltiger Erfolg in China erfordern eine Anpassung an diesen Markt (Jerrentrup, 1999; Meng, 2004). Das Wissen über die vor Ort geeigneten Anreizsysteme ist deshalb dringend notwendig.

Dieses Buch stellt einen Beitrag sowohl für die praxisorientierte als auch die theoretische Wissenschaftsentwicklung in diesem Feld dar. Ziel ist, durch theoriegeleitete empirische Untersuchung herauszufinden, welche Anreize deutsche Unternehmen für ihre chinesischen Mitarbeiter in China derzeit bereitstellen, welche Werte und Anreizpräferenzen die chinesische Mitarbeiter haben und insbesondere, welche unterschiedliche Anreize für die verschiedenen Mitarbeiter bereitgestellt werden sollten. Darüber hinaus soll geklärt werden, welche Auswirkungen das jeweilige Anreizsystem auf die Mitarbeiter und Mitarbeiterinnen bezüglich Leistung, Organizational Citizenship Behavior (OCB), Identifikation, Loyalität und Arbeitszufriedenheit und schließlich auf die Fluktuationsneigung hat.

Sinn der Untersuchung ist erstens, die relevanten – und derzeit nicht vorhandenen – Informationen über chinesische Mitarbeiter und geeignete Motivationsinstrumente zu gewinnen. Diese Informationen sollen deutsche Unternehmen, die in China aktiv sind, bei der Führung ihrer chinesischen Mitarbeiter unterstützen. Zweitens ist es auch für deutsche Unternehmen wichtig, die gerade planen, eine Niederlassung nach China zu verlegen, ein aktuelles und möglichst vollständiges Bild der Potenziellen chinesischen Mitarbeiter und der geeigneten Anreize zu gewinnen. Damit erhalten sie die Möglichkeit, trotz wesentlicher kultureller Unterschiede ihre Aktivitäten in China besser planen und durchführen zu können. Somit kann die Entscheidung für ein Engagement erleichtert und gefördert werden. Schließlich dient das Buch dazu, sowohl den nationalen Charakter bezüglich des philosophischen, psychologischen, politischen und wirtschaftlichen Hintergrundes als auch die Möglichkeiten der Personalführung in China zu erfassen. Die daraus entstehenden Erkenntnisse sind sowohl für einzelne deutsche Unternehmen als auch für die gesamte deutsche Wirtschaft von Bedeutung.

Konkret werden in diesem Buch zuerst die theoretischen Grundlagen der Motivation und Anreize in der Arbeit dargestellt. In diesem Zusammenhang werden und kultur- und menschenbildbedingte Gestaltungsmöglichkeiten der Anreize diskutiert. Danach werden arbeitsrelevante Werthaltungen der Chinesen theoretisch analysiert. Auf dieser Basis werden Fragestellungen für die empirische Untersuchung entwickelt. Eine empirische Untersuchung folgt. Anschließend werden die Ergebnisse präsentiert und zusammengefasst. Relevante Handlungsempfehlungen und Konsequenzen für die Anwendung und die Praxis werden herausgearbeitet. Als Abschluss folgt ein Ausblick über zukünftige Forschungsfragen in diesem Bereich.

2 Motivation und Anreize in der Arbeit

Im Folgenden werden die theoretischen Grundlagen der Fragestellung sowie die empirische Untersuchung dargestellt. Zunächst werden theoretische Modelle der Motivation referiert und Implikationen der Modelle für die Praxis präsentiert. Es folgt eine Klassifikation von Anreizen und eine Beschreibung der einzelnen Anreize. Schließlich werden die nationalkultur- und menschenbildsbedingten Gestaltungsmöglichkeiten von Anreizen analysiert.

2.1 Motivation in der Arbeit

Das klassische Arbeitsverhältnis zwischen Individuum und Organisation ist aus betriebswirtschaftlicher und juristischer Perspektive eine reine Austauschbeziehung – Arbeitsleistung gegen entsprechende vereinbarte Vergütung. Mit dem Begriff »psychologischer Vertrag« fügt Schein (1980) dieser Definition eine neue Perspektive hinzu: Der so genannte Vertrag existiert auch psychologisch. Die vielseitigen Inhalte von Erwartungen[1] auf beiden Seiten scheinen sehr wichtig für den Erfolg der Organisation zu sein. Dieser psychologische Vertrag ist aber für die Unternehmen schwer greifbar. Er ist unspezifisch definiert,

---

1 Aus Mitarbeiterperspektive ist dies zum Beispiel die Erwartung fairer Behandlung, aus Sicht des Unternehmens zum Beispiel ein hohes Engagement der Mitarbeiter. Konkrete Inhalte sind, wie viel Arbeit soll für welche Bezahlung geleistet wird sowie welche Rechte, Privilegien und Pflichten zwischen Individuum und Organisation bestehen (Schein, 1980, S. 24).

nicht schriftlich fixiert und damit leicht verletzbar. Probleme auf dieser Ebene sind oft nicht erkennbar und können langfristig Schaden verursachen. Das Gleiche gilt auch für die Chancen: Eine gute psychologische Beziehung zu den Mitarbeitern kann ein Unternehmen sich nur wünschen. Es gilt diese Beziehung gezielt mit entsprechenden Instrumenten zu fördern und die Chancen für Motivation, Leistung, Zufriedenheit, Commitment und Bindung zu nutzen. In dieser Situation ist es für Unternehmen besonders wichtig, die Erwartungen der Mitarbeiter zu erkennen und auf Basis der verfügbaren Ressourcen und der Unternehmensstrategie zielorientiert zu berücksichtigen. Im Zusammenhang mit den Erwartungen spielen Anreize eine wichtige Rolle. Bei Anreizen für Mitarbeiter ist insbesondere deren Motivstruktur zu beachten.

2.1.1 Theoretische Modelle der Motivation

Bei Motiven handelt es sich um individuell charakteristische Wertungsdispositionen, die zeitlich relativ überdauernd sind und durch Anreize aktiviert werden können (von Rosenstiel, 2001b, S. 6). Motivation ist das Produkt individueller Merkmale unter einer aktuell wirksamen Situation, in der Anreize auf die individuellen Motive einwirken (Nerdinger, 1995). Es handelt sich also um eine Interaktion von motivierender Situation und motiviertem Subjekt (Graumann, 1969). Anreize sind somit ein wahrgenommener Teil der Situation. Sie können einen Aufforderungscharakter in positiver oder negativer Richtung haben, bestimmte Handlungen auszuüben und andere zu unterlassen (von Rosenstiel, 2003b).

Daher ist es wichtig, bei der Gestaltung von Anreizsystemen zu beachten, dass diese mit den individuellen Motiven der Mitarbeiter korrespondieren. Dabei muss unter anderem der Wertewandel (Klages, 1985; Inglehart, 1998) in der Gesellschaft berücksichtigt werden.

Was bewirken Anreize? Wie werden spezifische Anreize auf die Motivation wirken? Diese Frage muss für die strategische

Planung und konkrete Gestaltung eines Anreizsystems beantwortet werden.

Im Lauf der Zeit haben sich zahlreiche verschiedene Theorien
der Motivation entwickelt und bieten eine Grundlage für die
Herausforderung der Motivation in der Praxis. Die Theorien
lassen sich grob vier Gruppen (Madsen, 1968; Weiner, 1996;
von Rosenstiel, 2003a) zuordnen: Triebreduktionstheorien, Erwartungs-Wert-Theorien, Theorien der kognitiven Umweltbewältigung und humanistische Motivationstheorien.

Innerhalb der *Triebreduktionstheorien* postuliert Freud beispielsweise, dass ein Trieb, wenn er als eine kontinuierlich flie-
ßende innersomatische Reizquelle einen kritischen Wert über-
schreitet, einen Drang erzeugt – eine erlebte Motivstärke. Dieser
Drang löst ein Verhalten aus, das zur Reduktion des Drang-
erlebnisses führt und dadurch eine Senkung des Ist-Werts unter
den kritischen Wert bewirkt. Die Motivstärke wird in diesen
Theorien mitunter auch formalisiert als Trieb × Verhaltens-
gewohnheit × Anreiz dargestellt.

In der Praxis könnte zum Beispiel ein Mitarbeiter einen starken Trieb nach Macht und Prestige haben. Dieser Trieb erzeugt
einen Drang nach Aufstieg. Er versucht daher, diesem Drang
nachzugehen. Der Anreiz wäre hier, dass das Unternehmen aufgrund seiner starken Expansion seinen Mitarbeitern eine gute
Aufstiegsmöglichkeit anbieten kann. Der Mitarbeiter bemüht
sich daher, in der bereits früher erfolgreichen Art gute Leistung
zu erbringen. Tatsächlich bekommt er die ersehnte Beförderung. Sobald er sein Ziel, die neue Position, erreicht hat, sinkt
sein Wunsch nach Aufstieg. Der Trieb ist vorübergehend er-
loschen (vgl. von Rosenstiel, 2003b).

Die *Erwartungs-Wert-Theorien*, die auch als Anreiztheorien
bezeichnet werden, gehen von einem Homo oeconomicus aus,
einem Menschen, der rein zweckrational agiert. Aus dieser Perspektive versucht der Mensch immer, seine Erwartungen zu erfüllen und seinen Nutzen zu maximieren. Entscheidend ist hier
die subjektive Wahrnehmung des Individuums. Für ein Unternehmen ist es daher sinnvoll, Anreize in solcher Form einzusetzen, die entweder den Nutzen des Ziels für das Individuum

subjektiv steigern oder die subjektive Wahrscheinlichkeit der Zielerreichung erhöhen.

In der Praxis hat zum Beispiel ein Mitarbeiter den Wunsch nach Selbstentfaltung. Das Unternehmen bietet ihm dafür eine interessante und herausfordernde Arbeitstätigkeit und vermittelt ihm diese Einstellung zur Tätigkeit auch subjektiv. Zudem kann seine Erwartung, die Tätigkeit ausführen zu können, durch ein entsprechendes Training erhöht werden. Eine andere Möglichkeit wäre, ihm generell Weiterbildungschancen anzubieten. Auch dadurch könnten seine subjektiven Chancen zur Selbstentfaltung erhöht werden.

Ein bekannter Ansatz innerhalb dieser Gruppe ist Vrooms VIE-Theorie. Auf der Basis von Vrooms VIE-Theorie haben Porter und Lawler (1968), Graen (1969) sowie Lawler (1977) das Weg-Ziel-Modell entwickelt. Von Rosenstiels Modell des motivierten Verhaltens in der Leistungsorganisation erweitert diese Theorie (von Rosenstiel, 1975) zusätzlich. Ein Anreiz aktiviert zunächst die Motivstruktur des Mitarbeiters. Darauf erfolgt die subjektive Erwartung, ein bestimmtes Ziel zu erreichen. Nach der Bildung einer Verhaltenintention erfolgt das Verhalten. Das Verhaltensergebnis und die Konsequenzen führen schließlich zur Zufriedenheit der Mitarbeiter. Die Zufriedenheit beeinflusst wiederum die Motivstruktur der Person. Dabei sind Belohnung oder Bestrafung sehr von der subjektiven Perspektive der Mitarbeiter abhängig. Die Belohnung sollte also auf die Erwartungen des Mitarbeiters ausgerichtet sein.

Zu den *Theorien der kognitiven Umweltbewältigung* zählen unter anderem die Theorie der Kognitiven Dissonanz (Festinger, 1957), die Gleichgewichtstheorie (Adams, 1963) und die Attributionstheorie (Weiner, 1996).

Bei kognitiver Dissonanz versucht der Mensch, eine Harmonie innerhalb seines kognitiven Systems herzustellen. Es wird beispielsweise bei einem Informatiker, der sich als nicht kompetent genug für seinen Anspruch wahrnimmt, Lernverhalten ausgelöst, um seinen Wunsch nach Verbesserung der eigenen Programmierfähigkeit zu erfüllen.

Die Gleichgewichtstheorie, die auch Gerechtigkeitstheorie genannt wird, erklärt, dass die Mitarbeiter immer ein Gleichgewicht zwischen ihrer Investition und den erhaltenen Belohnungen anstreben. Hier hat der soziale Vergleich als Moderator einen großen Einfluss auf das Verhalten der Mitarbeiter.

Die Attributionstheorie beschreibt, dass die Emotionen des Individuums gegenüber einem bestimmten Objekt bei Erfolg beziehungsweise Misserfolg je nach subjektiver Interpretation der Situation sehr unterschiedlich ausgeprägt sind. Die Wahrnehmung der Situation entscheidet über die Emotionen, nicht die Situation selbst.

In der Praxis etwa sehen wir, dass eine gute Leistung eines Mitarbeiters, die auf die eigene Fähigkeit zurückgeführt wird und nicht auf äußere Umstände, zu Zufriedenheit und Selbstbewusstsein führt.

Die vierte wesentliche Gruppe der Motivationstheorien sind die *humanistischen Motivationstheorien*. Maslows Bedürfnispyramide (Maslow, 1954), Alderfers ERG-Modell (Alderfers, 1972) und Herzbergs Zwei-Faktoren-Theorie (Herzberg, Mausner u. Synderman, 1959) sind repräsentative Theorien innerhalb dieser Kategorie. Die verschiedenen Bedürfnisse der Mitarbeiter werden hier bei der Gestaltung der Anreize berücksichtigt. Bei Maslow und Alderfer geht es um ein Hierarchieprinzip der Bedürfniserfüllung und bei Herzberg um die Ursachen für die Zufriedenheit beziehungsweise Unzufriedenheit der Mitarbeiter. Nach den humanistischen Motivationstheorien sollten solche Anreize für die Erhöhung von Motivation, Leistung und Zufriedenheit beziehungsweise Vermeidung von Unzufriedenheit gewählt werden, die individuelle Bedürfnisse der Mitarbeiter erfüllen.

In der Praxis sollten zum Beispiel vielfältige Arbeitsinhalte angeboten werden, wenn die Mitarbeiter das Bedürfnis nach Selbstverwirklichung haben. Eine Gehaltserhöhung kann dieses Bedürfnis nicht gut erfüllen und sollte deswegen auch in dieser Situation nicht angeboten werden, wohl aber, wenn materielle Bedürfnisse dominant sind.

Insgesamt verdeutlichen diese vier Gruppen von Motivationstheorien die Bedeutung und die Auswirkung von Anreizen. Unternehmen sollten versuchen, ihre Anreizsysteme effizient zu gestalten, um Mitarbeiter zu höherer Leistung zu motivieren, individuelle Unterschiede zu berücksichtigen, die Zufriedenheit zu erhöhen und natürlich auch, um die Leistungsträger zu binden.

2.1.2 Implikationen der Modelle für die Praxis

Zusammengefasst wird aus den theoretischen Modellen Folgendes ersichtlich:
– Es gibt Bedürfnisse auf Seiten der Mitarbeiter.
– Diese Bedürfnisse sind interindividuell und intraindividuell (in unterschiedlichen Zeitphasen) unterschiedlich.
– Es bestehen Anreize im von der Organisation kontrollierten Umfeld der Mitarbeiter.
– Motivation entsteht aus der Wechselwirkung der Bedürfnisse und der Anreize. Die aktuelle Ausprägung der betroffenen Personen und ihre konkrete Situation muss daher bei der Anreizgestaltung berücksichtigt werden.
– Entscheidend ist dabei nicht in erster Linie die objektive Situation, sondern die subjektive Wahrnehmung und Erwartung der Mitarbeiter.

Dabei ist natürlich zu beachten, dass auch eine Organisation Ziele verfolgt. Die Befriedigung der Bedürfnisse von Mitarbeitern ist daher kein Selbstzweck, sondern erfolgt immer im Kontext der organisationalen Zielsysteme und dient letztendlich deren Erfüllung. Darüber hinaus müssen auch organisationale Rahmenbedingungen wie Kosten, finanzielle und andere Ressourcen und Rahmenbedingungen der Wertschöpfungsprozesse beachtet werden. Außerdem spielen Gesichtspunkte der Flexibilität und politische Aspekte eine Rolle.

Es gilt also in der Praxis, für ein effizientes Anreizsystem diese zahlreichen Einflussgrößen unter einen Hut zu bekommen, um eine im Einzelfall für die Organisation und den Mitarbeiter optimale Passung zu erreichen (Abbildung 1).

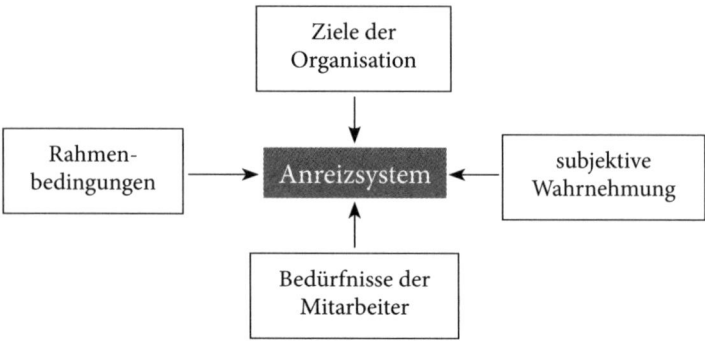

Abbildung 1: Einflussfaktoren für die Gestaltung eines Anreizsystems

2.2 Motivationsmanagement in der Praxis: Anreize

In der Praxis wird Motivation auf vielfältigste Art beeinflusst, wobei dies oft nicht bewusst oder mit dem Hauptaugenmerk auf die Motivation geschieht. Das beginnt bei der Attraktion bestimmter Bewerber für Arbeitstellen je nach ihren Bedürfnissen und Motiven, geht über die Personalauswahl nach bestimmten Eignungen und damit auch Interessen, Motiven und Erfolgserwartungen, setzt sich mit der Personalentwicklung und einfachen Mitarbeitergesprächen fort. Im Endeffekt lässt sich kaum ein Prozess innerhalb von Organisationen denken, der nicht direkt oder indirekt mit den Motiven von Mitarbeitern zusammenhängt oder sich darauf auswirkt. Das Motivationsmanagement (von Rosenstiel, 1999a, 1999d, 2003b) hat vielfältige *Aufgaben* im Unternehmen zu leisten: Es hilft mögliche Barrieren im Unternehmen zu beseitigen, um die selbstständig handelnden Mitarbeiter zu unterstützen, damit die Demotivation an sich engagierter Mitarbeiter verhindert werden kann. Durch Personalentwicklungsmaßnahmen können die Fähigkeiten der Mitarbeiter gefördert werden, damit das »Können« im Handelsprozess steigt. Durch ein lernendes Organisationsklima und Förderung durch direkte Vorgesetzte kann das »Wollen« der Mitarbeiter im Leistungsprozess verstärkt werden. Auch die Identifikation der Mitarbeiter sollte durch die Unternehmensmission oder -vision und die Unternehmensentwicklung erhöht werden, damit die guten Mitarbeiter an das Unternehmen gebunden werden. Besonders wichtig und zentral ist, mit dem betrieblichen Anreizsystem direkt zu versuchen, die Motivation und das Verhalten der Mitarbeiter in die vom Unternehmen gewünschte Richtung zu beeinflussen.

Zunächst sollen Klassifikationsansätze für die verschiedenen Anreize in der Praxis vorgestellt werden. Dabei können die zahlreichen Anreize nach vielfältigsten Aspekten in unterschiedlichste Kategorien klassifiziert werden. Je nach ihrer zeitlichen Perspektive haben Wissenschaftler dabei Beiträge zur Klassifikation von Anreizen geleistet.

2.2.1 Klassifikation von Anreizen

Herzbergs Zweifaktorentheorie differenziert *Anreize nach Motivatoren und Hygienefaktoren* (Herzberg et al., 1959). Herzberg unterscheidet damit Anreize nach ihren Auswirkungen. Die Motivatoren führen zu Zufriedenheit, während eine Verschlechterung der Hygienefaktoren zur Unzufriedenheit führt. Bei einer Verbesserung der Hygienefaktoren wird zwar keine Unzufriedenheit mehr, aber dennoch keine Zufriedenheit empfunden.

Hygienefaktoren beachten insbesondere extrinsische Bedürfnisse wie Geld, Unternehmenspolitik und Verwaltung, Personalführung, interpersonelle Beziehungen mit Vorgesetzten, Kollegen und Untergebenen, physische Arbeitsbedingungen und die Arbeitsplatzsicherheit. Motivatoren befriedigen dagegen insbesondere intrinsische Arbeitsbedürfnisse. Diese sind Leistungserfolg, Anerkennung, die Arbeit selbst, Verantwortung, Aufstieg und Entfaltungsmöglichkeiten.

Von Rosenstiel hat 1975 Anreize in vier Bereiche kategorisiert: finanziellen Anreize, sozialen Anreize, Anreize der Arbeit selbst und die Anreize des organisatorischen Umfeldes. Damit wählt von Rosenstiel eine strukturelle Klassifikation der Anreize innerhalb der Organisation.

Unter finanzielle Anreize fallen direkte und indirekte Entlohnung wie Gehalt, Werkswohnung, Kantine, verbilligte Einkaufsmöglichkeiten usw. Unter sozialen Anreizen sind Kontaktmöglichkeiten mit Vorgesetzten, Gleichgestellten und Untergebenen zu verstehen. Die Anreize der Arbeit selbst werden als Bedingungen der Arbeit verstanden. Sie schließen die Gestaltung des Arbeitsplatzes, die Inhalte der Arbeit, Partizipationsmöglichkeiten und die Möglichkeiten der Weiterbildung und des Aufstiegs ein. Unter die Anreize des organisatorischen Umfeldes fallen Größe, Standort, Struktur und Ansehen der Organisation sowie die Führungskonzepte der Organisation.

Schanz (1991) hat Anreize nach unterschiedlichen Aspekten gebündelt. Er unterscheidet Anreize sowohl nach Anreizobjekten, Zahl der Anreizempfänger als auch nach Quellen der Anreize.

Innerhalb der Anreizobjekte werden Anreize nach materiellen und immateriellen Anreizen unterschieden. Materielle Anreize konzentrieren sich auf das Entgelt; im Gegensatz dazu beinhalten immaterielle Anreize interessante, ganzheitlich gestaltete Aufgaben, Partizipationsmöglichkeiten, mitarbeiterorientiertes Vorgesetztenverhalten, ein angenehmes soziales Klima usw.

Nach der Zahl der Anreizempfänger werden Anreize in Individual-, Gruppen- und organisationsweite Anreize klassifiziert. Sie beziehen sich auf die monetäre Gratifikation und stehen im Zusammenhang mit Auswirkungen auf das Leistungsverhalten. Individualanreize spielen beim betrieblichen Vorschlagswesen eine wichtige Rolle. Gruppenanreize verbinden sich mit dem Qualitätszirkel- oder dem Lernstattkonzept. Organisationsweite Anreize sind beispielsweise Erfolgs- und Kapitalbeteiligungen und Mitwirkungs- und Mitentscheidungsrechte.

Nach den Quellen können Anreize in Kategorien der extrinsischen und intrinsischen Anreize differenziert werden. Extrinsische Leistungsanreize sind sowohl Geld als auch Karriereanreize und gewisse Statussymbole. Intrinsische Anreize konzentrieren sich auf fünf Elemente der Tätigkeiten oder Aufgaben: Ganzheitlichkeit der Aufgaben, Vielseitigkeit der Aufgaben, Bedeutung der Arbeit, Autonomie und Rückmeldung. Damit bewegt sich Schanz sehr nahe am Motivationspotenzial von Hackman und Oldham (1974).

Hentze unterscheidet zwischen monetären und nichtmonetären Anreizen (Hentze, 1995, S. 65). Unter die monetären Anreize fallen die direkte Entlohnung, die Erfolgsbeteiligung und die betrieblichen Sozialleistungen. Die nichtmonetären Anreize umfassen die soziale Kommunikation, Gruppenmitgliedschaft, Führung, Arbeitszeit- und Pausenregelungen, Arbeitsinhalte, Arbeitsplatzgestaltung, Personalentwicklung und Aufstiegsmöglichkeiten. Außerdem ist das Vorschlagswesen sowohl durch monetäre als auch durch nichtmonetäre Merkmale charakterisiert.

2.2.2 Fragen der Anreizgestaltung

Die genannten Klassifikationen bieten eine gute Möglichkeit, einen Überblick über Anreizsysteme zu gewinnen. Allerdings zeigt die Vielfalt und Unterschiedlichkeit der Ansätze auch die Komplexität des Themas Motivation und die Schwierigkeit, Grenzen ziehen zu können: Was gehört eigentlich nicht zu den Anreizen? Im Prinzip kann alles zum Anreiz werden.

Jedoch ist eine weitere Frage hier besonders wichtig: Welche Anreize sind überhaupt für die Ziele der Personalführung wichtig, Mitarbeiter zu höheren Leistungen zu motivieren, ihre Identifikation, Anstrengungsbereitschaft und Zufriedenheit zu erhöhen und schließlich auch die Leistungsträger im Unternehmen zu behalten? Das Unternehmen hat nur begrenzte Ressourcen für die Personalarbeit. Was kann das Unternehmen tun, um möglichst wenige Ressourcen einzusetzen, aber möglichst große Erfolge zu erzielen?

Generell gibt es bei jedem Anreiz Licht und Schatten, jedoch sind die positiven und negativen Effekte der Anreize unterschiedlich hoch verteilt. Von Rosenstiel (1999a) hat die mögliche Funktionalität und Dysfunktionalität von Anreizen

dargestellt: Insgesamt zeigt die Zielvereinbarung eine deutliche Beziehung zur Leistung, passende Anerkennung und Lob
des direkten Vorgesetzten können positives Verhalten der Mitarbeiter bekräftigen, leistungsorientierte Belohnung erhöht die
Anstrengungsbereitschaft der Mitarbeiter. Manche Anreize lösen
negative Effekte aus: Bestimmte institutionelle Anerkennungs-
maßnahmen wie beispielsweise interne Ranglisten und damit
verknüpfte Belohnungen verursachen eine ungesunde interne
Konkurrenz, die aufgrund von internen Vergleichen mit Kollegen zu Unzufriedenheit und Demotivation der Mitarbeiter
führt, intrinsische Motivation kann durch finanzielle Belohnung zu extrinsischer Motivation korrumpiert werden. Aufgrund der möglichen Funktionalität und Dysfunktionalität von
Anreizen ist es bei der Gestaltung von Anreizsystemen wichtig, die Maßnahmen für die jeweilige Situation, die betroffenen
Personen und deren Wechselwirkung zu überprüfen.

Von Rosenstiel hat im Jahr 2003 praxisorientierte Vorschläge
der Anreizgestaltung nach Bedürfnissen und Wertorientierung
der Person am Beispiel von Maslows Motivhierarchiepyramide
entwickelt. Unter der Annahme von gleichzeitig unterschiedlichen Bedürfnissen schlägt er folgende Überlegungen für die
Gestaltung der Anreize vor: Unter die Grundbedürfnisse der
Mitarbeiter fallen sowohl die Gestaltung des Arbeitsplatzes als
auch betriebliche Sozialleistungen. Zu den Sicherheitsbedürf-
nissen der Mitarbeiter gehören Sicherheit der Arbeitsplätze,
Sicherheit vor Verlust von Status oder Kompetenz, Sicherheiten
am Arbeitsplatz, Vorsorge bei Berufskrankheit usw. Für die
Bedürfnisse der Mitarbeiter nach Kontakt und Zugehörigkeit
sollten folgende Gegebenheiten von Unternehmen angeboten
werden: ein gutes Betriebsklima, Sozialleistungen sowie Möglichkeiten zu gemeinsamen sozialen Aktivitäten, gemeinsame
Fort- und Weiterbildung, Gruppen- oder Teamarbeit, zeitbe-
grenzte Projekte sowie arbeitsbezogene Kommunikationsmöglichkeiten zwischen Kollegen. Zu den Ich-Motiven – Anerkennung, Status, Prestige und Achtung – können Unternehmen
Anreize wie Ehrenzeichen und Aufstiegsmöglichkeiten anbieten.
Für das Bedürfnis nach Selbstverwirklichung der Mitarbeiter

können von Unternehmen Anreize wie Karriereplanung, Aufstiegsmöglichkeiten, Fort- und Weiterbildungschancen, Delegation von und Partizipation an Entscheidungen, Vorschlagswesen und die Gestaltung des Arbeitsplatzes nach eigenem Geschmack angeboten werden. Schließlich wurde Geld als eine Sonderkategorie von Anreizen diskutiert. Das Geld spielt die bedeutsamste Rolle innerhalb der Gestaltung von Anreizen. Geld kann auf sehr unterschiedlichen Gebieten zur Befriedigung von Motiven beitragen und kann so nicht nur einer Bedürfnisebene im Maslow'schen Sinne zugerechnet werden.

Die Anreizgestaltung nach Bedürfnissen und Wertorientierungen der Mitarbeiter ist daher besonders wichtig. Der Erfolg werteorientierter Personalkonzepte von BMW (Bihl, 1995) zeigt die Funktionalität dieser Orientierung. Auch in internationaler Personalarbeit ist es von zentraler Bedeutung, unter dieser Perspektive Anreize zu gestalten. Damit kann der Unterschied von Werteorientierungen und Motivstrukturen der Mitarbeiter auf Grund nationaler Kulturen und historischer Hintergründe berücksichtigt werden und eine den tatsächlichen Gegebenheiten entsprechende Strategie gefunden werden.

An dieser Stelle ist die Frage nach den tatsächlich praktizierten Ansätzen der Anreizgestaltung interessant – wie sieht es in den Unternehmen aus?

2.3 Anreize in deutschen Unternehmen

Das Buch verfolgt das Ziel, für deutsche Unternehmen die geeigneten Anreize und Gestaltungsformen der Anreize für ihre chinesischen Mitarbeiter in China zu finden. Daher soll überprüft werden, ob Anreize, die in den deutschen Unternehmen häufig eingesetzt werden, überhaupt für China geeignet sind. Denn häufig orientieren sich die Anreizsysteme an den Bedürfnissen der deutschen Mitarbeiter.

Bei deutschen Unternehmen sind insbesondere folgende Anreize bekannt und verbreitet (von Rosenstiel, 1975, 1999a, 2001b, 2003b; Hentze, 1995; Salvin, 2005):

- Finanzielle Anreize wie »Einkommen« und »betriebliche Sozialleistungen« erfüllen die Grundbedürfnisse und Sicherheitsbedürfnisse der Mitarbeiter.
- Soziale Anreize wie »Organisationsklima«, »Politik der internen Information und Kommunikation« und »Gestaltung der Arbeitsplatz und Arbeitszeit« entsprechen den sozialen Bedürfnissen der Mitarbeiter.
- Die Anreize des Unternehmens im organisatorischen Bereich wie »Führung durch direkte Vorgesetzte« und »das Unternehmen selbst als Anreiz« erfüllen sowohl die Sozialbedürfnisse und die Sicherheitsbedürfnisse als auch die Bedürfnisse nach Selbstverwirklichung der Mitarbeiter.
- Anreize wie »institutionelles Anerkennungssystem« und »Karriereentwicklung und Aufstiegschancen« beachten Ich-Motive der Mitarbeiter.
- Schließlich berücksichtigen die Anreize »Vorschlagswesen«, »Weiterbildung im Unternehmen« und auch »Karriereentwicklung und Aufstiegschancen« das Selbstverwirklichungsbedürfnis der Mitarbeiter.

Im Folgenden sollen diese Punkte im Einzelnen näher betrachtet werden.

2.3.1 Einkommen

Finanzielle Entlohnung wird als Gegenleistung für die erbrachte menschliche Arbeit bezeichnet, die aufgrund vertraglicher Arbeitsverhältnisse zwischen Arbeitnehmern und Arbeitgebern erfüllt werden muss. Das Einkommen hat nach Maslows Pyramidentheorie für die meisten Bedürfnisse der Menschen eine wichtige Bedeutung. Es dient der Befriedigung von physiologischen Bedürfnissen, der Sicherheit, den sozialen Kontakten, der Selbstachtung und schließlich der Autonomie und Selbstverwirklichung (Lawler, 1971). Einkommen wird deshalb in der Praxis als das zentrale Element des Anreizsystems für die Einbindung des Individuums in die Organisation betrachtet.

Um die Leistungsmotivation der Mitarbeiter bezüglich der Unternehmensziele zu erhalten oder zu erhöhen, versuchen Unternehmen verschiedene geeignete Entlohnungsinstrumente als Anreiz im Betrieb einzusetzen. Insgesamt werden drei Kernelemente – Grundlohn/-gehalt, variabler/variables Lohn/Gehalt, betriebliche Sozialleistungen – am häufigsten von Wissenschaftlern diskutiert (Eckardstein, 1991; Hentze, 1995; Drumm, 2005). Für das Unternehmen ist es sehr wichtig, ein angemessenes und motivierendes Verhältnis zwischen Grundgehalt und variablem Gehalt festzulegen. Das Äquivalenzprinzip sollte beachtet werden. Die Erwartungs-Wert-Theorie kann bei der Entscheidung über das Verhältnis von Grundgehalt und variablem Gehalt berücksichtigt werden. Wichtig ist es auch, *Verdrängungseffekte* (Frey, 1997) extrinsischer Belohnung auf die intrinsische Motivation zu vermeiden.

Das *Grundgehalt* wird häufig durch die Anforderung der Stelle, Seniorität oder die Qualifikation der Mitarbeiter bestimmt (Eckardstein, 1991).

Dabei ist die *Orientierung an der Anforderung der Stelle beziehungsweise der Arbeit* in Deutschland stark verbreitet. Hier werden Hierarchiestufe, Art und Umfang der Verantwortung, der Wirtschaftszweig sowie Angebot und Nachfrage als wichtige Faktoren für die Arbeitsbewertung berücksichtigt (Graef, 1985). Dieses System ist besonders gut geeignet, wenn einem Mitarbeiter eine Einzelaufgabe übertragen wird. Dafür ist es weniger geeignet, wenn es sich um einen umfassenderen Aufgabenbereich handelt, da die Bewertung der Arbeit sehr umfangreich, kompliziert und schwer ist (Eckardstein, 1991).

Bei einem Grundgehaltsystem *nach dem Senioritätsprinzip* wird die Dauer der Betriebszugehörigkeit als entscheidender Faktor für die Höhe des Grundlohns betrachtet. Die Loyalität der Mitarbeiter gegenüber dem Unternehmen wird erhöht. Ein Nachteil ist die Diskriminierung von neu eingestellten Mitarbeitern (Rosenstiel, 1975). Sie sind nicht motiviert, gute Leistungen zu erbringen, weil ihre Grundgehälter dadurch nicht berührt werden. Das Senioritätsprinzip wird insbesondere in asiatischen Ländern angewendet.

Das Grundgehaltsystem *nach Qualifikation der Mitarbeiter* wird als Qualifikationslohn oder »skill-based payment« bezeichnet. Dieses System wirkt insbesondere als finanzieller Anreiz zum Erwerb weiterer Qualifikationen. Damit kann eine qualifizierte und vielfältig einsetzbare Belegschaft aufgebaut werden. Es gelingt dem Unternehmen, sich auf die schnell wechselnden Anforderungen des Absatzmarktes und neuer Produktionsverfahren einzustellen. Nachteil des Qualifikationslohns ist die Eingruppierung des Personals gemäß der Stellenanforderung, wodurch die individuelle Leistungsbeurteilung nur indirekt überprüft werden kann (Drumm, 2000). Außerdem führt die unnutzbare Fähigkeit zu überhöhten Erwartungen an Selbstverwirklichung, die die Team- und Koordinationsbereitschaft der Mitarbeiter reduzieren können. Das Qualifikationslohnsystem ist insbesondere in kreativen Tätigkeitsfeldern wie im Bereich Forschung und Entwicklung oder in gehobenen Managementfunktionen gut geeignet.

Das Grundgehalt hat darüber hinaus häufig auch *soziale Aspekte* in sich: Der Mindestlohn ist dafür ein gutes Beispiel (Gneveckow, 1982).

Sozialleistungen, die auch als Zusatzleistungen bezeichnet werden, umfassen sämtliche sonstigen Geld- und Sachleistungen, die neben dem Grundlohn und den variablen Bezügen zur Sicherung beziehungsweise Verbesserung der Lebensqualität der Mitarbeiter oder Führungskräfte einmalig oder wiederholt gewährt werden. Da die Sozialleistung für einige Länder, insbesondere für das Zielland China, besondere Bedeutung hat, ist es sinnvoll, dies detailliert in einem späteren Kapitel zu diskutieren.

Das *variable Gehalt* beruht direkt auf den individuellen Leistungsergebnissen und dem Leistungsverhalten des Mitarbeiters, welche durch taktische, operative oder strategische Anreizsysteme des Unternehmens beeinflusst werden können (Hochmeister, 1985; Becker, 1987; Hentze, 1995). In welcher Weise das variable Gehalt durch verschiedene Formen bestimmt wird und welche motivationale Wirkung die jeweilige Form hat, ist im Folgenden ausführlicher zu behandeln.

Um die Unterschiede zwischen individuellem Leistungsergebnis und Leistungsverhalten zu berücksichtigen und die Leistungsmotivation der Mitarbeiter zu erhöhen, werden verschiedene Lohnformen (Oberhoff, 1973; Baierl, 1974; Hentze, 1995;
Drumm, 2000) für den variablen Teil des Lohns angewendet.
Grundsätzlich wird nach *Zeitlohnformen und Leistungslohnformen* unterschieden (Hentze, 1995). Zeitlohnformen werden
weiter in klassischen Zeitlohn für normale Leistung und Zeitlohn mit Leistungszulage unterteilt. Zu Leistungslohnformen
zählen etwa Akkordlohn und Prämienlohn. Zwischen solchen
idealtypischen Formen der variablen Löhne werden auch mehrere Mischformen und verschiedene Kombinationen der Lohnformen in der Praxis angewendet.

Natürlich gibt es kein optimales Entlohnungssystem mit all-
gemeiner Gültigkeit für alle Branchen, Tätigkeiten oder Stellen.
Jede Lohnform hat ihre spezifische motivationale Wirkung auf
Mitarbeiter: Das Zeitlohnsystem erhöht die Qualität, reduziert
aber die Quantität. Das Akkordlohnsystem hat im Vergleich
dazu die umgekehrte Funktion. Die Verteilungsverhältnisse der
Prämien je nach Individuum, Gruppen und Unternehmen haben unterschiedliche Wirkung auf die Motivation der Mitarbeiter (Rousson, 1992).

Im Folgenden werden verschiedene Lohnformen dargestellt
und nach ihren verschiedenen motivierenden Wirkungen analysiert:

Das *klassische Zeitlohnsystem* auf Normalleistung bietet keinen besonderen Anreiz für kurzfristige Leistungssteigerungen
(Drumm, 2000, S. 568). Es geht von der Normalleistung aus
und bezieht sich rein auf die Anwesenheit der Mitarbeiter am
Arbeitsplatz, nicht auf die Arbeitsleistungen. Somit bietet der
Zeitlohn keine Anerkennung für die Leistung (von Rosenstiel,
1975). Tendenziell wird diese Reinform immer weniger angewendet.

Zeitlohn mit Leistungszulage orientiert sich teilweise an leis-
tungsgerechter Entlohnung. Er unterscheidet sich aber von der
Prämie. Während die Prämie an objektiv messbare Bezugsgrö-
ßen anknüpft, wird der Zeitlohn mit Leistungszulage in einer

relativen Abstufung subjektiv ermittelt. Da die Leistungsergebnisse der Arbeitstätigkeit häufig schwer messbar sind, eignet sich das Zeitlohnsystem mit Leistungszulage besonders für Arbeitstätigkeiten, die an hohe Qualitätsstandards, Sorgfalt oder Gewissenhaftigkeit gebunden sind (Hentze, 1995).

Der *Akkordlohn,* auch Stücklohn genannt, wird anforderungs- und leistungsabhängig differenziert. Dieses Entlohnungssystem wird hauptsächlich auf gewerbliche Arbeitnehmer angewendet. In klein- und mittelständischen Unternehmen mit größeren Anteilen messbarer und beeinflussbarer Tätigkeit ist der Einsatz eines Akkordlohnsystems praktikabel und sinnvoll, da es der leistungsorientierten individuellen Entlohnung am ehesten entspricht (Theis, 1992).

Der *Prämienlohn,* der durch eine bestimmte Mehrleistung determiniert wird und deswegen als bestes Äquivalent zwischen Grundgehalt und Zusatzgehalt und zudem als motivierend im Sinne der Unternehmensziele erscheint, findet Einsatz in immer mehr Unternehmen. Diese Form ist sowohl für gewerbliche Mitarbeiter als auch für Angestellte geeignet. Dazu muss allerdings folgende Voraussetzung erfüllt werden: Innerhalb der Unternehmenskultur sollte ein Klima geschaffen werden, dass Prämien nicht auf dem Übertreffen der anderen, sondern auf besonderen Leistungen beruhen. Sie sollten Kooperation begünstigen und fördern, der Wettbewerb zwischen Kollegen sollte auf ein Minimum reduziert werden.

Gemäß der Anzahl der Beteiligten an den Prämien werden individuelle Prämien, Gruppenprämien und Unternehmensprämien unterschieden (von Rosenstiel, 1975; Wächter, 1991; Hentze, 1995). Es ist üblich, dass Unternehmen alle drei Formen in bestimmten Anteilen zusammenstellen. Für Unternehmen ist es besonders relevant, ein richtiges und motivierendes Verteilungsverhältnis zwischen individuellen, Gruppen- und Unternehmensprämien zu haben. Leider gibt es bis heute relativ wenig Forschung in diesem Feld.

Individuelle Prämiensysteme ermöglichen den Mitarbeitern einen direkten Einfluss über die eigene Arbeit auf das darauf aufbauende Einkommen. Transparenz des Entgeltsystems und

Vereinheitlichung der Bewertungsmaßstäbe werden nach der Gleichgewichttheorie als Voraussetzung für das individuelle Prämiensystem betrachtet. Die Arbeitsbewertung muss nach objektiven Kriterien durchgeführt werden. Bei diesem Entlohnungssystem brauchen Mitarbeiter eine höhere Autonomie im eigenen Arbeitsbereich, um ihr Potenzial zu entfalten. Die Leistungsmotivation und das Leistungsergebnis werden dadurch erhöht. Diese Form wird in westeuropäischen und nordamerikanischen Ländern sehr häufig angewendet. Ein Problem ist aber, dass diese Art von Prämiensystem als zusätzlicher Druck von Mitarbeitern empfunden werden und damit zu Unsicherheitsgefühlen und Destabilisierung der Mitarbeiter führen kann (von Rosenstiel, 1975). Die Gruppenkohäsion kann durch individuelle Leistungsorientierung ebenfalls verletzt werden. Die Bereitschaft zur Kooperation und Anpassungsfähigkeit der Organisationsstruktur ist damit beschränkt. Eine Lösungsmöglichkeit kann eine Individualisierung der Entlohnungssysteme sein, das so genannte *Cafeteria-System*. Mitarbeiter wählen nach eigenen Bedürfnissen und Prioritäten die für sie selbst am besten passenden Entlohnungssysteme. In Deutschland ist diese Möglichkeit aber beschränkt, da aufgrund der gesetzlichen Regelungen eine Reihe von Parametern der Entlohnungspolitik im Betrieb im Sinne der Individualisierung nicht verfügbar sind (Wagner, 1986).

Kollektivprämien beruhen auf Zusammenarbeit und Zusammenhalt der Mitarbeiter. Die interne Verteilung der Prämien wird der Gruppe überlassen. Die Gerechtigkeit der Verteilung von Belohnung wird somit gefördert, da die Gruppenmitglieder selbst am besten wissen, welchen Maßstab sie der Verteilung zugrunde legen sollten. Dabei werden die individuellen wirtschaftlichen Bedürfnisse der Mitarbeiter ebenfalls berücksichtigt. Dies schafft Sicherheit für alle Mitarbeiter (von Rosenstiel, 1975). Harmonie und Gruppenkohäsion innerhalb der Gruppe werden als höchste Priorität betrachtet. Eine gute Kooperation innerhalb der Gruppe kann als Voraussetzung für den Erfolg der gesamten Gruppenarbeit betrachtet werden. Dafür ist auch Vertrauen zwischen den Mitgliedern notwendig. Kollektivprämien werden häufig in asiatischen Ländern angewendet. In individuell orientierten Ländern wird dieses System häufig nicht von den Mitarbeitern akzeptiert, da bei den Kollektivprämien nicht die individuelle Leistung, sondern die Harmonie der Gruppe als erstes Kriterium betrachtet wird. Das steht der Perspektive des Individualismus häufig entgegen.

Unternehmensprämien verbinden sich mit wirtschaftlichen Ergebnissen des gesamten Unternehmens. Dabei findet sich häufig Profit-Sharing als Beteiligung am Unternehmensgewinn oder Gain-Sharing als Fokussierung auf die Produktivität. Bei diesem System ist die Auswirkung auf die Kooperationsbereitschaft der Mitarbeiter ab einer gewissen Unternehmensgröße fragwürdig. Allerdings könnte das Involvement und die emotionale Zugehörigkeit der Mitarbeiter dadurch erhöht werden.

Bei der Verknüpfung mit den Motivationstheorien ist die Gestaltung der Entlohnungssysteme innerhalb von Unternehmen auf mehrere *Probleme und Paradoxa* gestoßen (Drumm, 2000; Wächter, 1991). Zum Beispiel entsprechen der *Sozialaspekt des garantierten Mindestlohns* und die Sozialleistungen nicht den vom Unternehmen gewünschten, leistungsorientierten Löhnen. Die Freiräume der Leistungslohnpolitik aus den Mantelverträgen werden durch die Gewerkschaften beschränkt. Andererseits erfüllen aus dem Aspekt der Inhaltstheorie die Mindestlöhne und Sozialleistungen die Sicherheitsbedürfnisse und Bedürfnisse der Betriebszugehörigkeit der Mitarbeiter, womit die Stabilität der Mitarbeiter garantiert wird. Die Gefahr der Minderung von Leistungen aufgrund von Destabilisierung wird dadurch reduziert.

Ein zweites Paradoxon ist, dass die *motivationale Wirkung des Lohnes* mit steigendem Einkommen sinkt, jedoch sollte nach der Lern- und Sozialisationstheorie das Entgelt als generalisierter Verstärker und als Belohnung für einen positiven Lerneffekt eingesetzt werden (Drumm, 2000). Drittens ist nach den Tauschtheorien *die Gewichtung des Entgelts* für Mitarbeiter bei der Eintrittsphase und Leistungserbringungsphase unterschiedlich, intraindividuelle Differenzen müssen also berücksichtigt werden.

Es gilt also, diese verschiedenen Aspekte zu berücksichtigen und eine entsprechende Gestaltung des Lohnsystems vorzunehmen. Die Motivationswirkung der Höhe der fixen und variablen Teile innerhalb einer gespaltenen Vergütung ist schwer zu testen und nicht leicht festzulegen.[2]

Ein anderes Problem ist der *soziale Vergleich zwischen Kollegen und Freunden*. Er beeinflusst die Wirkung der Entlohnung und verursacht eventuell ein subjektives Gefühl der Ungerechtigkeit bei Mitarbeitern. Daher muss die Entlohnung einerseits leistungsorientiert sein, andererseits muss aber eine subjektive Ungerechtigkeit zwischen Kollegen vermieden werden. Bei der Gehaltserhöhung tritt ebenfalls ein Problem ein: *Gerechtigkeit und Motivation können nicht immer gleichzeitig berücksichtigt werden.* Basis und Grad der Erhöhung determinieren die Akzeptanz des Gehaltserhöhungsgrades für die Mitarbeiter in unterschiedlichen Hierarchiestufen.

Schließlich sollte das System des Vergütungspakets im Zeitablauf an die wechselnden Bedürfnisstrukturen von Mitarbeitern anknüpfen. Das Entgelt dient – wie schon beschrieben – der Befriedigung von Bedürfnissen des Physiologischen, der Selbstachtung, Sicherheit, Autonomie, Selbstverwirklichung und schließlich der sozialen Kontakte. Deswegen sollte die Entlohnungspolitik nicht isoliert eingesetzt werden. Mit Steigerung der Wünsche nach Selbstverwirklichung, Autonomie, sozialer Kommunikation und flexiblem Lebensstil sollten vielfältige Angebote an betrieblicher Weiterbildung, gute Partizipationsmöglichkeiten, eine attraktive Politik der Kommunikation und Information und das Vorschlagswesen zusammen mit dem Entgelt als Anreize beachtet und eingesetzt werden.

Generell ist für das Funktionieren des Gehalts als Anreizsystem *Transparenz* notwendig. Individuen, Gruppen und die gesamte Organisation müssen wissen, wofür sie bezahlt werden und was gewünscht sowie wichtig ist. Darüber hinaus ist eine möglichst sinnvolle und enge Verknüpfung der Entlohnungs-

---

2 Trotz dieser Schwierigkeiten gewinnen in der Praxis die gespaltenen Entgeltsysteme immer mehr an Bedeutung.

kriterien mit den Unternehmenszielen wichtig, damit das Verhalten in die gewünschte Richtung beeinflusst wird.

2.3.2 Betriebliche Sozialleistungen

Unter betrieblichen Sozialleistungen versteht man alle Vergütungsbestandteile, die unabhängig von der Arbeitsleistung gezahlt werden und auch nicht auf eine Erfolgsbeteiligung zurückzuführen sind (Hentze, 1995, S. 150). Sie sind für Unternehmen Teil der Lohnkosten und werden in der Praxis seit langem als Personalnebenkosten bezeichnet. Häufig werden betriebliche Sozialleistungen zusammen mit dem Einkommen als finanzielle Anreize im Unternehmen eingesetzt.

Betriebliche Sozialleistungen kommen aus drei Quellen: gesetzliche Regelungen, tarifvertragliche Regelungen und freiwillige zusätzliche Sozialleistungen (Drumm, 2000). Dabei haben die gesetzlichen und tarifvertraglich geschaffenen Sozialleistungen kaum motivierenden Einfluss auf das Arbeitsverhalten der Mitarbeiter, da die Sozialleistungen als Selbstverständlich keine besondere Beachtung finden (Grawert, 1989). Zusätzlich können gesetzlich und tarifvertraglich geregelte Sozialleistungen wie Sozialversicherungsbeiträge der Arbeitgeber, Beiträge zur Versicherung gegen Betriebsunfälle und Berufskrankheiten sowie die Entgeltfortzahlung im Krankheitsfall und die Zahl der Urlaubstage kaum von dem Unternehmen beeinflusst werden. Deswegen werden hier nur die freiwilligen betrieblichen Sozialleistungen behandelt.

Sozialleistungen können sowohl individuell als auch kollektiv gewährt werden (Drumm, 2000). Bei *individuellen Sozialleistungen* können individuelle Vereinbarungen zwischen einzelnen Mitarbeitern und dem Unternehmen getroffen werden. Ein Beispiel hierfür ist die Nutzung von Firmenwagen und zusätzlicher Urlaub. Bei *kollektiven Sozialleistungen* werden allen Mitarbeitern gleiche Leistungen angeboten. Beispiele dafür sind das Bereitstellen von Kantinen, ärztlicher Betreuung, Weihnachtsgeld und Urlaubsgeld, die Zuschüsse zu Transportkosten, Kinderausbildung, Essenkosten und Angebote zur betrieblichen Alterversorgung sowie das Organisieren von Abteilungsausflügen.

Durch betriebliche Sozialleistungen wollen Unternehmen sowohl ökonomische als auch soziale Ziele erreichen (vgl. Sadowski, 1984). Zentrale ökonomische Zielsetzung der betrieblichen Sozialleistungen ist es, durch das Anbieten zusätzlicher Leistungen die Zufriedenheit der Mitarbeiter zu erhöhen, damit zusätzliche Personalbindung[3] und Leistungsmotivation erreicht werden. Zusätzlich beinhalten betriebliche Sozialleistungen eine Werbefunktion bei der Personalbeschaffung (Hentze, 1995) und damit gegenüber anderen Unternehmen einen Wettbewerbsvorteil.

Die Gruppe der sozialen Zielsetzungen enthält folgende Inhalte: Das Leben der Mitarbeiter soll durch Einsatz betrieblicher Sozialleistungen bereichert werden. So kann durch das Anbieten von Betriebssportanlagen, Freizeitanlagen, Betriebsgastronomie und Betriebsausflügen die Integration der Mitarbeiter in die Gruppe und eine Intensivierung der Mitarbeiterbeziehungen erreicht werden. Sie festigen das Verbundenheitsgefühl, wodurch auch die Loyalität der Mitarbeiter gegenüber ihrem Unternehmen gefördert werden kann (Hentze, 1995). Durch das Anbieten von Sozialleistungen sollen soziale Lasten reduziert werden, die der einzelne Arbeitnehmer im Sinn des Gesamtwohls und Fortbestands der Volkswirtschaft übernommen hat. Beispiele dafür sind das Anbieten von Zuschüssen für Kindersausbildung und Zuschüsse für die Krankenversicherung. Die sozialen Nachteile, die aufgrund des Arbeitsverhältnisses in Kauf genommen werden müssen, sollen auch durch betriebliche Sozialleistungen ausgeglichen werden. Zum Beispiel erfüllen das Anbieten von Kantinenessen und die Subvention von

---

3 Es wird von Beck darauf hingewiesen, dass 20 % der befragten Mitarbeiter aufgrund von Sozialleistungen den eigenen Arbeitgeber an Dritte empfehlen würden, aber nur 8 % fühlen sich selbst wegen der Sozialleistungen besonders an ihr Unternehmen gebunden (vgl. Beck, 1982, S. 95).

Fahrtkosten zum Unternehmen diese Bedürfnisse der Mitarbeiter. Durch Bekanntgabe der sozialen Zielsetzungen der betrieblichen Sozialleistungen kann zudem das Image des Unternehmens verbessert und die Öffentlichkeitswirkung verstärkt werden. Insgesamt sollen die betrieblichen Sozialleistungen eine Erleichterung und Verbesserung für das Leben der Mitarbeiter im privaten Bereich gewährleisten.

Zur Erreichung der ökonomischen und sozialen Ziele der Organisationen werden vielfältige Angebote (wie schon genannte betriebliche Sozialleistungen) eingesetzt (Groth u. Kammel, 1993). Trotz der Vielfältigkeit der Angebote nehmen Mitarbeiter oft die Sozialleistungen ihres Unternehmens nur sehr begrenzt wahr.[4] Um die ökonomischen und sozialen Ziele des Einsatzes von betrieblichen Sozialleistungen zu erreichen, sollte die Auswahl und Intensität von freiwilligen Sozialleistungen der *Mitarbeiter-Bedürfnisorientierung* und dem *Unternehmens-Tragfähigkeitsprinzip* folgen (Dycke u. Schulter, 1986; Drumm, 2000). Das Cafeteria-Prinzip[5] entspricht diesen zwei Überlegungen. Es eröffnet die Möglichkeit, die Nutzenwirkung der freiwilligen betrieblichen Sozialleistungen zu steigern, ohne dass hierfür das Budget erhöht werden muss. Dadurch wird der Gesamtnutzen von Sozialleistungen für das Individuum optimiert, weil die Mitarbeiter nach ihren individuellen und aktuellen Bedürfnissen eine Wahl zwischen verschiedenen Angeboten von betrieblichen Sozialleistungen und übertariflichen Leistungen oder die Wahl eines Pakets von Kernleistungen mit variablen Randleistungen treffen können. Dadurch kann auch

---

4 Eine Befragung von 7300 Beschäftigte in dreizehn deutschen Unternehmen über einen Zeitraum von zehn Jahren erbrachte, dass durchschnittlich nur 2,4 Sozialleistungen von 16 tatsächlich angebotenen bekannt waren (vgl. Gneveckow, 1982, S. 182 ff.).

5 Die Mitarbeiter erhalten bei einem Cafeteria-System, analog zur Menüwahl in einer Cafeteria, die Möglichkeit, Sozial- und/oder übertarifliche Leistungen aus vorgegebenen Alternativen entsprechend den persönlichen Bedürfnissen und Präferenzen auszuwählen (vgl. Dycke u. Schulte, 1986, S. 577; Wagner, 1986, S. 16).

eine größere Transparenz der Entgelte geschaffen werden. So kann das Unternehmen die Kosten für Sozialleistungen besser steuern und das Tragfähigkeitsprinzip wird gewährleistet. Zusätzlich sollten bei der Gestaltung der betrieblichen Sozialleistungen auch andere soziale Kriterien wie etwa der Lebensstandard der Bevölkerung, Sitten und Bräuche der Gesellschaft und die Nationalkultur berücksichtigt werden.

In Abbildung 2 werden die angesprochenen Punkte dargestellt.

Entlohnungsgestaltung			
Kategorie Grundgehalt	Leistungslohn		Betriebliche Sozialleistungen
	Zeitlohn	Leistungslohn	
Ansätze • Nach Anforderung der Stelle • Nach Senioritätsprinzip • Nach Qualifikation der Mitarbeiter	• Klassisches Zeitlohnsystem • Zeitlohn mit Leistungszusage	• Akkordlohn • Prämienlohn • Individuelle Prämiensysteme • Kollektive Prämiensysteme • Unternehmensprämien	• Freiwillige vs. gesetzliche und tarifvertragliche Regelungen • Individuelle Sozialleistungen • Kollektive Sozialleistungen
Ziele Sozialaspekt	Stabilität Qualität	Motivierendes Verteilungsverhältnis zwischen drei Prämien	Zufriedenheit Gebundenheit Gesundheit

Abbildung 2: Gestaltungsmöglichkeiten von finanziellen Anreizen – Einkommen und betriebliche Sozialleistung

2.3.3 Karriereentwicklung und Aufstiegschancen

Karriereentwicklung wird auch häufig als Personalentwicklung im Rahmen der Personalarbeit betrachtet. Karrieren entstehen durch das Zusammenspiel von entscheidungs- und situationsabhängigen betrieblichen Gelegenheiten einerseits und individuellen Verhaltensweisen andererseits (Berthel, 1995, Sp. 1285). Dabei gibt es komplexe Wechselwirkungen zwischen den Merkmalen der Person und der Organisation als Situation. Faktoren innerhalb dieser Wechselwirkung sind die Karrieremotive der Mitarbeiter, die subjektive Wahrnehmung der eigenen Fähigkeiten, die Einschätzung der situativen Möglichkeiten auf Basis der realen Karrierechancen und dadurch abgeleitete individuelle Erwartungen für eine Karriereentwicklung. Die Motivation der eigenen Karriereentwicklung wird durch Auseinandersetzung mit den genannten Faktoren determiniert (Heckhausen, 1989).

Um die Karriereentwicklung als einen Anreiz im Unternehmen zu gestalten, muss erst nach den *Karrieremotiven* der Mitarbeiter (Witte, Kallmann u. Sachs, 1981; Jochmann, 1990) gefragt werden. Sowohl intrinsische als auch extrinsische Arbeitsmotive (Rüttinger, von Rosenstiel u. Molt, 1974) sind bei der Karriereentwicklung zu beachten. Die Bedürfnisse nach Leistung, Macht, Sinngebung und Selbstverwirklichung – welche als intrinsische Arbeitsmotive bezeichnet können – werden durch Leistung, Statussymbole, Übernahme von Verantwortung, vergrößerte Partizipationsmöglichkeit und gesellschaftliche Anerkennung erfüllt. Zusätzlich kann eine erfolgreiche Karriere entsprechende finanzielle Vorteile bringen, welche physiologische und Sicherheitsbedürfnisse erfüllen und als extrinsische Motive bezeichnet werden. Aufgrund unterschiedlicher Motive des Individuums löst eine Karriere individuell gesehen nicht immer positive Folgen aus. So kann etwa eine neue Karrierestation als Misserfolg erlebt werden, wenn sie nicht der persönlichen Karriereorientierung oder Erwartung hinsichtlich der betrieblichen Karrieregelegenheiten entspricht. Es ist deswegen für die Gestaltung des Karrieresystems sehr wichtig, passende Diagnoseinstrumente einzusetzen, um die Wünsche der Mitarbeiter systematisch zu erkennen, hohe Potenziale bei Mitarbeitern zu identifizieren und ihre Leistungsfähigkeit realitätsnah zu bewerten.

Die subjektive Wahrnehmung der eigenen Fähigkeiten, die Einschätzung der situativen Möglichkeiten und individuelle Karriere-Erwartungen können durch vielfältige personalpolitische Instrumente von Organisationen beeinflusst werden. Eine angemessene Perspektive und eine Vorhersehbarkeit zukünftiger Karriereentwicklung sind auch Voraussetzung dafür, dass Mitarbeiter sich anstrengen und bestimmten Handlungen entsprechend den Unternehmenszielen ausführen.

Fähigkeiten wie kognitive und soziale Kompetenzen determinieren die individuellen Karrierechancen. Für die Motivation bei der Karriereentwicklung ist aber die Wahrnehmung der eigenen Fähigkeiten wichtig. Außer den Maßnahmen von Fort- und Weiterbildung sollte das Unternehmen auch andere Instrumente einsetzen (wie z. B. die Übernahme einer Projektleitung und Partizipation bei den Entscheidungsprozessen), um dadurch die Fähigkeiten und das Selbstvertrauen von Mitarbeitern zu erhöhen und die Perspektive bei der Karriereentwicklung zu stärken.

Auch Werthaltungen beeinflussen die individuelle Erwartung für eine Karriereentwicklung und die Einschätzung der situativen Möglichkeiten auf Basis der realen Karrierechancen. Karriereerwartung in dem Sinne eines vertikalen Aufstieges ist in der letzten Zeit mit der Zunahme von Demokratie und Freiheit in Deutschland eindeutig gestiegen. Ein vertikaler Aufstieg wurde in den 1980er Jahren noch als sehr unwichtiges Berufsziel (Quintanilla, 1984) und 2005 schon als zweitwichtigstes (nach Arbeitsklima) von Führungsnachwuchskräften bezeichnet (e-fellows.net, 2005). Je geringer die demokratischen Strukturen und je größer die Machtdistanz werden, desto niedriger werden die Einschätzung der situativen Möglichkeiten und der individuellen Erwartungen für eine Karriereentwicklung (Zwarg u. Nerdinger, 1998).

Real gibt es nur eine begrenzte Anzahl von Arbeitsplätzen für den vertikalen Aufstieg. Die Größe, das Alter, der Grad der Hierarchisierung, der Spezialisierung und der Zentralisierung des Unternehmens, die Geschwindigkeit der Marktexpansion und tarifvertragliche Regelungen entscheiden über die Zahl der realen vertikalen Aufstiegschancen für die Mitarbeiter im Unternehmen (Fürstenberg, 1962; Berthel, 1995). Mit der Tendenz der schlanken, wertschöpfungszentrierten Unternehmen (»Lean Management«) und »dezentralisierten Organisation« in vielen Unternehmen werden die vertikalen Aufstiegschancen noch weiter reduziert. Das könnte den Karrierewunsch der Mitarbeiter beeinträchtigen. Daher ist die Flexibilität bei der Wahl verschiedener Karrierepfade für die individuelle Karriereentwicklung immer wichtiger geworden. Durch die starke Abnahme von Karriereorientierung und die Zunahme von Freizeitorientierung aufgrund des Wertewandels in der Gesellschaft (von Rosenstiel, 1987a) ist der Wunsch nach sinnvoller, abwechslungsreicher und interessanter Arbeit einer der wichtigsten Arbeitsaspekte von Mitarbeitern in unterschiedlichen Hierarchiestufen und aus verschiedenen Branchen in Deutschland in den 1980er Jahren (Quintanilla, 1984). Daher ist nicht nur der vertikale Aufstieg, sondern auch eine horizontale Fähigkeitsentwicklung als möglicher Karrierepfad im Unternehmen immer wichtiger geworden. Ein systematisches und kontinuierliches Karrieresystem bietet dem Mitarbeiter die Möglichkeit, nach eigenem Interesse, Potenzial und Fähigkeiten zwischen einer Fachlaufbahn oder Managementlaufbahn zu entscheiden. Eine Vorhersehbarkeit künftiger Karriereentwicklung kann dadurch gewährleistet werden.

Die genannten individuellen und organisationalen Komponenten der Karrieremotivation verdeutlichen auf der einen Seite die Relevanz, die Wünsche der Karriereentwicklung von Mitarbeitern zu erfüllen, und auf der anderen Seite, den Bedarf des Unternehmens zu berücksichtigen. Bei der konkreten Handlungsplanung sind insbesondere drei Fragen wichtig: Sollten neue Stellen durch interne oder externe Personalbeschaffung besetzt werden? Welche Kriterien sollten festgelegt werden, um ein gesundes und leistungsförderndes Arbeitsklima für Karriereentwicklung zu schaffen? Welche Instrumente/Tools kann das Unternehmen einsetzten, um positive Effekte zu erreichen?

Zu Frage 1: *Sollten neue Stellen durch interne oder externe Personalbeschaffung besetzt werden?* Es ist eine Entscheidung über »make or buy« des Personals im Unternehmen. Bei der

Entscheidung sind sowohl Vor- als auch Nachteile von interner und externer Personalbeschaffung zu berücksichtigen (Hentze, 1994, S. 241–251). Unternehmen sollten nach der eigenen konkreten Situation die genannten Aspekte analysieren, um eine richtige »make-or-buy«-Entscheidung zu treffen.

Bei einer Buy-Entscheidung stellt man neue Arbeitskräfte ein. Vorteile sind niedrige Fortbildungskosten, schnelles Einarbeiten und Übertragen von Verantwortung, mögliche Verminderung der Betriebsblindheit und eine große Auswahl von Kandidaten. Nachteile sind hohe Beschaffungskosten, hohe Risiken einer Fehlbesetzung aufgrund mangelnder Kenntnisse von Fähigkeiten und die lange Eingliederungszeit des neuen Mitarbeiters.

Im Gegensatz dazu werden bei einer Make-Entscheidung Mitarbeiter aus dem eigenen Unternehmen befördert. Vorteile sind die Motivation der Mitarbeiter durch viele interne Karriereentwicklungsmöglichkeiten, stärkere Bindung an den Betrieb, gute Betriebskenntnisse, geringere Beschaffungskosten und gute Kenntnis der Qualifikation – und dadurch eine Minderung von Einstellungsrisiken. Nachteile sind engere Auswahlmöglichkeiten, hohe Fortbildungskosten und möglicherweise das Auftreten von Neid und Demotivation sowie die dadurch entstehenden soziale Spannungen und Rivalitäten.

Zu Frage 2: *Welche Kriterien sollten für die vertikale Karriereentwicklung festgelegt werden, um ein gesundes und leistungsförderndes Arbeitsklima zu schaffen?* Die Kriterien sollten falsche Erwartungen der Mitarbeiter korrigieren. Aufgrund der psychologischen Effekte von vertikaler Karriereentwicklung können unpassende Kriterien negative Folgen verursachen, wie zum Beispiel Enttäuschung, Neid, Demotivation, Frustration und Druck. Es sollten folgende *Prinzipien* für das Festlegen der Kriterien beachtet werden: Die Kriterien sollten *nicht zu leicht* sein, so dass jeder Mitarbeiter erwartet, dass er bald eine vertikale Aufstiegschance bekommt, ohne sich großartig anzustrengen zu müssen. Leere Versprechen verursachen Enttäuschung und sogar Fluktuation der Mitarbeiter. Die Kriterien sollten auch *nicht zu schwer erreichbar* sein. Mitarbeiter sollen noch

eine Übereinstimmung der eigenen Fähigkeiten und dem Anspruch einer vertikalen Karriereentwicklung wahrnehmen. Die
Kriterien sollten auch *gerecht* sein, damit jeder Mitarbeiter die
Möglichkeit hat, eine vertikale Aufstiegschance zu haben, wenn
er die entsprechende Qualifikation und Kompetenz der Stelle
erfüllt. Die Kriterien sollten auch *stellenspezifisch definiert* werden, damit der passende Kandidat für die Stelle eingesetzt werden kann. Eine Unterforderung oder Überforderung kann zu
Frustration oder Druck führen. Die Kriterien sollten *transparent kommuniziert* werden, damit die Mitarbeiter ihr Verhalten
zielorientiert ausrichten können.

Häufig in Unternehmen eingesetzte Kriterien für eine Auf-
stiegsentscheidung sind Arbeitsleistung, Potenzial, Fachkompetenz, Sozialkompetenz, Führungsfähigkeiten, individuelle Kar-
rierewünsche und Übereinstimmung mit der Unternehmungs-
kultur. Auch das Senioritätsprinzip spielt eine große Rolle in
Asien. Welche Gewichtung die jeweiligen Kriterien bei einer
Stelle haben sollten, ist abhängig von den Eigenschaften und
der Anforderungen der Stelle.

Zu Frage 3: *Welche Methoden kann das Unternehmen einsetzen, um positive Effekte aus dem Einsatz der Karriere und den
Aufstiegschancen zu gewinnen?* Häufig werden folgende Methoden der Personalentwicklung (Neuberger, 1991; Hentze,
1994; Riekhof, 1995; von Rosenstiel, 1999b; Ulich, 1999) in
Unternehmen eingesetzt: Personalentwicklung durch Fort- und
Weiterbildung, Personalentwicklung durch Gestaltung der Arbeitsinhalte, Personalentwicklung durch Projektarbeit und Teamentwicklung und Personalentwicklung durch fördernden Führungsstil im Unternehmen.

Personalentwicklung durch Fort- und Weiterbildung wird im
Kapitel »Unternehmensweiterbildung« explizit diskutiert. Hier
wird daher nicht darauf eingegangen.

Die *Gestaltung der Arbeitsinhalte* (von Rosenstiel u. Weinkamm, 1980; Volpert, 1990; Frieling u. Sonntag, 1999; Ulich,
2001; von Rosenstiel, 2003a) wird von vielen Unternehmen
als Tool der Personalentwicklung eingesetzt. Job-Rotation, Job-
Enlargement und Job-Enrichment bieten den Unternehmen

Kategorie	Gestaltung der Karriereentwicklung und Aufstiegschancen			
	Grundgehalt	Leistungslohn		Betriebliche Sozialleistungen
		Zeitlohn	Leistungslohn	
Ansätze	• Karriere-motive • Subjektive Wahrneh-mung der eigenen Fähigkeiten • Einschätzung der Karriere-möglichkeiten	• Anforderungen der Stelle • Interne und externe Märkte • Unternehmens-ziele	• Prinzipien • Schwierigkeits-grad • Gerechtigkeit • Konkretheit • Kriterien fest-legen • Kommunikation der Kriterien	• Personalent-wicklung durch Weiterbildung • Gestaltung der Arbeitsinhalte • Projektarbeit und Teamentwicklung • Fördernder Führungsstil
Schwerpunkte	Diagnose-instrumente	Stabilität Qualität	Orientierung an Eigenschaften und Anforderungen der Stellen	• An der Distanz von Ist- und Soll-zustand orien-tieren • Selbstvertrauen verstärken

Abbildung 3: Gestaltung der Karriereentwicklung und der Aufstiegs-chancen

gute Möglichkeiten, die Arbeit attraktiver zu gestalten. Trotz begrenzter vertikaler Karriereentwicklungsmöglichkeiten für die Mitarbeiter werden durch Bereicherung der Arbeitsinhalte, herausfordernde Arbeitsinhalte und Wechsel der Tätigkeit viele Lernmöglichkeiten angeboten. Die Leistungsmotivation wird dadurch erhalten. Gleichzeitig werden dadurch die Fach- und Sozialfähigkeiten der Mitarbeiter erweitert und verbessert.

Die *Projektarbeit und Teamentwicklung* (von Rosenstiel, 1997) bietet Mitarbeitern die Möglichkeit und Herausforderung, sich innerhalb eines zeitlich begrenzten Teams zu koordinieren, von einander zu lernen und sich für eine gemeinsame Aufgabe an-zustrengen. Mitarbeiter bekommen Verantwortung im Projekt-

team. Dadurch können sie die eigenen Fähigkeiten zur Führung
von Projektteams kennen lernen. Das Selbstvertrauen der Mitarbeiter wird gestärkt. Durch eine flexibel Teamorganisation
und eine klare und überschaubare Gruppenstruktur können die
Mitarbeiter ein rundes Bild des gesamten Projektes bekommen.
Sie kennen die Projektmitglieder persönlich und kommunizieren intensiv miteinander. Dadurch können ihre kommunikativen Fähigkeiten und Sozialkompetenzen wachsen.

Ein *fördernder Führungsstil* (Bass u. Avolio, 1990) kann gleich-
falls als effektives Instrument für die Personalentwicklung im
Unternehmen eingesetzt werden. Die Führungskräfte sind För-
derer, Mentor oder Coach für ihre Mitarbeiter. Die Partizipation
der Mitarbeiter in den Entscheidungsprozessen wird gefördert.
Verantwortungsübernahmen mit rechtzeitigem Feedback werden ermöglicht und unterstützt. Mitarbeiter erhalten dadurch
die Möglichkeit, ihre Qualifikationen einzusetzen und zu verbessern. Sie werden dadurch für Führungsaufgaben motiviert
und ihr Selbstvertrauen kann steigen.

In Abbildung 3 werden die genannten Punkte zusammengefasst und graphisch dargestellt.

2.3.4 Unternehmensweiterbildung

Fort- und Weiterbildung ist ein Anreizinstrument, mit dem
das Unternehmen Einfluss auf die Leistungsfähigkeit und Leistungsbereitschaft der Mitarbeiter nehmen kann. Zum Ziel der
Fortbildung argumentiert der Gesetzgeber: »Die berufliche
Fortbildung soll es ermöglichen, die beruflichen Kenntnisse
und Fertigkeiten zu erhalten, zu erweitern, der technischen
Entwicklung anzupassen oder beruflich aufzusteigen« (§ 1
Abs. 3 BbiG). Nach dieser inhaltlichen Beschreibung des Ge-
setzes untergliedert sich die Fortbildung in Anpassungsfortbildung und Aufstiegsfortbildung (Berthel, 1992; Hentze u. Kammel, 2001). Zur Anpassungsfortbildung zählen alle beruflichen
Maßnahmen, die die Qualifikation der Mitarbeiter an veränderte Anforderungen am Arbeitsplatz angleichen sollen. Diese

befähigt die Mitarbeiter zu einer horizontalen Mobilität. Die Aufstiegsfortbildung umfasst die Maßnahmen, die den Mitarbeiter zu einer vertikalen Mobilität befähigen, um eine höherwertige Stellung einnehmen zu können. Dies beinhaltet auch Nachwuchsförderung und Führungskräftefortbildung. Die beiden Maßnahmen werden von Unternehmen und Mitarbeitern mit verschiedenen Interessen betrachtet. Während aus Sicht der Unternehmensstrategie die Anpassungsfortbildung in der Praxis am häufigsten angewendet werden sollte, sind Mitarbeiter eher an der Teilnahme von Aufstiegsfortbildung interessiert (Berthel, 1992). Die unterschiedlichen Interessen entstammen den verschiedenen Zielen der beiden Seiten.

Die Ziele von Fort- und Weiterbildungsmaßnahmen aus Unternehmenssicht und des Teilnehmens an den Fort- und Weiterbildungsmaßnahmen aus Mitarbeitersicht lassen sich ebenfalls unterscheiden. Unternehmen streben mit Fort- und Weiterbildungsmaßnahmen bestimmte ökonomische Ziele an. Eine empirische Untersuchung bestätigt folgende Unternehmensziele von Fort- und Weiterbildung aus Unternehmenssicht (Hofstetter, 1985): Anpassung der Mitarbeiterqualifikationen an veränderte Anforderungen am Arbeitsplatz, Erhöhung der Leistungsbereitschaft der Mitarbeiter, Verbesserung der fachlichen und sozialen Fähigkeiten der Mitarbeiter, Sicherung der gegenwärtigen Qualifikation von Mitarbeitern, Gewinnung von Nachwuchskräften aus den eigenen Reihen und die Sicherung des notwendigen Bestandes an Fach- und Führungskräften. Auch ein wichtiger psychologischer Aspekt ist hier zu betrachten (von Rosenstiel, 1976). Das Unternehmen will durch das Anbieten von Fortbildungsmaßnahmen das Commitment der Mitarbeiter zum Unternehmen erhöhen. Es zeigt, dass es sich um seine Mitarbeiter kümmert und ihnen langfristige Sicherheit bietet. Dadurch kann eine Verbesserung des Betriebsklimas und eine Erhöhung der Mitarbeitermotivation erreicht werden. Auf Basis dieser Unternehmensziele legt betriebliche Fort- und Weiterbildung Wert darauf, dass grundsätzlich alle Mitarbeiter eines Unternehmens die Chance haben, das Angebot auf Förderung und Bildung zu bekommen.

Im Vergleich mit den genannten Unternehmenszielen streben die Mitarbeiter anderes an. Durch Teilnahme an Weiterbildungsmaßnahmen wollen Mitarbeiter folgende Ziele erreichen (Mentzel, 1989, S. 30; Lee, 1992, S. 135): Sicherung eines ausreichenden Arbeitseinkommens, Erhöhung beruflicher Aufstiegschancen, Erwerb formaler Qualifikationsnachweise, Erweiterung beruflichen Wissens und Könnens, Erhöhung der individuellen Mobilität am Arbeitsmarkt, damit sie sich vor Arbeitslosigkeit schützen können, Verminderung von Qualifikationseinbußen aufgrund von wirtschaftlichem und technischem Wandel, Sicherung der erreichten Arbeit und Selbstbestätigung. Dabei ist die Anpassung der persönlichen Qualifikationen an die Arbeitsplatzanforderungen eine notwendige Maßnahme für das Erreichen der genannten individuellen Ziele der Mitarbeiter. Aus psychologischer Sicht determinieren tief gehende finanzielle, Sicherheits- und Aufstiegsmotive der Mitarbeiter ihre Ziele und ihr Bildungsverhalten. Andere wichtige Motive der Mitarbeiter bei der Fort- und Weiterbildung sind Bedürfnisse nach Selbstverwirklichung und sozialem Kontakt während der Bildungszeit. Dabei sind Aufstiegsmotive und Bedürfnisse nach Selbstverwirklichung nicht unbedingt eng mit den Unternehmenszielen verknüpft.[6]

Der Grad an Vereinigung der Ziele von Mitarbeitern und Unternehmen beeinflusst den Erfolg einer Fortbildungsmaßnahme. Letztendlich entscheidet auch die Wahrnehmung der Mitarbeiter von Fortbildungen über die Akzeptanz der Maßnahmen. Die Unterschiede in den Zielen beider Seiten und mögliche falsche Wahrnehmungen der Mitarbeiter von Fort-

---

6 Die Mitarbeiter mit starkem Bedürfnis nach Selbstverwirklichung sind häufig nicht bereit zur Teamarbeit. Sie sind stark am eigenen Willen orientiert und oft wenig geneigt, Kompromisse einzugehen. Die Mitarbeiter mit hohen Aufstiegsmotiven zeigen sich häufig engagiert und zielstrebig bei der Arbeit, eigene Vorteile und Wünsche haben höchste Priorität. Teamfähig sind auch sie häufig nicht. Bei einem Misslingen von Aufstiegserwartung reagieren sie oft extrem demotiviert und frustriert.

bildungsangeboten müssen daher von Unternehmen bei der Gestaltung der Bildungsmaßnahmen berücksichtigt werden. Mögliche Maßnahmen für die Zielvereinbarung können auf Basis der VIE-Theorie (Vroom, 1964) gebildet werden: Die Valenz der Fortbildungsmaßnahmen für die Mitarbeiter, die Erwartung der Mitarbeiter, an einer gewünschten Fortbildungsmaßnahme teilnehmen zu können sowie die Instrumentalität für das Erreichen von angestrebten Zielen sollten dafür durch bestimmte Instrumente wie beispielsweise das Mitarbeitergespräch kommuniziert werden. Entsprechende Instrumente sollten zu diesem Zweck verfügbar sein und dann auf Basis der Unternehmensstrategie zielorientiert eingesetzt werden. Voraussetzung dafür ist, den Bildungsbedarf des Unternehmens und die Bildungsbedürfnisse der Mitarbeiter richtig zu ermitteln. Eine Segmentierung der Mitarbeiter nach Bildungsbedürfnissen kann sinnvoll für die Erstellung eines passenden Angebotes sein. Die Ziele der Unternehmensfortbildung und die Auswahlkriterien für die Teilnahmemöglichkeit an Fortbildungsmaßnahmen sollten den Mitarbeitern frühzeitig transparent kommuniziert werden. Das kann durch effektive Beratung von Seiten der Personalabteilung und durch verschiedene andere Kanäle geschehen.

Der Erfolg einer Fortbildungsmaßnahme hängt nicht nur von der Vereinheitlichung der Ziele des Unternehmens und der Mitarbeiter ab, sondern in großem Maße von den Inhalten der Fort- und Weiterbildungsprogramme, den Auswahlkriterien zur Teilnahme an Fortbildungsprogrammen und der Auswahl der Fort- und Weiterbildungsmethoden.

Für das Festlegen der Strategie zur Fort- und Weiterbildung sind daher insbesondere drei Fragen relevant:

1. Dient die Fort- und Weiterbildung den zukünftigen Anforderungen oder aktuellen Lernerfordernissen?
2. In welcher Weise soll die Erstellung eines Fort- und Weiterbildungsangebotes im Unternehmen geleistet werden?
3. Präferieren die Unternehmen die Strategie »Training-on-the-job« oder »Training-off-the-job« für ihr Fort- und Weiterbildungsprogramm?

Diese drei Überlegungen bestimmen die Richtung der Strategie und die Durchführung der operativen Prozesse (vgl. Pawlowsky u. Bäumer, 1996).

Zunächst soll auf die Frage nach der kurz- oder langfristigen Perspektive der Fortbildung eingegangen werden:

– *Dient die Fort- und Weiterbildung primär aktuellen Lernerfordernissen?* Unter dieser Perspektive wird die Fort- und Weiterbildung eher als Feuerwehr oder Krisenintervention für die Qualifikationsdefizite im Unternehmen betrachtet. Nur kurzfristige Weiterbildungsinhalte werden angeboten. Diese führt zu einer Qualifikationsanpassung an aktuelle Projekte. Ein *Vorteil* dabei ist niedrige Kosten aufgrund der Just-In-Time(JIT)-Effekte. *Nachteile* sind chronische Verspätung der Qualifikationsbeschaffung (Staudt u. Rehbein, 1988) und Arbeitsverzögerung aufgrund der möglichen Mängel an qualifiziertem Personal. Das Unternehmen kann dadurch auch die Möglichkeit vergeben, als Marktinnovator zu fungieren.

– *Richtet sich die Fort- und Weiterbildung auf zukünftig erwartete Anforderungen aus?* Dann wird die Fort- und Weiterbildung als ein Wettbewerbsfaktor in der gesamtbetrieblichen Strategie einkalkuliert. Die möglichen zukünftigen Anforderungen und Entwicklungstendenz der Märkte, Konkurrenten und Kunden werden analysiert und die Fort- und Weiterbildung wird als Instrument für die langfristige Wettbewerbsfähigkeit des Unternehmens betrachtet. Sowohl kurzfristige als auch langfristige Fort- und Weiterbildungsprogramme werden den Mitarbeitern angeboten. *Vorteil* dabei ist insbesondere die frühzeitige Vorbereitung für zukünftige Anforderungen am Markt. Dadurch werden schnelle Anpassung und Umstellung gegenüber Veränderungen des Marktes ermöglicht. Nachteile durch mangelhaft qualifiziertes Personal werden so vermieden. Zudem sind die Mitarbeiter weniger Stress und Belastungen bei der Vorbereitung auf neue Anforderungen ausgesetzt. *Nachteile* sind zum Beispiel methodische Schwierigkeiten bei der Prognoseerstellung und Irrtumswahrscheinlichkeiten. Das Unternehmen hat ein Planungsrisiko, bei falscher Planung wird Geld entsprechend fehlinvestiert. Zusätzlich führt dies dann leicht zu mangelnder Anpassung an die Umwelt und zur Frustration der Mitarbeiter. Resultiert dann letztendlich mehr Fluktuation, können entsprechend die Kosten für die Fort- und Weiterbildung als Fehlinvestitionen betrachtet werden.

Nun soll die zweite Frage diskutiert werden: *Woran soll sich die Erstellung eines Fort- und Weiterbildungsangebotes im Unternehmen orientieren?* Einerseits kann das Weiterbildungsangebot aus konkreten Ermittlungen der betrieblichen Weiterbildungsanforderungen abgeleitet werden. Andererseits kann eine Angebot am Entwicklungspotenzial der Mitarbeiter und an ihren Interessen und Neigungen ausgerichtet werden.

– *Orientiert sich die Weiterbildung an den aktuellen und zukünftig erwarteten Arbeitsanforderungen?* Dann werden überwiegend solche Fort- und Weiterbildungen angeboten, die für die Arbeit relevant sind und für die große Nachfrage von Seiten des Unternehmens besteht. Die Mitarbeiter werden nur zur Schulung geschickt, wenn das fehlende Wissen für ihre Projekte erforderlich ist. *Vorteile* dieser Strategie sind, dass die Effizienz der Fort- und Weiterbildung steigt und die Kosten sinken. *Nachteile* sind, dass die Interessen und Motive der Mitarbeiter hier kaum berücksichtigt werden und der Wissenstransfer daher nicht garantiert ist.

– *Orientiert das Unternehmen seine Fort- und Weiterbildung am Entwicklungspotenzial, den Interessen und Motiven der Mitarbeiter?* Hier wird das Bildungsangebot meist auf der Basis des Vorjahresprogramms gebildet. Die Mitarbeiter entscheiden selbst, welche Veranstaltungen sie im Jahr im Rahmen ihrer Aufgaben und Arbeitsziele besuchen werden. In der Praxis sind derartige Programme häufig nur für die Führungskräfte im Unternehmen gedacht. *Vorteil* ist hier, dass diese Vorgehensweise die Mitarbeiter maximal motiviert. Mitarbeiter interessieren und engagieren sich bei der Teilnahme. Der Wissenstransfer wird dadurch erleichtert. Ein wesentlicher *Nachteil* ist, dass die persönlichen Interessen der Mitarbeiter nicht unbedingt den Unternehmensinteressen entsprechen. In einer solchen Situation führen die Interessenkonflikte möglicherweise zur Ineffizienz der Fort- und Weiterbildung.

Die am häufigsten angewendeten Auswahlkriterien in großen Unternehmen sind eine *Kombination* aus dem Bildungsbedarf des Unternehmens und zum anderen Teil dem Potenzial und Interesse der Mitarbeiter. Dabei spielen auch die individuelle Motivation und Leistungsbereitschaft der Mitarbeiter eine Rolle. Das Prinzip »*Training after need*« wird in der Praxis von vielen kleinen Unternehmen angewendet. Wer am besten für die Aufgabenerledigung geeignet erscheint, wird für diese Aufgaben geschult, das Interesse der Mitarbeiter wird dabei weniger berücksichtigt. Hier sollten insbesondere die Vorteile und Nachteile der Auswahlkriterien analysiert werden und die Endentscheidung sollte sich an den Zielen des Unternehmens orientieren.

Schließlich soll auf die dritte Frage eingegangen werden: *Präferieren die Unternehmen die Strategie »Training-on-the-job« oder »Training-off-the-job« für ihre Fort- und Weiterbildungsprogramme?* Fortbildung kann in Fortbildung am Arbeitsplatz (Training-on-the-job) und außerhalb des Arbeitsplatzes (Training-off-the-job) untergliedert werden. Alle Maßnahmen haben ihre spezifischen Vor- und Nachteile (Mentzel, 1989; Hentze u. Kammel, 2001). Die Fort- und Weiterbildung am Arbeitsplatz hat besonders dort ihre Grenzen, wo es um die Vermittlung gänzlich neuen Wissens geht. Doch ist sie realitätsbezogen und kostengünstig. Unternehmen sollten je nach spezifischer Anforderung sowie konkreten Aufgaben und Wünschen der Mitarbeiter passende Fortbildungsmethoden auswählen. Die Entscheidung über »Training-on-the-job« oder »Training-off-the-job« sollte sowohl in Abhängigkeit von den konkreten Aufgaben als auch von der langfristigen Strategie des Unternehmens getroffen werden.

In Abbildung 4 werden die besprochenen Punkte dargestellt.

	Gestaltung der Weiterbildung			
Kategorie	Ziele	Inhalte	Auswahlkriterien zur Teilnahme an WB	Auswahl der WB-Methoden
Ansätze	• Unterneh-mensziele • Mitarbeiter-ziele	• Kurzfristige WB-Inhalte • Langfristige WB-Inhalte	• Orientierung an den aktuellen und zukünftig erwarteten Arbeits-anforderungen • Orientierung am Entwicklungspoten-tial, den Interessen und Motiven der Mitarbeiter	• Training-on-the-job • Training-of-the-job
Schwerpunkte	Vereinigung der Ziele (VIE)	Kombination (JIT und lang-fristige Wettbe-werbsfähigkeit	Konbination (Huma-nisierung der Arbeit und Unternehmens-ziel-Orientierung)	Kombination (Kosten und neues Wissen)

Abbildung 4: Gestaltungen der Weiterbildung im Unternehmen

2.3.5 Institutionelles Anerkennungssystem

Das institutionelle Anerkennungssystem unterscheidet sich von persönlicher Anerkennung als Führungsmittel (Kossbiel, 1995; von Rosenstiel, 1999c). Das institutionelle Anerkennungssys-tem als Anreiz wird von Unternehmen festgelegt und systema-tisch eingesetzt. Es beinhaltet Leistungsbewertungssysteme zur Identifikation der Leistungsträger, rechtzeitiges Erkennen von Potenzialen durch direkte Vorgesetzte und schließlich das Be-lohnungssystem wie etwa Preise für Leistungsträger oder Rang-listen mit Leistungen.

Ziel der Gestaltung eines institutionellen Anerkennungs-systems ist, die Mitarbeiter zur Leistung zu motivieren. Durch

Vorbilder und Modelle möchte das Unternehmen kommunizieren: Anstrengung lohnt sich. Dadurch werden Mitarbeiter motiviert, sich anzustrengen und hohe Leistung zu erbringen. Für den Ausgezeichneten bedeuten der Preis und das Lob der direktem Vorgesetzten eine Bestätigung für eigene Leistungen und Fähigkeiten. Dadurch wird sein Bedürfnis nach Selbstachtung und Selbstverwirklichung erfüllt. Lerneffekte (Skinner, 1938) und eine positive Entwicklung von Selbstvertrauen (Rosenthal u. Jacobson, 1968) folgen. Gleichzeitig könnten aber auch negative Effekte bei diesem Anreiz eintreten: hoher Druck, interne Konkurrenz statt Kooperation und schließlich auch Unzufriedenheit und Demotivation.

Maslows Bedürfnistheorie unterstützt ein institutionelles Anerkennungssystem. Die Bedürfnisse nach Selbstbeachtung und Selbstverwirklichung können durch Preise und Ehrungen erfüllt werden. Im Gegensatz kann das Sozialbedürfnis dadurch geschädigt werden. Aufgrund des Neidfaktors wird mitunter der Preisträger von seinen Kollegen isoliert. Zusätzlich kann das Teamklima dadurch auch in Mitleidenschaft gezogen werden. Gegenseitig Unterstützung kann aufgrund des verstärkten Konkurrenzdenkens schwinden.

Aus *prozesstheoretischer* Sicht ist dieser Anreiz eine Wechselwirkung zwischen Person und Situation. Motive der Mitarbeiter und die Wichtigkeit der Anerkennung für sie, Wahrnehmung der Anerkennung, Anerkennungsgrad und Anerkennungsinstrumente sind wichtige Faktoren innerhalb dieser Wechselwirkungen. Die Höhe der Preise und die Beachtung der Führungskräfte könnten die Motivation der Mitarbeiter beeinflussen. Die Transparenz der Prozesse oder Kriterien könnte die positive Wahrnehmung dieses Anerkennungssystems fördern. Ein passendes Instrument, das möglicherweise auch interne Konkurrenz vermeiden hilft, motiviert die Mitarbeiter, sich anzustrengen, um Anerkennung zu erhalten.

In Deutschland ist es (außer im Vertrieb) nicht üblich, dass Unternehmen ein Extrasystem für die Belohnung der besten Leistungsträger aufbauen. Bei deutschen Unternehmen wird insbesondere die Teamkooperation betont, individuelle Leistung wird nicht unbedingt als sehr positiv betrachtet. Für viele deutsche Unternehmen bedeutet ein institutionelles Anerkennungssystem für Einzelne einen möglichen Schaden für die Teamarbeit und die Gruppenkohäsion. Sie sind der Meinung, dass die Leistung aus Gruppen kommt. Nur einzelne Mitarbeiter für die Leistung innerhalb eines Projekts zu belohnen, ist daher sowohl aus Unternehmensperspektive als auch aus Sicht der Mitarbeiter nicht gerechtfertigt.

In China wird das institutionelle Anerkennungssystem häufiger eingesetzt (Tung, 1981). Grund dafür ist, dass individuelle Leistungen in diesen Ländern viel stärker betont werden als in Deutschland. Das institutionelle Anerkennungssystem stellt die besten Leistungsträger als Held im Unternehmen dar. Das Tool kann besonders effektiv sein, wenn das Unternehmen sich in einer schwierigen Situation befindet. Auch innerhalb bestimmter Produktionszyklen oder Unternehmensentwicklungsphasen kann dieses Instrument die Mitarbeiter ohne viele negative Effekte (wie z. B. interne Konkurrenz statt Kooperation) motivieren. Wichtig ist, dass eine passende Kultur für dieses System besteht.

2.3.6 Führung durch direkte Vorgesetzte

Wie alle Komponenten in einem Anreizsystem hat die Führung durch direkte Vorgesetzte das Ziel, durch menschliche Kommunikation zwischen Führenden und Geführten das Verhalten der Mitarbeiter unter Orientierung an den Unternehmenszielen zu steuern. Schließlich sollte die personale Führung als ein Anreiz Arbeitsleistung, Zufriedenheit, Commitment und Qualifikation der Mitarbeiter erhöhen. Innerhalb der menschlichen Kommunikationsprozesse sind mehre Faktoren – Führende, Geführte und Situation – zu berücksichtigen. Da die personale Führung als ein Anreiz vom Unternehmen eingesetzt werden kann, wird die Diskussion hier hauptsachlich auf die Führenden konzentriert. Diese sind für das Unternehmen in gewissem Rahmen steuerbar und selektierbar.

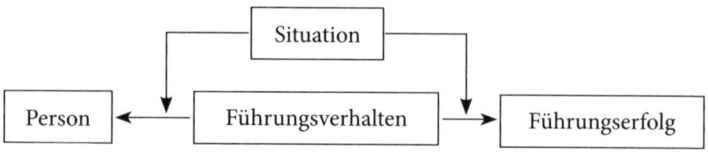

Abbildung 5: Das Rahmenmodell der Führung nach von Rosenstiel (2001a, S. 328)

Ein Rahmenmodell der Führung (Abbildung 5) veranschaulicht die Bedingungen der Führungserfolg und deren Komponenten.

Dieses Modell enthält vier Komponenten: Eigenschaften und Kompetenz der führenden Person, Makro- und Mikroführungssituation, das Führungsverhalten und schließlich das Geführtenverhalten und die ökonomische sowie Personaleffizienz als Führungserfolg. Zu diesem Modell können vier Fragen gestellt werden, die für die Personalführung in der Praxis sehr wichtig sind:

1. Welche Eigenschaften haben erfolgreiche Führungskräfte?
2. Welches Führungsverhalten zeigen erfolgreiche Führungskräfte?
3. Unter welchen Situationen kann die Führungskraft mit welchem Verhalten erfolgreich sein?
4. Was ist Führungserfolg?

Zu Frage 1: *Welche Eigenschaften und Kompetenzen haben erfolgreiche Führungskräfte?* Diese Frage kann mit Eigenschaftsansätzen der Führung beantwortet werden. Seit 1930 wurden viele Ansätze (Geier, 1969; Filley, House u. Kerr, 1976; Kirkpatrick u. Locke, 1991) in diesem Bereich entwickelt. Mit den Wertewandeln in der Gesellschaft haben sich auch die erforderlichen Führungseigenschaften verändert. Als Anforderung an Führungskräfte gelten nicht nur eine hohe Fachkompetenz, sondern zunehmend auch Sozialkompetenz, Managementfähigkeit und die Fähigkeit zur Selbstkontrolle (von Rosenstiel, 2001a). Das Lernpotenzial der Führenden (Sarges, 2000) wird

von Wissenschaftlern als zukünftig immer bedeutendere Eigenschaft eingestuft. Führungseigenschaften lassen sich in sechs
Gruppen klassifizieren (Stogdill, 1972; Kirkpatrick u. Locke,
1991): Hierzu gehören sowohl physische Charakteristika (wie
z. B. Alter), soziale Herkunft (wie z. B. Ausbildung), Fähigkeiten
(wie z. B. Intelligenz), aufgabenbezogene Charakteristika (wie
z. B. Verantwortungsbewusstsein und Initiative), Persönlichkeit
(wie z. B. Anpassungsfähigkeit und Selbstvertrauen), soziale
Fähigkeiten und Fertigkeiten (wie z. B. interpersonelle Fertigkeiten). Viele empirische Studien zeigen, dass die Korrelation
zwischen Persönlichkeitsmerkmalen und Erfolgskriterien bei
Werten bis zu .40 liegt (von Rosenstiel, 2001a) – eine nicht zu
vernachlässigende Quote. Auf Basis dieses starken Zusammen-
hanges setzen viele Unternehmen auf Tools wie Assessment-
Center und Multimodale Interviews für ihre Personalselektion,
um passende Führungskräfte zu finden.

Zu Frage 2: *Welches Führungsverhalten haben erfolgreiche Führungskräfte?* Seit Ende 1940 haben sich sehr viele Forscher mit
dieser Frage beschäftigt (Shartle, Stogdill u. Champbell, 1949;
Likert, 1961, 1967; Blake u. Mouton, 1964, 1968; Katz u. Kahn,
1966; Lindell u. Rosenqvist, 1992; Mouton u. McCanse, 1993).
Die Verhaltenstheorien postulieren, dass sich erfolgreiche Führende von nicht erfolgreichen im Verhalten unterscheiden. Das
Führungsverhalten kann dabei nach Dimensionen und Stilen
unterschieden werden.

Die bekanntesten Studien über Verhaltensdimensionen der
Führung sind die Ohio-Studien und die Michigan-Studien. Die
Ohio-Studien haben zwei Dimensionen betont – »initiating
structure« und »consideration«. »Initiating structure« bedeutet Aufgabenorientierung, Planungsinitiative und hohe Strukturierung der Arbeit. »Consideration« bedeutet Beziehungsorientierung, Rücksichtnahme und praktische Besorgtheit. Die
Führenden mit hohen Werten auf beiden Dimensionen sollten nach diesem Ansatz auch hohe Leistungen und Zufrie-
denheiten bei den Mitarbeitern erreichen (Shartle, Stogdill u.
Champbell, 1949). Tatsächlich erreichen jedoch die Führenden
mit hohen Werten auf diesen zwei Dimensionen nicht immer

positive Ergebnisse (Robbins, 2003). Es wurde empirisch bestätigt, dass bei Führenden mit hoher Aufgabenorientierung
häufig auch hohe Unzufriedenheit und Fluktuationsquoten der
Mitarbeiter bestehen. Hohe Mitarbeiterorientierung geht häufig mit niedriger Leistung der Mitarbeiter einher. Die Michigan-Studien entwickelten zwei ähnliche Dimensionen – *Aufgabenorientierung* und *Mitarbeiterorientierung* – und bevorzugen
die mitarbeiterorientierten Führenden. Nach diesem Ansatz
erreichen die mitarbeiterorientierte Führenden höhere Grup-
penleistungen und Mitarbeiterzufriedenheit als aufgabenorientiert Führende (Likert, 1961, 1967; Katz u. Kahn, 1966). Dabei
unterscheidet Likert innerhalb dieser zwei Verhaltensdimensionen vier Führungssysteme: ein ausbeutend autoritäres, ein
wohlwollend autoritäres, ein beratendes und ein partizipatives
Gruppensystem. Er beurteilte das partizipative Gruppensystem als das am besten geeignete Führungssystem für Unternehmen.

Eine weitere Dimension von Führungsverhalten ist die *Partizipation der Mitarbeiter*. Dadurch wird außerhalb gesetzlicher
Vorschriften Entscheidungsbeteiligung ermöglicht (vgl. von
Rosenstiel, 1987b, S. 4). Lewin fand, dass sowohl der demokratische als auch der kooperative Führungsstil stark von Partizipationsmöglichkeiten für die Geführten geprägt sind (Neuberger,
1972). Es wurde empirisch bestätigt, dass die Partizipation der
Mitarbeiter an Entscheidungsprozessen in einer Organisation
die Motivation und Zufriedenheit der Mitarbeiter erhöht. Dadurch steigt die Qualität der Arbeitsprozesse und Arbeitsergeb-
nisse. Die Entfremdung der Mitarbeiter geht zurück. Auch die
Qualifikation und Bindung der Mitarbeiter können dadurch
erhöht werden (von Rosenstiel, 1987b, S. 7)

Der *Führungsstil* ist ein zeitlich überdauerndes und relativ
stabiles und situationsübergreifendes Führungsverhalten gegenüber Mitarbeitern (Hollander, 1978). Eine Führungskraft
kann sich zum Beispiel – je nach ihren Eigenschaften – auto-
ritär, demokratisch oder laisser-faire gegenüber seinen Mitarbeitern verhalten (White u. Lippitt, 1960). Weit verbreitet ist
auch die Unterscheidung in vier Klassen von Führungsstilen:

patriarchalischer Führungsstil, charismatischer Führungsstil, autokratischer Führungsstil und bürokratischer Führungsstil (Staehle, 1994).

Nach unterschiedlichen Verhaltensdimensionen differenziert sich Führung in Transaktionsführung und Transformationsführung. Das Konzept der *transaktionalen Führung* (Hollander, 1978) nimmt an, dass Führung eine *dynamische Austauschbeziehung zwischen Führendem und Geführten* ist. Der Führende wird aus der Sicht der Mitarbeiter zum unterstützenden situativen Faktor und zur wichtigen Ressource im Hinblick auf die Zielerreichung. Die Ziele der Führungskraft werden dabei vom Geführten lediglich im Austausch für Vorteile verfolgt, die zweckbezogene Transaktion steht im Vordergrund. Die Motive beider Seiten sollten dafür transparent sein. Die transaktionale Führung weist vielfältige Probleme auf (Avolio u. Bass, 1988): Belohnungen werden aufgrund von Gewöhnungseffekten und sozialen Vergleichsprozessen von den Geführten nicht unbedingt positiv wahrgenommen. Aus Sicht der Geführten führt härtere Arbeit so nicht zu entsprechender Belohnung. Es wird zudem langfristigen Organisationszielen sehr wenig Beachtung geschenkt.

Im Gegensatz dazu ist der Kern des Konzeptes der *transformationalen Führung* die Verwandlung des Geführten durch den Führenden. Transformationale Führungskräfte versuchen, das Bewusstsein der Geführten auf ein höheres Niveau zu heben, indem sie an höhere Ideale und Werte wie Freiheit, Gerechtigkeit, Gleichheit, Frieden und Menschlichkeit appellieren. Geführte werden zu einem »besseren Ich« verändert. Die Forschungen über transformationale Führung gehen von der Effektivität der transaktionalen Führung aus: Die Augmentationsthese (Bass u. Avolio, 1990) erläutert, dass ein entscheidender Zuwachs an Motivation durch transformationale Führung erfolgt, nachdem bereits die transaktionale Führung zu erwartende Anstrengung und den Erfolg unterstützt. Eine Kombination aus beiden Führungsverhalten führt zu erhöhter Motivation und Leistung. Bass definiert vier hoch korrelierende Merkmale transformationaler Führung: Charisma, inspirierende Motivierung, intellektuelle

Stimulierung und individuelle Wertschätzung. Dabei hat die charismatische Führung große Aufmerksamkeit in der Wissenschaft erhalten (Conger u. Kanungo, 1987; Bass u. Avolio, 1990; Shamir, House u. Arthur, 1993; Bass, 1994).

1. Unabhängig von ihren fachlichen Fähigkeiten weckt die charismatische Führung Akzeptanz, Begeisterung, Loyalität und letztlich Werteänderung bei den Mitarbeitern. Dies erreichen die Führungskräfte durch ihre spezifische Ausstrahlungskraft, weitreichende Visionen und ihre starke Persönlichkeit. In Aufbau- und Krisenphasen von Unternehmen wirkt dieser Führungsstil sich positiv aus. Ein Problem dieses Konzepts ist die interkulturelle Übertragbarkeit, da das Konzept häufig auf spezifischen, landeskulturell moderierten Einstellungen und Erwartungen der jeweiligen Bevölkerung basiert (Scholz, 2000).

2. Zweites Merkmal der Transformationsführung ist die inspirierende Stimulierung durch einen visionären Führungsstil. Das Konzept hat besonders hohe Aussichten, wenn es eine herausfordernde Marktstrategie mit unternehmensexternem Bezug beinhaltet (Scholz, 2000). Ähnlich wie der charismatische Führungsstil ist die visionäre Führung in der Aufbau- und Wachstumsphase besonders effektiv.

3. Drittes Merkmal der Transformationsführung ist die intellektuelle Stimulierung durch einen fordernden Führungsstil. Der Führende fordert von seinen Mitarbeitern, ihre fachlichen Fertigkeiten zu perfektionieren, ihre Neugier zu entdecken sowie fairen Wettbewerb und Kooperation in der Gruppe zu fördern (Scholz, 2000). Das Intrapreneurship-Konzept (Pinchot, 1988) und Empowerment-Konzept (Conger u. Kanungo, 1987) unterstützen die Umsetzung der fordernden Führung.

4. Letztes Merkmal der Transformationsführung ist die individuelle Wertschätzung durch einen fördernden Führungsstil. Zahlreiche Konzepte wurden nach diesem Gedanken entwickelt. Die Konzepte Coaching (Hauser, 1993) und Mentoring (Merray, 2001) werden in der Praxis sehr häufig eingesetzt. Beiden Ansätze gehen über die Förderung, Beratung und

aufgabenspezifische Unterstützung weit hinaus und zielen in starkem Maße auf die mittel- bis langfristige Personalentwicklung ab.

Führungsverhalten und Führungsstil sind während des Sozialisationsprozesses lern- und trainierbar. Viele Unternehmen versuchen ein systematisches Weiterbildungssystem für ihren Führungsnachwuchs aufzubauen, um eine reiche Reserve an qualifiziertem Personal zu haben. Dabei werden Trainings sowohl für die Fachkompetenz als auch die Sozialkompetenz und die interkulturellen Fähigkeiten der Führungskräfte angeboten. Sehr wichtig ist, den Transfer des Führungstrainings durch zielbedingte Maßnahmen zu sichern (von Rosenstiel, 1999a).

Zu Frage 3: *In welcher Situation kann die Führungskraft erfolgreich sein?* Trotz der Ansätze vieler Eigenschaftstheoretiker, dass der Führungserfolg personenbezogen ist, wurden immer mehr Meinungen laut, dass die erforderlichen Eigenschaften einer Führungskraft in hohem Maße durch die Anforderungen der Situation bestimmt werden. Unter bestimmten Umständen mögen Situationsfaktoren sogar ein stärkeres Gewicht auf den Erfolg einer Führungsperson ausüben als Persönlichkeitsfaktoren (Hentze, Kammel u. Lindert, 1997).

Das *LPC-Kontingenzmodell* (Fiedler, Chemers u. Mahar, 1979) bietet einen guten Überblick über aufgabenorientierte oder mitarbeiterorientierte Führung. Die Situation, die über die Passung der Führungskräfte und Situation entscheiden sollte, berücksichtigt drei Inhalte: die Beziehung zwischen Führungskraft und Geführten, die Aufgabenstruktur und die Positionsmacht der Führungskräfte. Je nach positiver beziehungsweise negativer Ausprägung dieser drei Einflussfaktoren sollte eine passende Führungskraft gewählt werden oder die Situation angepasst werden. Fiedler und seine Mitarbeiter haben berichtet, dass die aufgabenorientierte Führungskraft bei günstigen (das beinhaltet eine gute Beziehung zwischen Führungskraft und Geführten, gut strukturierte Aufgabe und starke Positionsmacht der Führungskraft) und ungünstigen Situationen (das beinhaltet schlechte Beziehung zwischen Führungskraft und

Geführten, nicht strukturierte Aufgabe und geringe Positionsmacht der Führungskraft) effektiver ist und die mitarbeiterorientierte Führungskraft bei mittlerer Günstigkeit der Situation geeigneter ist.

Das *situative Modell der Führung* von Hersey und Blanchard
(1993) hat auf Basis der traditionellen Dimensionen – Aufgabenorientierung und Mitarbeiterorientierung – vier Führungsverhalten vorgeschlagen. Die Fähigkeiten und die Motivation
der Mitarbeiter werden als situative Faktoren berücksichtigt.
Das Ziel des Modells ist die aktive Entwicklung und Förderung
von Mitarbeitern durch die verschiedenen Führungsstile.

– In Situation 1 haben die Mitarbeiter mangelnde Fähigkeiten
  und fehlende Motivation gegenüber ihrer Arbeit. Ein auto-
  ritatives Führungsverhalten sollte gezeigt werden. Der Führende ist dabei stark aufgabenorientiert. Er legt genaue Vorgaben fest und kontrolliert die Leistungsergebnisse der Mitarbeiter.
– In Situation 2 haben die Mitarbeiter mangelnde Fähigkeiten,
  aber eine stärkere Motivation. Ein Integrationsführungs-
  verhalten ist zu empfehlen. Der Vorgesetzte sollte sowohl
  aufgabenorientiert als auch mitarbeiterorientiert sein. Die
  Entscheidungen müssen erklärt werden und die Vorgaben
  sollten auch genau erläutert werden.
– In Situation 3 haben die Mitarbeiter zwar ausreichende Fähigkeiten, aber eine niedrige Motivation. Der Vorgesetzte
  sollte hier mitarbeiterorientiert sein und sich partizipativ
  verhalten. Die Entscheidungen werden von Vorgesetzten und
  Mitarbeitern gemeinsam getroffen.
– In Situation 4 sind die Mitarbeiter fähig und motiviert. Der
  Führende muss weder eine hohe Aufgaben- noch hohe Mitarbeiterorientierung haben. Der Vorgesetzte delegiert hier
  das Entscheidungsrecht an seine Mitarbeiter, die Mitarbeiter
  arbeiten weitgehend selbstständig.

Weg-Ziel-Ansätze (House, 1971; House u. Mitchell, 1974; Neuberger, 1976; Evans, 1995) berücksichtigen die Eigenschaften
der Mitarbeiter und die Arbeitsstruktur als situative Einfluss-

faktoren bei verschiedenem Führungsverhalten und deren Einfluss auf die Wahrnehmung und Motivation der Mitarbeiter. Schließlich führen die Wahrnehmung und Motivation zu Leistung und Zufriedenheit der Mitarbeiter. Dieser Ansatz hat deswegen im Vergleich zu den vorher geschilderten Ansätzen *geführtenorientierten Charakter*. Die Aufgabe des Führenden ist die Situationsdiagnostik. Er sollte herausfinden, an welchen Stellen und in welcher Weise er bei Weg oder Ziel in die Motivationsfunktion seiner Mitarbeiter eingreifen kann (Neuberger, 1984). Vier Führungsverhalten können die Akzeptanz der Führenden und die Motivation der Mitarbeiter fördern (jeweils abhängig von den Kontingenzfaktoren Eigenschaften der Mitarbeiter und Arbeitsstruktur).

– Instrumentales Führungsverhalten ist bei schlecht strukturierten Aufgaben sinnvoll. Es wird aber bei stark strukturierten Aufgaben von den Mitarbeitern als überflüssig und störend wahrgenommen.

– Unterstützendes Führungsverhalten wirkt sich bei Mitarbeitern mit Wachstumsbedürfnissen und bei Routineaufgaben, die weniger herausfordernd sind, positiv auf die Arbeitszufriedenheit aus.

– Leistungsmotivierendes Führungsverhalten ist sinnvoll bei herausfordernden Aufgaben und darauf nicht vorbereiteten Mitarbeitern. Es ist gekennzeichnet durch klare Ziele, großes Vertrauen in die Mitarbeiter, die Erhöhung von extrinsischer Valenz, Beachtung und Lob sowie hoher Leistungserwartung an die Mitarbeiter.

– Partizipatives Führungsverhalten ist besonders sinnvoll bei herausfordernden Aufgaben und fähigen Mitarbeitern. Es beeinflusst die intrinsische Motivation durch die Vorbildfunktion der Führungskräfte und durch die Verbesserung des Betriebsklimas.

Der *Entscheidungsbaum* von Vroom und Yetton (1975) schlägt, unter Berücksichtigung von verschiedenen Situationen und der Entscheidungseffizienz, Grade der Partizipation von Geführten am Entscheidungs- und Führungsprozess vor. In unterschied-

lichen Problemphasen werden bestimmte Führungsverhaltens-
weisen empfohlen. Kriterien können die Qualität der Entscheidung, die Akzeptanz der Entscheidung durch die Mitarbeiter,
das Engagement und der Zeitaufwand für die Entscheidungsfindung sein. Insgesamt zeigt dieses Modell *sieben Typen von
Führungsverhalten*: autoritäres Entscheidungstreffen ohne Befragen der Mitarbeiter, alleiniges Entscheidungstreffen nach
dem Befragen der Mitarbeiter, konsultatives Verhalten, beratendes Verhalten, gruppenzentriertes Verhalten mit eigenen Vorschlägen, gruppenzentriertes Verhalten mit absoluter Freiheit,
delegierendes Verhalten.

Das autoritäre Verhalten wird häufig eingesetzt, wenn die
Führenden über ausreichende Informationen zur selbstständigen Problemlösung verfügen. Partizipative Entscheidungs-
methoden werden häufig angewendet, wenn die Führenden die
Informationen und Ideen ihrer Mitarbeiter für wichtig erachten
und den Fähigkeiten und der Motivation der Mitarbeiter vertrauen.

Die genannten Theorien und Ansätze erklären die Wichtigkeit der Berücksichtigung der Situation bei der Führung. In
der Praxis sollten die Führenden und Geführten gemeinsam
mit Unterstützung von geeigneten Methoden und Konzepten
die Situation so gestalten und steuern, dass sie das erwünschte
Führungs- und Geführtenverhalten fördern statt behindern.

Zur Frage 4: *Was ist der Führungserfolg?* Diese Frage wird
häufig in der Praxis vernachlässigt. Es fehlt eine klare Aussage
zur Definition von Führungserfolg, da diese abhängige Variable
aufgrund der Vielfältigkeit von Situationen in unterschiedlichen Unternehmen nicht klar operationalisiert werden kann
(von Rosenstiel, 2001a). Theoretisch sollten für die Evaluation der Führungsergebnisse neben subjektiven Kriterien wie
zum Beispiel Engagement, Commitment, Teamorientierung
und Zufriedenheit der Mitarbeiter zusätzlich auch objektive
Kriterien mit kurz- und langfristigem Charakter mitgerech-
net werden (von Rosenstiel, 2001a). Kriterien aus kurzfristiger
Perspektive sind etwa Arbeitsunfälle, Planabweichungen, Verbesserungsvorschläge und Prozessinnovation, Informationsauf-

Führer / Situation / Verhalten / Erfolg			
Kategorie → Eigenschaft und Kompetenz	Verhaltens- theorien	Situationgebun- dene Theorien	Messung von Führungserfolg

• Anforderungen an Führungskräfte (Führungskompetenz, Sozialkompetenz, Managementfähig- keit, Selbstkontrolle, Lernpotential)
 	
 • Eigenschaften (physikalische, aufgabenbezogene, Persönlichkeit, Fähigkeit, Fertigkeit)
 	
 • Hohe Korrelation zwischen Eigen- schaften und Erfolg
	• Dimensionen
	  • Aufgaben- orientierung
	  • Mitarbeiter- orientierung
	  • Partizipation der Mitarbeiter
	  • Entwicklungs- orientierung
	  • Effektivität
	
	 • Führungsstil
	  • Autoritär
	  • Demokratisch
	  • Laisser-faire
	  • Kooperativ
	  • Führungs- verhaltensgitter
	
	 • Transaktional versus trans- formationale Führung
		• LPC-Kontin- genz-Theorie
		
		 • Situative Modelle
		
		 • Weg-Ziel- Ansätze
		
		 • Entscheidungs- baum
			• Subjektive Kriterien
			
			 • Objektive Kriterien (mit kurz- und langfristigem Charakter)

Schwerpunkte → Geeignete Diagnose- instrumente	Systematisches und transfer- fähiges Führungs- kräftetraining	Situationen erkennen und steuern	Kriterien präzisieren

Abbildung 6: Gestaltung der Führung durch direkte Vorgesetzte

wand, Problemlösung und Arbeitsgerichtsverfahren. Kriterien aus langfristiger Perspektive sind zum Beispiel Unternehmenswachstum, Marktanteil, Unternehmensgewinn und Wettbewerbsfähigkeit. Auf keinen Fall sollte die personale Führung allein an solchen Kriterien gemessen werden. Vielmehr spielen viele Faktoren im Unternehmenssystem für den Unternehmenserfolg und das Verhalten, die Leistung, das Commitment und die Zufriedenheit der Mitarbeiter zusammen.

Für eine erfolgreiche personale Führung durch menschliche Kommunikation zwischen den Führenden und Geführten ist es in der Praxis wichtig, die Erfolgskriterien zu präzisieren. Dadurch können Führungskräfte Klarheit darüber gewinnen, an welchen Kriterien ihr Verhalten und ihr Erfolg gemessen werden. Sie können dann an diesen Kriterien wiederum ihr Verhalten orientieren. Vernünftige Kriterien können beispielsweise aus adäquaten Verfahren der Personalbeurteilung, der Aufwärtsbeurteilung und 360-Grad-Beurteilung gewonnen werden (von Rosenstiel, 2001a).

In Abbildung 6 werden diese Punkte zusammengefasst und graphisch dargestellt.

2.3.7 Organisationsklima

Unter Organisationsklima versteht man die dauerhafte Qualität der inneren Umwelt der Organisation, die durch ihre Mitglieder erlebt wird, ihr Verhalten beeinflusst und durch die Ausprägungen einer bestimmten Menge von Merkmalen der Organisation beschrieben werden kann (Tagiuri, 1968). Dabei sind die Merkmale der Organisation, die Merkmale der Mitglieder, die subjektive Wahrnehmung der Organisation durch die Mitglieder und die Interaktion von Person und Organisation wichtige Faktoren. Organisationsklima ist als wahrgenommene Organisationssituation sowohl von der äußeren Situation als auch von den Bedingungen des Wahrnehmenden beeinflusst. Innerhalb eines Unternehmens ist das Organisationsklima wichtig: Die Organisationsmitglieder verhalten sich je nach ihrer Wahrnehmung der betrieblichen Umwelt. Deshalb ziehen die objektiven Entscheidungen und Handlungen der Führungskräfte zusätzlich die organisationsklimatisch relevanten Sekundärwirkungen nach sich (Staehle u. Conrad, 1987).

Mit der Facettenanalyse (Payne u. Pugh, 1976) kann man den Begriff des Organisationsklimas von anderen Begriffen wie Arbeitszufriedenheit, Organisationszufriedenheit, Arbeitsklima, Arbeitsmoral und Betriebsklima unterscheiden. Organisationsklima ist die Beschreibung einer Organisation, einer Abteilung oder eines Teams auf Belegschaftsebene, während Betriebsklima auch eine Bewertung beinhaltet. Zusätzlich zeigen die beiden Konzepte inhaltliche Unterschiede. Das Betriebsklima beschränkt sich im Gegensatz zum Organisationsklima auf soziale Komponenten wie Führung und Kollegenbeziehungen (von Rosenstiel, 2003a, S. 343).

Ziele der Gestaltung des Organisationsklimas sind das Erhöhen der Einsatz- und Leistungsbereitschaft der Mitarbeiter.[7] Schließlich sollte ein gutes Organisationsklima zu hoher Zufriedenheit und niedriger Fluktuation der Mitarbeiter führen (von Rosenstiel, 1992). Als Anreiz wird das Unternehmensklima sowohl aus inhaltlicher Perspektive als auch als Prozess betrachtet.

Bei der *Inhaltstheorie* werden die sozialen Bedürfnisse der Mitarbeiter durch gute Zusammenarbeit innerhalb eines Teams erfüllt. Das Organisationsklima kann auch nach Herzbergs Zweifaktorentheorie als Hygienefaktor die Unzufriedenheit der Mitarbeiter vermeiden.

Nach *VIE-Überlegungen* entsteht das Unternehmensklima aus der Wechselwirkung zwischen Person und Situation. Ein angenehmes Arbeitsumfeld und -klima ist das Ziel der Mitarbeiter. Das Unternehmensklima ist aus instrumenteller Sicht für andere Ziele – Erhöhung der Einsatzbereitschaft und Leistung der Mitarbeiter – hilfreich. Aufgrund eines guten Führungsstils und guter Arbeitsteamstruktur haben die Mitarbeiter ein besseres Arbeitsumfeld, ihre Aufgaben zu erledigen. Zudem führt eine erfolgreiche Durchführung der Aufgaben als Konsequenz zur Befriedigung bestimmter Bedürfnisse.

---

7 Empirisch wurde diese Kausalität im Unternehmen nicht bestätigt. Es ist aber vorstellbar, dass das Organisationsklima mit bestimmten Erfolgskriterien des Unternehmens verbunden ist (vgl. Gebert, 1992, Sp. 1505 f.).

Die aus empirischen Studien abgeleiteten Dimensionen des Organisationsklimas wurden von Campbell und Pritchard (1976) und Neuberger (1987) zusammengefasst. Campbell und Pritchard nennen vier wichtige Dimensionen: individuelle Autonomie, Struktur, Belohnungsorientierung und Rücksichtnahme, Wärme und Unterstützung. Neuberger erweitert diese auf acht Dimensionen:

1. Grad der Strukturierung (Bürokratisierung, Reglementierung, Routinisierung und Schematisierung);
2. Grad der Autonomie (Entscheidungsfreiheit, Selbstständigkeit, Gestaltungsmöglichkeiten);
3. Grad der Wärme und Unterstützung (Vertrauen, Wärme, Achtung, Hilfe und Zwei-Weg-Kommunikation);
4. Grad der Leistungsorientierung (Schwung, Motivation, Engagement, Energie, Dynamik und Leistungsbetonung);
5. Qualität der Zusammenarbeit (Solidarität, Integration, Kooperation, Harmonie und Interdependenz);
6. Belohnungshöhe und Fairness (hohe Belohnung, niedrige Bestrafungen, Fairness, Gerechtigkeit, Berechenbarkeit und Ausgewogenheit);
7. Innovation und Entwicklung (Änderungsbereitschaft, Risikoneigung, Flexibilität und Offenheit);
8. Hierarchisierung und Kontrolle (Gleichheit, Partnerschaftlichkeit und Selbstständigkeit).

Maßnahmen zur Verbesserung des Organisationsklimas können anhand dieser Dimensionen gestaltet werden: Strukturierung ist das Ausmaß, in dem Verhaltensspielräume der Mitglieder durch organisatorische Regelungen, Vorschriften und Praktiken eingeengt sind. Meist ist eine Organisation mit flacher Hierarchie motivierender als eine bürokratische, hierarchische und zentralisierte Organisation. Unternehmen sollten eine möglichst flache Hierarchie haben: So können etwa durch Projektstrukturen Teams flexibel gebildet werden. Auch wechselnde Aufgaben sind sinnvoll, damit Mitarbeiter von ihrer Tätigkeit motiviert werden, anstatt Routineaufgaben zu erledigen. Es sollte immer eine Balance für die Unternehmensstrukturierung gefunden werden: Zu starke Reglementierung und Schematisierung schaden der Spontaneität und Flexibilität eines Unternehmens. Ein zu wenig an Planung und Regeln fördert Chaos und Durcheinander.

Die Entscheidungsfreiheit bietet den Mitarbeitern die Möglichkeit, Entfaltungsbedürfnisse zu befriedigen. Durch selbstständige Arbeit werden außerdem ihre Fähigkeiten erweitert. Die Gestaltungsmöglichkeiten ihrer Aufgaben wecken ihr Arbeitsinteresse und die Leistungsmotivation steigt. Das Unternehmen kann durch Delegation der Entscheidungsmacht und einen demokratischen Führungsstil die Autonomie der Mitarbeiter erhöhen.

Wärme und Unterstützung durch direkte Vorgesetzte sind entscheidende Punkte für ein gutes Organisationsklima. Das Organisationsklima wird auch häufig als eine vom Führungsverhalten abhängige Größe gesehen (Staehle u. Conrad, 1987). Studien bestätigen diese Abhängigkeit des Organisationsklimas vom Führungsstil (Patton, 1969). Es ist sehr wichtig, dass Führungskräfte eine humane Einstellung zu ihren Mitarbeitern haben. Führungskräfte, die die Y-Theorie (McGregor, 1960) vertreten, halten ihre Mitarbeiter für verantwortungsbewusst und engagiert. Weiterhin demonstriert Führung mit einem demokratischen und delegierenden Führungsstil Vertrauen zu den Mitarbeitern und fördert deren Leistungsfähigkeit. Durch ein gut konzipiertes Führungskräftetraining kann der Führungsstil zielorientiert korrigiert und das Organisationsklima verbessert werden. Allerdings ist dieser korrigierte Führungsstil nur dann dauerhaft, wenn betriebliche Bedingungen so gestaltet werden, dass die Veränderung gefördert wird (von Rosenstiel, 1992, S. 89).

Das Engagement von Mitarbeitern sollte gelobt werden. Leistungsorientierung sollte durch das Führungsverhalten und die Unternehmenspolitik bestätigt werden. Dafür ist eine passende Politik der Information und Kommunikation im Unternehmen sehr wichtig. Engagierte Mitarbeiter interessieren sich für den gesamten Ablauf des Unternehmens. Sie fühlen sich an das Unternehmen gebunden und möchten daher informiert sein.

Das Unternehmen sollte den Mitarbeitern Möglichkeiten anbieten, Information über das Unternehmen zu beziehen. Sowohl »pull«- als auch »push«-Methoden können dafür eingesetzt werden. Nur mit dieser Informationsgrundlage kann eine
Mitsprachemöglichkeit der Mitarbeiter erreicht werden (von
Rosenstiel, 1992). Mitarbeiter können dann mitdenken, mit-
diskutieren und schließlich mitentscheiden. Dadurch werden
die Selbstachtung und Selbstverwirklichung der Mitarbeiter
erfüllt und gleichzeitig viele innovative Ideen für die Entscheidung eingeholt.

Eine freundliche Zusammenarbeit mit hoher Solidarität, Kooperation und Harmonie innerhalb eines Teams wirkt motivierend. Teamentwicklungs- und Kooperationstrainings können
die soziale Kompetenz der Mitarbeiter erhöhen (von Rosenstiel,
1992, S. 88). Es sollten keine »Rennlisten« als »leistungsfördernde Maßnahmen« eingesetzt werden. Unter einem starken
innerbetrieblichen Wettbewerb werden Information und Wissen nicht von den Kollegen geteilt. Dadurch kann eine ungesunde Konkurrenz zwischen den Mitarbeiter gefördert werden,
was schließlich die gesamte Organisation gefährdet kann. Gute
Kommunikations- und Koordinationsfähigkeiten der Mitarbeiter bei der Teamarbeit sind auch wichtig für eine gute Zusammenarbeit und können entsprechend trainiert werden.

Belohnung sollte nach dem Gerechtigkeitsprinzip erfolgen
und leistungsbetont sein. Die Gehaltspolitik sollte daher wie im
Kapitel 2.3.1 vorgeschlagen gestaltet werden.

Eine innovative Unternehmenskultur fordert die Mitarbeiter,
ihre Fähigkeit in einer sich schnell verändernden Umwelt ständig zu verbessern. Die Änderungsbereitschaft und die Risikoneigung der Mitarbeiter sind abhängig von der Unternehmenspolitik. Leitende Führungskräfte sollten Innovationen fördern
und ihre Mitarbeiter zu Offenheit und Veränderung motivieren.

Die Betonung von Rang- und Statusunterschieden zwischen
Unternehmensmitgliedern führt nur zu Hierarchisierung, welche die Identifikation und Gebundenheit der Mitarbeiter min-
dert. Im Gegensatz dazu führt die Gleichheit der Mitarbeiter
und der Führungskräfte als Menschen in der Organisation zu

einer starken Partizipation der Mitarbeiter, was wiederum die
Identifikation, Zufriedenheit und Gebundenheit der Mitarbeiter
fördert. Der demokratische Führungsstil und die Arbeitsgestaltung als Projektarbeit reduzieren diese Statusunterschiede.
In Abbildung 7 werden die genannten Punkte dargestellt.

Gestaltung des Organisationsklimas		
Ziele	Dimensionen des Organisationsklimas	Maßnahmen
• Durch ein günstiges Klima eine Steigerung der Einsatz- und Leistungsbereitschaft der Mitarbeiter erreichen • Zufriedenheit der Mitarbeiter • Commitment der Mitarbeiter	• Grad der Strukturierung • Grad der Autonomie • Grad der Wärme und Unterstützung • Grad der Leistungsorientierung • Qualität der Zusammenarbeit • Belohnungshöhe und Fairness • Innovation und Entwicklung • Hierarchie und Kontrolle	• Flache Hierarchie • Entscheidungsfreiheit • Wärme und Unterstützung durch direkte Vorgesetzte • Engagement der Mitarbeiter sollte gelobt werden • Teamentwicklungs- und Kooperationstraining • Belohnung nach dem Fairness-Prinzip

Abbildung 7: Gestaltung des Organisationsklimas

2.3.8 Das Unternehmen selbst als Anreiz

Das Unternehmen kann selbst auch als Anreiz bezeichnet werden. Jedes Merkmal einer Organisation kann als positiver oder
negativer Anreiz aus inhaltstheoretischer Sicht und prozesstheoretischer Sicht betrachtet werden.
    Ziele dieses Anreizes sind, durch das Unternehmen selbst die
Mitarbeiter zu motivieren, die Identifikation mit dem Unternehmen zu erhöhen und höhere Leistungen zu erreichen.

Instrumente dieses Anreizes können zum Beispiel sein: Ruf
und Image des Unternehmens, der Branche, die Entwicklungs-
richtung und Entwicklungsgeschwindigkeit oder das Geschäftsergebnis.

Aus *inhaltstheoretischer Sicht* sind Ruf und Image des Unternehmens wichtige Anreize, Mitarbeiter zu bekommen und zu
behalten. Ein bekanntes Unternehmen bekommt leichter gute
Mitarbeiter, die sich durch die Arbeit in diesem Unternehmen
entwickeln möchten. Durch Gewährung eines sicheren Einkommens und Arbeitsplatzes werden die Sicherheitsbedürfnisse der Mitarbeiter erfüllt. Wenn das Unternehmen bekannt
ist und einen guten Ruf in der Gesellschaft hat, können die
Mitarbeiter sich besser mit ihm identifizieren. Bei dem Unternehmen zu arbeiten, kann als Prestigevorteil betrachtet werden.
Mitarbeiter können stolz mit ihren Freunden und Bekannten
darüber sprechen. Ihre sozialen Bedürfnisse und Bedürfnisse
der Selbstachtung werden dadurch erfüllt.

Aus *prozesstheoretischer* Sicht kann ein Unternehmen selbst
als instrumentell für andere Ziele betrachtet werden. Die Ent-
wicklungsrichtung und Entwicklungsgeschwindigkeit des Unternehmens können mit Zielen oder Einstellungen der Mitarbeiter verbunden werden. Arbeitsziele wie hohes Einkommen,
Aufstieg, persönliche Entwicklung, betriebliche Sozialleistungen
usw. können besser erreicht werden, wenn das Unternehmen
gute Geschäftsergebnisse und eine gute Entwicklungstendenz
hat. Das alles hängt mit dem Sicherheitsgefühl der Mitarbeiter
zusammen.

Maßnahmen für die Verbesserung dieses Anreizes können
folgende sein: Das externe Image des Unternehmens kann
durch Werbung und Public Relations verbessert werden. Durch
entsprechende Maßnahmen sollte die interne Markenstärke
des Unternehmens bei den Mitabeitern erhöht werden. Das
interne Image des Unternehmens könnte durch rechtzeitige
Kommunikation der Unternehmensentwicklung oder Entwicklungstendenz in eine positive Richtung verbessert werden. Das
Geschäftsergebnis des Unternehmens sollte den Mitarbeitern
schnell bekannt gemacht werden und eine offene, transparente

und proaktive Kommunikation erfolgen. Regelmäßige Befragungen sollten durchgeführt werden, damit die psychologische Positionierung des Unternehmens bei den Mitarbeitern erhoben werden kann. Die Ergebnisse der Befragungen sollten auch im Intranet oder in der Betriebsversammlung bekanntgegeben werden. Sinnvoll ist es auch, die Geschichte des Unternehmens und seine Bedeutung für die Gesellschaft zu kommunizieren, damit die Mitarbeiter sich mit dem Unternehmen identifizieren können und Stolz empfinden.

2.3.9 Vorschlagswesen

Das betriebliche Vorschlagswesen als eine dauerhafte betriebliche Einrichtung für die Rationalisierung der Betriebsprozesse gibt es bereits seit Ende des 19. Jahrhunderts. Die Grundidee des betrieblichen Vorschlagswesens formulierte Alfred Krupp bereits 1882 im Entwurf des Generalregulativs, das im § 13 der Fassung von 1888 die Grundgedanken zu einer sinnvollen Abwicklung von Verbesserungsvorschlägen der Belegschaft enthält (vgl. Heidack, 1992, Sp. 2299). Seit den 1970er Jahren wurde dieses typisch deutsche Managementinstrument auch als Innovationsinstrument (Loose u. Thom, 1977), Personalführungs- und Personalentwicklungsinstrument (Heidack u. Brinkmann, 1987) sowie Qualitätsverbesserungsinstrument (Wildemann, 1996) neu interpretiert. Das betriebliche Vorschlagswesen ermöglicht Mitarbeitern über ihre Pflichten hinaus freiwillige und zusätzliche Leistungen zu erbringen, die zur Sicherheitserhöhung, Vereinfachung, Erleichterung, Beschleunigung der Arbeitsabläufe oder Arbeitsvorgänge und schließlich zu Material- oder Personalersparnissen oder zur Verbesserung der Produkte führen (Heidack, 1992; Hentze, 1995). Der Umfang des betrieblichen Vorschlagswesens kann alle Aufgaben der Leistungserstellung, Leistungsverwertung, Sicherheit und soziale Pflichten des jeweiligen Betriebes einschließen (Thom, 1991).

Unternehmen möchten durch die Gestaltung des betrieblichen Vorschlagswesens Ziele erreichen: So sollen etwa Mitarbeiter zum verantwortlichen Mitdenken im Betriebsgeschehen aktiviert werden oder sie sollen persönliche Initiativen und Interessen verwirklichen können. Dabei ist auch vorstellbar, dass Loyalität und Verbundenheit der Mitarbeiter zu dem Unternehmen steigen. Auch die Arbeitsatmosphäre kann aufgrund der Förderung von Initiative und Anregung zur kreativen Zusammenarbeit und zum Erfahrungsaustausch verbessert werden (Heidack u. Brinkmann, 1987). Dadurch kann schließlich eine Verbesserung der Wirtschaftlichkeit der Betriebe erreicht werden.

Um das Vorschlagswesen zweckmäßig zu gestalten, ist es wichtig, die Beteiligungsmotive der Mitarbeiter (Dreyer, 1973; Loose u. Thom, 1977; Büsch u. Thom, 1982; Witt, 1986) zu diagnostizieren. Im Vergleich mit materiellen Motiven haben intrinsische Ziele eine Priorität unter den befragten Mitarbeitern: die Arbeit erleichtern, die Arbeitssicherheit erhöhen, persönliche Anerkennung von Kollegen und Vorgesetzten bekommen, schöpferische Arbeit leisten, Selbstbestätigung erhalten, die eigenen Qualifikationen verbessern, Karrierechancen erhöhen.

Trotz der positiven Einstellung von Management und Mitarbeitern für einen Einsatz des Vorschlagswesens in Unternehmen gibt es auch Probleme: wenige Vorschläge, wenig qualifizierte und brauchbare Vorschläge, kaum realisierbare Vorschläge und eine niedrige Beteiligungsquote (ca. 11 bis 13 Prozent in Deutschland) von Mitarbeitern. Um diese Probleme zu beseitigen, sollten außer der Gewährleistung einer positiven Haltung der Unternehmensleitung und unteren Führungsebene gegenüber dem Vorschlagswesen auch Fähigkeitsbarrieren, Willensbarrieren und Risikobarrieren gegenüber der Beteiligung am Vorschlagswesen abgebaut werden (Thom, 1992; Hentze, 1995).

Durch Fort- und Weiterbildungsmaßnahmen kann die Fähigkeit der Mitarbeiter verbessert werden und *Fähigkeitsbarrieren* können beseitigt werden. Zusätzlich sollte im Unternehmen ein Lernklima geschaffen werden, damit die Mitarbeiter sich bemühen, durch Selbststeuerung des Lernens und Selbstqualifikation ihre Kompetenz für ständig veränderte Aufgaben kontinuierlich zu erhöhen.

Das Unternehmen kann auch durch den Einsatz von finanziellen und nichtfinanziellen Belohnungen die *Willensbarrieren* zur Beteiligung am Vorschlagswesen reduzieren. Offene und rationale Bewertungen der Vorschläge sind die Basis für ein langfristiges Interesse der Mitarbeiter am Vorschlagswesen. Brauchbare Vorschläge sollten so schnell wie möglich im Betrieb eingeführt werden, dadurch erhält der Vorschlagende eine besondere Anerkennung.

Die *Risikobarriere* verursacht eine passive Haltung der Mitarbeiter. Außer der Angst vor Blamage, falls die Vorschläge nicht aufgenommen werden, haben die Mitarbeiter auch Furcht vor Kritik der Kollegen. Durch Einsatz von bestimmten Vorschlägen könnten beispielsweise Arbeitsplätze gestrichen werden. Dem Vorschlagenden werden häufig Strebertum und Unkameradschaftlichkeit vorgeworfen. Das Risiko, dass die eigene Arbeit von den Kollegen nicht mehr unterstützt oder sogar erschwert werden kann, ist ein psychologisches Hindernis für die Beteiligung am Vorschlagswesen. Das Unternehmen kann durch positive Einstellungen von Führungskräften und Kommunikation über das Vorschlagswesen und dessen Ziele (nicht Arbeitsplatzabbau, sondern die Erhöhung der gesamten Wettbewerbsfähigkeit der Unternehmen und dadurch die Sicherung aller Arbeitsplätze sollte betont werden) diese Barriere reduzieren.

Damit das Vorschlagswesen als ein effektiver Anreiz hinreichend von den Mitarbeitern beachtet und wahrgenommen wird, ist die Kommunikation dieses Instrumentes sehr wichtig. E-Mail-Rundschreiben, die werksinterne Publikation, das schwarze Brett, persönliche Briefe, Broschüren und Plakate sind dafür geeignete Instrumente.

2.3.10 Politik der internen Information und Kommunikation

Mit der zunehmenden Globalisierung, reduzierten Produktionszeiten, verkürzten Produktzyklen sowie dem technologischen Fortschritt gewinnt Kommunikation stärker an Bedeutung. Effektive Information und Kommunikation zwischen Unternehmensmitgliedern sind zu einem entscheidenden Punkt der Wettbewerbsfähigkeit von Unternehmen geworden.

Als Anreiz wirkt die »Politik der Information und Kommunikation« (IuK) in der Wechselwirkung zwischen Person und Situation. Dabei sind die kommunikativen Interessen der Mitglieder, die Wahrnehmung der Kommunikation und die Kommunikationswirkungen wichtige Faktoren. Die VIE-Theorien, Ansätze der kognitiven Dissonanz (Festinger, 1957) und die Inhaltstheorie unterstützen die Erklärung der Anreizfunktionen der Politik der IuK.

Bei *VIE-Überlegungen* steht die Politik der IuK als Instrument für andere Ziele zur Verfügung. Information und Kommunikation sind selbst kein Endziel. Sie dienen lediglich als notwendige Ressource für das Erledigen einer Aufgabe. Mit wichtigen Informationen bekommen die Mitarbeiter gute Rahmenbedingungen, um ihre Aufgaben zu erledigen. Die erfolgreiche Erledigung der Aufgaben führt als Konsequenz zur Befriedigung bestimmter Bedürfnisse.

Aus der Perspektive der *Theorien der kognitiven Dissonanz* können die Prozesse der Information und Kommunikation folgendermaßen betrachtet werden: Die Mitarbeiter versuchen Informationen durch Kommunikation zu erhalten, um ein Defizit an Information und sozialen Kontakten zu vermeiden. Dadurch wird eine Harmonie innerhalb des kognitiven Systems hergestellt und bewahrt.

Bei der *Inhaltstheorie* werden die sozialen Bedürfnisse und die Sicherheitsbedürfnisse der Mitarbeiter durch Kommunikation erfüllt. Mitarbeiter bekommen Information über Unternehmenspolitik, -strategie, -kultur und das aktuelle Geschehen. Sie können ihre persönliche Zukunft besser planen, individuelle Risiken werden reduziert.

Ziele der Politik der IuK sind beispielsweise Aufgabenerfüllung, gezielte Verhaltensbeeinflussung der Mitarbeiter, das Erhöhen der Zufriedenheit und Identifikation der Mitarbeiter (Macharzina, 1987).

Mit Hilfe von Informationen und Kommunikation bietet das Unternehmen den Mitarbeitern gute Bedingungen, die *richti-*

gen Entscheidungen für ihre Aufgaben treffen zu können. Die
Einschätzung der Situation wird dadurch verbessert. Auch
kann das Unternehmen durch den Einfluss einer motivierenden Unternehmenskultur, Zielvereinbarung und Feedback
das *Mitarbeiterverhalten* nach seinen Interessen korrigieren.
Die individuelle Erwartung von hoher Leistung und die Wahrnehmung niedriger persönlicher Risiken werden dadurch erhöht. Die Leistungsmotivation steigt dadurch ebenfalls. Durch
Kommunikation werden die sozialen Bedürfnisse der Mitarbeiter erfüllt und dadurch steigt die *Zufriedenheit*. Durch das
Anbieten von vielen Kommunikationsmöglichkeiten möchte
das Unternehmen eine Steigerung der Integration der Mitarbeiter in das Unternehmensgeschehen erreichen (Macharzina,
1987). Ziel ist es, die *Identifikation* mit dem Unternehmen zu
erhöhen. Insbesondere bei Wandel und Umstrukturierungen
können rechtzeitige Informationen eine Vertrauensbasis schaffen und erhalten, die wieder motivationsfördernd wirken kann
(Schanz, 2000, S. 110 ff.).

Die Aufgaben der Kommunikationspolitik sind folgende: die
Probleme innerhalb eines Kommunikationsprozesses zu erkennen, durch Einsatz von bestimmten Maßnahmen diese Probleme zu beseitigen und die Kommunikation zwischen Unternehmensmitgliedern zu erleichtern und zu verbessern.

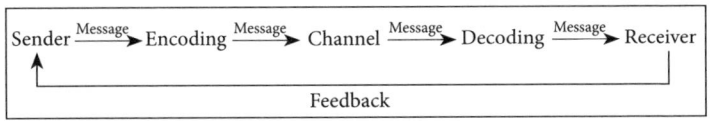

Abbildung 8: Modell der Kommunikationsprozesse nach Robbins
(2003, S. 285)

Innerhalb eines *Kommunikationsprozesses* können insbesondere *sieben Komponenten* abgegrenzt werden (Robbins, 2003;
vgl. Abbildung 8). Bei dem *Sender der Information* ist das Kom-
munikationsinteresse wichtig. Seine Einstellungen und Ziele
entscheiden über die Inhalte der Botschaft. Nicht selten werden

Informationen aus Angst vor Konflikt oder aus Konkurrenzdenken bewusst zurückgehalten, gefiltert oder verfälscht weitergegeben. Das beeinträchtigt stark den Erfolg der Zusammenarbeit. Viele Führungskräfte wollen wichtige Information nicht weitergeben und so ihre Führungsmacht sichern. Zahlreiche Unternehmen haben die Einstellung, dass die Mitarbeiter nur solche Information erhalten sollten, die für ihre Aufgaben notwendig sind. Die Unternehmenspolitik, -strategie und -kultur sind aus ihrer Sicht nur Sache des Managements. Als Konsequenz könnten die Mitarbeiter blind zum Unternehmensgeschehen gegenüber sein. Ihre Identifikation mit dem Unternehmen wäre dann entsprechend niedrig.

Die Qualität des *Encoding* ist abhängig von der Informationsverarbeitungsfähigkeit der Sender. Diese Fähigkeit wird in verschiedenen Kulturen unterschiedlich wahrgenommen. Mittel für das Encoding sind mündliche Kommunikation, schriftliche Kommunikation und nonverbale Kommunikation wie die Körpersprache. Insgesamt erreichen schriftliche Maßnahmen ein besseres Urteil und auch einen höheren Zufriedenheitsgrad der Mitarbeiter (Macharzina, 1987). Jedoch steigt die Komplexität der Wirkung von Kommunikationsmitteln mit der zunehmenden Diversität der Gruppenmitglieder und zum steigenden Einsatz von Technik im Unternehmen. Mitarbeiter aus unterschiedlichen Ländern und mit unterschiedlichen persönlichen Hintergründen kommunizieren auf unterschiedliche Weise. So sind etwa Status, nicht-verbale Kommunikation und mündliche Kommunikation sehr wichtig in einem High-Context-Land (Hall u. Hall, 1990), während für ein Low-Context-Land schriftliche Kommunikation wichtiger ist.

Mit dem Einsatz von verschiedenen *Kommunikationskanälen* werden unterschiedliche Effekte und Ergebnisse der Kommunikation erzielt. Immer mehr Kommunikation wird durch Technik unterstützt. E-Mail, Intranet und Extranet, Videokonferenz und Telefonkonferenz sind tägliche Kommunikationstools in Unternehmen geworden. Die Auswahl von Kanälen ist abhängig von Grad der Routinität der Kommunikation. Mit Unterstützung des Media-Richness-Modells (Daft u. Lengel, 1984,

1986) kann folgende Empfehlung gegeben werden: Je routinierter und einfacher die Information ist, desto eher sollten solche Kanäle benutzt werden, die niedrige Media-Richness haben und weniger Aufmerksamkeit des Individuums erhalten (z. B. Intranet und E-Mail). Während bei komplexer Information unbedingt die Kanäle benutzt werden sollten, die hohe Media-Richness haben und hohe Aufmerksamkeit bekommen (z. B. Face-to-Face-Dialog und Videokonferenz). Es wurde von denselben Autoren empirisch bestätigt, dass sich erfolgreiche Führungskräfte offensichtlich durch einen theoriekonformen Medieneinsatz auszeichnen und als »High-Performer« eingestuft wurden (Daft, Lengel u. Trevino, 1987).

Die Qualität des *Decoding* ist abhängig von der Informationsverarbeitungsfähigkeit der Receiver, der aktuellen Stabilität ihrer Emotionen und ihrer Beziehung gegenüber dem Sender. Der *Receiver* bekommt Informationen, welche von seinen persönlichen Merkmalen, der Bedeutung der Information für die Aufgabenerfüllung, interpersonellen Beziehungen und dem Status der Sender stark beeinflusst werden.

Die *Message* kann im Kommunikationsprozess stark verzerrt werden. Es wurde von Bartlett experimentell nachwiesen, dass gesendete und empfangene Botschaften nach bestimmten Gesetzmäßigkeiten voneinander abweichen können (Bartlett, 1932).

Schließlich gibt der Receiver dem Sender sein *Feedback*. Das Feedback ist auch abhängig von der Informationsverarbeitungsfähigkeit der Receiver, der aktuellen Stabilität ihrer Emotionen und ihrer Beziehung gegenüber dem Sender.

Der gesamte Kommunikationsprozess wird stark von der Einstellung des Senders gegenüber Information und Kommunikation, individuellen Kommunikationsfähigkeiten des Informationsgebers und Informationsempfängers, Bedeutung der Information für die Aufgabenerfüllung, der interpersonellen Beziehungen, dem Status des Senders und der angewendeten Instrumente/Kanäle sowie den kulturellen Werten der Kommunikationsteilnehmer beeinflusst (O'Reilly, 1983). Ähnlich zeigt das TALK-Modell von Neuberger vier Komponenten beim Kommunikationsprozess zwischen Sender und Empfänger: die

Tatsachendarstellung, den Ausdruck, die Lenkung und den Kontakt (Neuberger, 1985b). Um Probleme innerhalb des Kommunikationsprozesses zu beseitigen, kann das Unternehmen durch bestimmte Instrumente die Barrieren innerhalb der Kommunikationsprozesse verringern, die Effekte der Kommunikationsprozesse werden dadurch verbessert. Folgende konkrete Schritte können für das Beseitigen von Problemen bei den jeweiligen Komponenten vorgeschlagen werden:

1. Durch die Unternehmenskultur kann die Einstellung der Mitarbeiter gegenüber der Information und Kommunikation beeinflusst werden. Kommunikation sollte sachlich, statt persönlich und emotional, verstanden werden. Das interne Konkurrenzklima kann durch vielfältige Karrieremöglichkeiten und die Gruppenkohäsion reduziert werden (für den gesamten Kommunikationsprozess ist diese Maßnahme wichtig).

2. Die Kommunikationsfähigkeiten der Mitarbeiter können durch Fort- und Weiterbildung erhöht werden. Verhaltensgewohnheiten können durch professionelle Vorbilder korrigiert werden (dabei sind Sender, Encoding und Auswahl des Kanals zu beachten).

3. Durch Dezentralisierung der Kommunikationsstruktur wird die Berücksichtigung des Status der Sender im Prozess reduziert. In der Praxis werden unterschiedliche Kommunikationsstrukturen – Stern, Y, Kette, Kreis, Vollstruktur – für den Informationsaustausch angewendet. Durch die Zunahme von Delegation und Partizipation ist eine dezentralisierte Kommunikationsstruktur – Kreis und Vollstruktur – immer wichtiger geworden (die gesamten Kommunikationsprozesse sind dadurch verändert).

4. Das Unternehmen kann durch interkulturelles Training die kulturellen Barrieren innerhalb der Kommunikationsprozesse reduzieren. Durch Standardisierung des Kommunikationsstils im Unternehmen kann das Problem weiter reduziert werden (dabei wird der Encoding- und Decoding-Prozess erleichtert).

5. Nach der Analyse von Wichtigkeit und Routinitätsgrad der Information sollte die Information entsprechend der Erreich-

barkeit und dem Informationsgehalt der Kanäle kommuniziert werden. Dieses Kommunikationsprinzip sollte allen Mitarbeitern vermittelt werden.

6. Da eine inoffizielle Kommunikation zwischen Mitarbeitern andere Effekte als der offizielle Weg hat, kann das Unternehmen auch durch Anbieten von Kaffee-Ecken, Raucher-Ecken oder Veranstaltungen den Mitarbeitern die Möglichkeit zum privaten Austausch geben.

2.3.11 Arbeitsplatz- und Arbeitszeitgestaltung

Arbeitsplatz- und Arbeitszeitgestaltung sind weitere Instrumente im Anreizsystem für die Personalführung. Nach Herzberg et al. (1959) können diese Instrumente als Hygienefaktoren bezeichnet werden. Eine gute Gestaltung dieser Instrumente kann Unzufriedenheit der Mitarbeiter verhindern. Sie können auch als extrinsische Motivationsfaktoren betrachtet werden.

Arbeitsplatzgestaltung: Die Arbeitsplatzgestaltung ist seit langem als ein wichtiger Anreiz bekannt. Die Berücksichtigung der Arbeitsplatzgestaltung in Deutschland kann lange zurückverfolgt werden. Arbeitsplatzgestaltung wurde von Kasteleiner (1974) in einen breiteren Rahmen eingeordnet – es sollten schon bei der Planung und Konstruktion von Produktionsgebäuden, Fertigungsanlagen, Arbeitsmitteln und Arbeitsplätzen die anatomischen, biologischen, physischen und psychischen Eigenschaften der Menschen berücksichtigt werden (Kasteleiner, 1974). Arbeitsplatzgestaltung hat die Aufgabe, die Arbeitsplätze an den Mitarbeiter anzupassen, die Sicherheit am Arbeitsplatz zu erhöhen, die Wahrnehmung der Mitarbeiter gegenüber dem Arbeitsleben zu verbessern, die Konzentration zu fördern, die Erholungsmöglichkeiten zu verbessern, die Kommunikationsmöglichkeiten zwischen Kollegen zu erleichtern, das Wohlbefinden der Mitarbeiter zu steigern und schließlich die Arbeitsleistung und die Zufriedenheit der Mitarbeiter anzuheben (Schmincke, 1988).

Die Arbeitsbedingungen sollten sowohl aus physiologischer als auch aus psychologischer Perspektive für den Einzelnen günstig sein und leistungsfördernde Technologien beinhalten (Neuberger, 1985a).

Zur *Arbeitsumwelt aus physiologischer Perspektive* gehören Regelungen für die Lautstärke (unter 50 Phon), Beleuchtung (40 Lux im Büro), Klima und Lüftung (20° C, 50 bis 60 Prozent Raumfeuchtigkeit im Büro), Arbeitssicherheit, Arbeitsmittel und Gestaltung der Büromöbel (Zerres, 1981, S. 43–47). Dabei haben ein optimales Klima, gute Lichtbedingungen und die Auswahl optimaler Formen von Sitzmöbeln nach den Körpermaßen und Bewegungsmöglichkeiten des Menschen (bei jeweils unterschiedlichen Anforderungen) großen Einfluss auf biologische Ermüdung, Wohlbefinden, Leistung und Zufriedenheit der Mitarbeiter. Unpassende physiologische Bürobedingungen verursachen schlechte Leistung, physiologische Belastung der Mitarbeiter und sind langfristig gesundheitsschädlich.

Zentraler Punkt der psychologischen Arbeitsplatzgestaltung ist es, dass die psychologischen Bedürfnisse der Mitarbeiter bei der Arbeitsplatzgestaltung berücksichtigt werden. Nur wenn die Kriterien der Arbeitswelt solchen Forderungen entsprechen, kann die Arbeitsgestaltung als Anreiz von Mitarbeitern wahrgenommen werden. Die *Arbeitsumwelt aus psychologischer Perspektive* beinhaltet die Farbgestaltung im Raum, die Gestaltung der Arbeitsräume und Arbeitsplatzfläche, die Gestaltung der Räume mit Kunst, Bildern und Pflanzen, den Stil der individuellen Arbeitsplätze und die Arbeitsatmosphäre (Frieling, 1989). Bestimmte Farben führen zur Beruhigung oder aber Aggression und sollten sich deshalb an den Anforderungen orientieren (Frieling, 1989). Der Arbeitsraum sollte so gestaltet werden, dass auf einer Seite die Kommunikation zwischen den Kollegen noch direkt möglich ist, auf der anderen Seite aber auch die Möglichkeit besteht, dass die Mitarbeiter sich zurückziehen und in Ruhe planen und analysieren können. In der Praxis werden kleinere Räume neben großen Arbeitsräumen gebaut, in denen einzelne Mitarbeiter bei Bedarf in Ruhe arbeiten können. Kunstwerke und Bilder unterstützen die Kreativität der Mitarbeiter. Pflanzen und frische Blumen erleichtern den Stressabbau während der Pause und bieten Möglichkeiten für schnelle Erholung. Ein gutes Arbeitsumfeld reduziert aggressives Verhalten und verbessert die Arbeitsatmosphäre zwischen den Kollegen. Individuelle Arbeitsplätze bieten Möglichkeiten zum Ausdruck der Identität. Ein einheitlicher und militärischer Stil am Arbeitsplatz vermittelt zwar einem starken Eindruck von Disziplin, beeinträchtigt aber die Identifikation der Mitarbeiter mit ihren Arbeitsplätzen. Individuell gestaltete Arbeitsplätze mit Urlaubsfotos auf dem Schreibtisch, Mauspads mit Familienfotos, Plüschtieren auf den Stuhl, usw. zeigen Individualität und fördern das Wohlbefinden der Mitarbeiter und die Identifikation mit ihren Arbeitsplätzen.

Mit der Entwicklung der Mikroelektronik beeinflusst *Technologie* die menschliche Arbeit sehr stark. Sowohl die Arbeitsinhalte, Arbeitsmittel, Arbeitsgruppen als auch Arbeitsorte werden in unterschiedlicher Stärke von der Technologie determiniert. Neue Technologien können für die Mitarbeiter – sowohl Werksarbeiter als auch Angestellte – positive oder negative Auswirkungen haben (Bühl, 1983; Kern u. Schumann, 1984; Schubert, 2001; Ulich, 2001; Rosenstiel, 2003a, S. 96 f.)

Vorteile zeigen sich in folgenden Aspekten: Arbeit kann durch Einsatz von Technologie interessanter, sauberer, schneller und mit weniger Schädigung und weniger Beeinträchtigung als zuvor erledigt werden. Mit Einsatz von neuen Telekommunikationstechnologien wie Laptop, Handy, PDA, Telekonferenz können die Geschwindigkeit der Arbeit und Flexibilität der Mitarbeiter erhöht werden. Lernmöglichkeiten der Mitarbeiter werden durch das Anwenden von Internet/Intranet und Medien vergrößert.

Trotz solcher positiven Punkte haben die Technologien auch negative Auswirkungen. Mit dem Einsatz von Technologien wird auch das Risiko des Kontaktverlustes zum Arbeitsgegenstand erhöht. Die Arbeit wird abstrakter und schwer kommunizierbar. Immer weniger persönliche Kontakte verursachen Kommunikationsschwierigkeiten innerhalb der Projektgruppen, da die interkulturellen und persönlichen Unterschiede von der

Kategorie	Gestaltung des Arbeitsplatzes			
	Ziele	Physiologische Perspektive	Psychologische Perspektive	Technologie
Ansätze	• Sicherheit erhöhen • Erholungsmöglichkeiten verbessern • Kommunikationsmöglichkeiten erleichtern	• Lautstärke • Beleuchtung • Klima und Lüftung • Arbeitsmittel • Büromöbel • Sicherheit	• Farbgestaltung • Stil des individuellen Arbeitsplatzes • Kunst, Bilder und Pflanzen • Gestaltung der Arbeitsräume	• Vorteile erhöhen • Nachteile reduzieren • Leistungsfördernd einsetzen
Schwerpunkte	Wohlbefinden Arbeitsleistung	Anpassung an die Mitarbeiter	Individualisierung Humanisierung	Training Kombination der Face-to-Face-Kommunikation

Abbildung 9: Gestaltung der Arbeitsplätze

Technologie nicht berücksichtigt werden. »Mehr Kontakt mit der Maschine, weniger Kontakt mit den Menschen« verursacht mitunter Entfremdung der Mitarbeiter und reduziert die Arbeitszufriedenheit.

Technologie sollte leistungsfördernd und unter Berücksichtigung der Fähigkeit der Mitarbeiter (Bauer, Bojanowski, Herz u. Herzer., 1993) eingesetzt werden. Dabei sollte die Akzeptanz der Mitarbeiter gegenüber der eingesetzten Technologie erhöht werden. Das erforderliche Training für die Anwendung neuer Technologien sollte frühzeitig angeboten werden. So kann Technologiescheu vorzeitig reduziert werden. Face-to-Face-Kommunikation sollte mit Unterstützung von Technologie gewährleistet werden. Wichtige Informationen für die Verbesserung der Fach- und Managementkompetenz der Mitarbeiter können zum Beispiel im Intranet angeboten werden. Ein gutes Beispiel dafür ist das Siemens-Web. Mitarbeiter im Vertrieb können durch dieses Portal ihre Erfahrungen austauschen und neue Ideen entwickeln.

In Abbildung 9 werden die angesprochenen Punkte dargestellt.

Arbeitszeitregelung: Arbeitszeitgestaltung ist eine flexible Verteilung der Arbeitszeit gemäß den Leistungszielen und Anforderungen des Unternehmens und unter Beachtung der Bedürfnisse des Personals (Drumm, 2005). Mit diesem Begriff können zwei Ziele verbunden werden: Erfüllung von Anforderungen des Unternehmens gemäß den Produktionszielen und Berücksichtigung der persönlichen Bedürfnisse der Mitarbeiter (z. B. in Hinblick auf Familienleben und Freizeitinteressen). Dadurch können höhere Zufriedenheit der Mitarbeiter und reduzierte Fehlzeiten erwartet werden. Seit den 1980er Jahren prägt der Wertewandel der Bevölkerung die Veränderung der Einstellung zur Arbeit von Mitarbeitern (Klages, 1985, 1987; von Rosenstiel, 1987a; Strümpel, 1987). Das Bedürfnis nach individueller Zeitsouveränität ist aufgrund dieses Wertewandels und dem steigenden Bildungsniveau der Mitarbeiter gewachsen. Wenn die Arbeit nur als Verdienstmöglichkeit wahrgenommen wird und die Mitarbeiter rein extrinsisch motiviert sind, wird die Arbeitszeit häufig als Einkommensgenerator und Freizeitvernichter wahrgenommen. Hohe Fehlzeiten- und Fluktuationsraten sind das Ergebnis, wenn Mitarbeiter die Arbeitszeit als Zwang und unangenehm wahrnehmen (von Rosenstiel, 2000, S. 402). Um diese Probleme zu beseitigen, kann eine mitarbeiterorientierte Arbeitszeitgestaltung als ein notwendiges Instrument innerhalb eines Anreizsystems gefördert werden.

Mit der humanistischen Bewegung der Arbeitsgestaltung wurde die »Flexibilisierung der Arbeitszeit« in der Wissenschaft und Praxis intensiver erforscht und mit verschiedenen Konzepten in der Praxis angewendet. Dispositionsmöglichkeit der Arbeitszeit gibt dem Arbeitgeber und dem Arbeitnehmer Möglichkeiten, je nach Arbeitsbedarf und Freizeitbedarf, im Rahmen von kollektiven oder individuell vereinbarten Arbeitszeitregelungen innerhalb gewisser Grenzen einseitig die Länge und die Lage der Arbeitszeit zu beeinflussen. Vorteil der Flexibilisierung von Arbeitszeit ist für das Unternehmen die Möglichkeit einer Mehrfachnutzung eines gegebenen Kapitalstocks durch eine Entkoppelung von Arbeits- und Betriebszeiten (Teriet, 1977). Für die Mitarbeiter bedeutet die Flexibilisierung der Arbeitszeit eine bessere Vereinbarkeit von Arbeitsleben, Freizeitleben und Familienleben. Mit diesem Ansatz können Modelle wie gleitende Arbeitszeit, Teilzeit, variable Arbeitszeit, kapazitätsorientierte variable Arbeitszeit und individuelle Arbeitszeit im Sinne des Cafeteria-Prinzips abgeleitet werden.

Gleitende Arbeitszeit ohne Verringerung des Zeitumfangs besteht aus einer Rahmenzeit, einer festen Kernzeit und einer Gleitzeitspanne, die vor- und nachgelagert ist. Innerhalb derer können die Mitarbeiter nach eigenem Ermessen und Bedürfnissen in Abstimmung mit der Arbeitsmenge Beginn und Ende ihrer Arbeitszeit selbst festlegen (Sadler, 1970; Brendle, 1990; Drumm, 2005). Das Konzept kann als gleitende Tagesarbeitszeit, gleitende Wochenarbeitszeit und gleitende Jahresarbeitszeit in der Praxis Gestalt annehmen. Dieses Konzept wird häufig mit den Begriffen Gleittag, Kernarbeitszeit, Normalarbeitszeit, Soll-Arbeitszeit, Ist-Arbeitszeit, Gleitzeitsaldo und Saldoausgleich belegt. Es ist wichtig, Ist-Arbeitszeiten mit Hilfe moderner Technologien zu erfassen und wöchentlich, monatlich oder quartalsweise mit den Soll-Arbeitszeiten im Arbeitsvertrag zu vergleichen und schließlich auszugleichen. Gleitzeitmodelle sind in der Praxis weit verbreitet und haben sich seit langem überwiegend bewährt. Je größer das Unternehmen ist, desto häufig wird dieses Konzept eingesetzt.

Vorteil dieses Konzeptes ist die Berücksichtigung der Bedürfnisse des Personals. Mitarbeiter können ihr Privatleben besser mit ihrem Arbeitsleben kombinieren. Die Anpassung der täglichen Arbeitszeit an den entsprechenden Lebensrhythmus wird optimiert, Stresssituationen können vermindert werden, die Qualität des Privatlebens und des Arbeitslebens kann verbessert werden, Fehlzeiten werden reduziert und die Leistungen und die Zufriedenheit der Mitarbeiter werden erhöht.

Jedoch hat dieses Konzept eine Schwäche. Das Modell nimmt an, dass die Mitarbeiter ihre Arbeit nur aus extrinsischer Motivation leisten. Deswegen kontrollieren die Unternehmen meist die Arbeitszeit ihrer Mitarbeiter. Die Arbeit wird nicht nach Qualität und den Anforderung der Arbeit selbst gemessen, sondern nach Quantität des Einsatzes von Arbeitszeit. Das Stempelkartensystem und die beschränkten maximalen Arbeitszeitüberschüsse können die intrinsische Arbeitsmotivation der Mitarbeiter reduzieren oder zur extrinsischen Motivation verdrängen. Teilweise setzen manche innovative Unternehmen auf motivierende Instrumente wie selbstständige Zusammenfassung von Arbeitszeit und selbstständig Planung von Projektzeit. Die Mitarbeiter gewinnen dadurch einen Überblick der eigenen Arbeitszeitplanung und Arbeitsprozesse. Eine Identifikation mit dem Unternehmen kann aufgrund des Vertrauens gebildet werden.

Teilzeitarbeit ist ein chronometrisch flexibilisiertes Arbeitszeitkonzept. Es stellt eine Tätigkeit dar, bei der eine kürzere Arbeitszeit als die übliche Betriebsarbeitszeit mit einer entsprechenden Kürzung der Vergütung vereinbart wird (Gaugler, 1983). Die Gestaltung von Teilzeitarbeitsmodellen kann meist von drei unterschiedlichen Ansatzpunkten her betrachtet werden: eine Kürzung der täglichen Arbeitszeit, eine Kürzung der wöchentlichen Arbeitszeit und eine Kürzung der monatlichen Arbeitszeit. *Job-Sharing* ist eine Sonderform der Teilzeitbeschäftigung. Mit diesem Modell wird eine Vollzeitstelle von zwei Personen besetzt. Oft arbeitet jeder jeweils die halbe Soll-Arbeitszeit einer Vollstelle. Die Teilbarkeitsvoraussetzung muss dafür erfüllt werden.

Mit dem Anwachsen von Freizeitorientierung in der Gesellschaft und dem Weiterführen des Berufslebens mit Kindern ist das Interesse an Teilzeitarbeit sehr stark gestiegen. Zwischen 1991 und 2001 ist in Deutschland die Zahl teilzeitbeschäftigter Mitarbeiter von 4,7 auf 6,8 Millionen gestiegen (Haag, 2003). Auch immer mehr Arbeitgeber interessieren sich aufgrund mehrerer Vorteile, die mit der Teilzeitarbeit verbunden sind, für das Teilzeitarbeitskonzept. In mittelständischen Unternehmen, be-

		Gestaltung des Arbeitszeit		
Kategorie	**Ziele**	**Gleitzeit**	**Teilzeit**	**Variable AZ**
Ansätze	• Flexibilisierung • Erfüllung von Anforderungen des Unternehmens • Berücksichtigung der persönlichen Bedürfnisse der Mitarbeiter	• Kernzeit/ Rahmenzeit/ Gleitzeitspanne • Ist- und Soll-Zeit • Vor- und Nachteile beachten	• Kürzung der täglichen/ wöchentlichen/ monatlichen Arbeitszeit • Job-Sharing • Vor- und Nachteile beachten	• Kapazitäts-orientierung • Vor- und Nachteile beachten
Schwerpunkte	**Mitarbeiter-orientierung**	**Vertrauen**	**Teilbarkeit der Arbeit**	**Identifikation der Mitarbeiter Leistungsorientierte und getrennte Vergütung**

Abbildung 10: Gestaltung der Arbeitszeit

sonders Dienstleistungsunternehmen, wird dieses Konzept sehr häufig eingesetzt (Haarland, 1990).

Der Vorteil des Konzepts sind höhere Produktivität und Leistungen der Teilzeitmitarbeiter. Die Teilzeitstelleninhaber sind mit geringerer Ermüdung, besserer Konzentration und häufig höherer Motivation bei der Arbeit. Durch eine Untersuchung bei der BMW AG wurde bestätigt, dass der Nutzen von Teilzeitarbeitsmodellen deren Kosten übersteigt (Bihl, 1982). Eine neue empirische Untersuchung interpretiert, dass das Teilzeitkonzept für die Wachstumsphase eines Unternehmens strategisch sinnvoller als das Vollzeitkonzept ist, da die vorsichtige Erhöhung des Personalbestands dadurch besser abgesichert werden kann (Mayne, Tregaskis u. Brewster, 1996).

Die Nachteile sind die höheren Kosten (Gaugler, 1983; Haarland, 1990) durch den steigenden Koordinationsaufwand, die

steigenden Verwaltungskosten und der beschränkte Einsatzbe-
reich des Konzepts. Der Anwendungsbereich von Teilzeitarbeit
liegt wegen der reduzierten Kapazität der Teilzeitmitarbeiter
vorrangig bei einfachen oder standardisierbaren Tätigkeiten
(Drumm, 2005).

Bei einem *variablen Arbeitszeitkonzept* wird die Kernzeit auf
Null reduziert. Es wird keine feste Aufschreibung von Soll- und
Ist-Arbeitszeiten vorgenommen. Häufig wird das Modell mit
Kapazitätsorientierung eingesetzt. Bei diesem Konzept werden
den Mitarbeitern nur Ziele vorgegeben. Wie lange und mit welchem Einsatz von Zeit gearbeitet werden soll, um die Ziele zu
erreichen, wird den Mitarbeitern selbst überlassen.

Die Vorteile bei diesem Konzept sind die maximale Berücksichtigung von sozialen Bedingungen der Mitarbeiter und eine
gute Anwendung der motivierenden Funktion von Zielver-
einbarungen. Dabei sind die Einflüsse der Moderatoren zwischen Zielen und Leistungen zu beachten: Die Fähigkeit der
Mitarbeiter, Ausmaß der Rückmeldung, Aufgabenschwierig-
keit, Selbstwirksamkeitserwartung der Mitarbeiter und ihre
Zielbindung.

Daraus sind aber auch die Nachteile dieses Konzeptes zu erkennen:

1. Diese Form ist nur dann denkbar, wenn sich die Mitarbeiter
   absolut mit ihrer Aufgabe *identifizieren*, die einzelnen Stellen
   weitgehende Autonomie haben, die Aufgabenerfüllung unabhängig von anderen Mitarbeitern sowie unterbrechbar ist
   (Drumm, 2005).
2. Häufig findet *erhöhter Koordinationsaufwand* zwischen den
   zeitlich variabel arbeitenden Stellen und Kunden, Lieferanten
   und Behörden statt.
3. Konflikte können aufgrund einer Ausdehnung der Ist- über
   die Soll-Arbeitszeit entstehen. Häufig besteht das *Risiko der
   Selbstüberforderung*. Mehrfachqualifikation der Mitarbeiter
   ist eine entsprechende Lösung dafür.

Insgesamt können alle Flexibilisierungsmodelle mit unterschiedlichen Varianten der Vergütung kombiniert werden. Jedoch sind

die Vorteile umstritten. Die Leistungssteigerung oder die Verhinderung von Leistungsrückgang aufgrund des Einsatzes der flexiblen Arbeitszeitkonzepte sind schwer messbar. Die Arbeitszeitpräferenzen sind auch individuell sehr unterschiedlich. Der instrumentelle Einsatz von Arbeitszeitkonzepten wird dadurch erschwert. Um die Realisierungspotenziale für die einzelnen dargestellten Konzepte der Arbeitszeitflexibilisierung abzustecken, ist es erforderlich, die individuellen und betrieblichen Vorteile und Nachteile unter ökonomischen, rechtlichen und betriebsspezifischen Aspekten abzuwägen. Das Cafeteria-Prinzip bietet eine gute Möglichkeit, sowohl die Tragfähigkeit für das Unternehmen als auch die individuellen Anforderungen zu berücksichtigen. Mitarbeiter können damit in gewissen Grenzen zwischen verschiedenen Zeitmodellen gemäß ihrer Bedürfnisse und der Situation wählen. Dabei muss aber die Mehrfachqualifikation der Mitarbeiter als notwendige Voraussetzung gelten.

In Abbildung 10 werden die genannten Punkte dargestellt.

2.3.12 Fazit

Das vorangegangene Kapitel hatte Folgendes zum Inhalt:
1. Es wurden unterschiedliche Anreize und deren verschiedene Gestaltungsmöglichkeiten herausgearbeitet.
2. Eine theoretische Basis für die Entwicklung des Fragebogens für die empirische Studie wurde damit bereitgestellt.
3. Eine theoretische Basis für die Entwicklung von Fragestellungen wurde entwickelt.

2.4 Anreizgestaltung auf inter- und intrakultureller Ebene

Anreizsysteme sind im kulturellen Kontext eingebettet, sie können nicht problemlos von einer Kultur in eine andere übertragen werden (Gentz, 1990; Kumar, 1991). Die für die Anreizempfänglichkeit maßgeblichen Wertorientierungen und Arbeitsmotive werden stark von der Kultur geprägt. Wertorientierung und Arbeitsmotive sind daher aufgrund international vielfältiger Kulturen und verschiedener Grade der Wirtschaftsentwicklungen auf *interkultureller Ebene* sehr unterschiedlich (Sirota u. Greenwood, 1971; Hinrich u. Ferrario, 1974; Ronen u. Kraut, 1977; England, 1978; MOW international research team, 1987; Harpaz, 1990; Ralston, Gustafson, Cheung u. Terpstra, 1993; Bigoness u. Blakely, 1996; Pelled u. Xin, 1997; Beerman u. Stengel, 2003). Anreize bedürfen daher kultureller Anpassungen (Schanz, Klein u. Wunderlich, 1991, S. 160–161). Deswegen sollten die Anreize, je nachdem, wie die Kulturdimensionen in den einzelnen Gesellschaften ausgeprägt sind, auf Makro-Ebene international unterschiedlich gestaltet werden (Kumar, 1991).

Auch innerhalb eines Kulturkreises formen sich auf der *intrakulturellen Ebene* deutliche motivationsrelevante Unterschiede der Arbeitsmotive und Werthaltungen (Schein, 1980; Weinert, 1987). Es bestehen unterschiedliche Menschentypen, die aufgrund ihrer Erziehung, Bildung, ihres Wohlstandes, Lebens- und Arbeitserfahrungen verschiedene Werteorientierung und Arbeitsmotive haben. Nach von Rosenstiel (2003b) sollten Anreize sich an unterschiedlichen Wertorientierungen und Arbeitsmotiven der Mitarbeiter orientieren. Es ist daher wichtig, in diesem Kapitel die Anreizgestaltung bezüglich unterschiedlicher Menschentypen zu diskutieren.

2.4.1 Kulturbedingte Gestaltungsmöglichkeiten von Anreizen

Innerhalb der interkulturellen Managementlehre gibt es zahlreiche Forschungen über managementbezogene Konzeptionalisierungen der nationalen Kultur (Hofstede, 1980, 1993; Nevis, 1983a, 1983b; Gomez-Mejia, 1984; Markus u. Kitayama, 1991; Morden, 1995; Cry u. Schneider, 1996; Thomas, 1996; Chen, Chen u. Meindl, 1998; Schneider u. Barsoux, 2002; Beerman u. Stengel, 2003). Eines der bekanntesten Konzepte ist das von Hofstede (1980), der in seinen Untersuchungen bei IBM 117000

Fragebögen in 67 Ländern mit jeweils 60 Items erhoben hat. Nationale Kultur kann nach seinen dort erhobenen Dimensionen analysiert werden. Dadurch gibt es die Möglichkeit, verschiedene Kulturen auf internationaler Ebene zu vergleichen. Hofstede unterscheidet in seiner Analyse vier managementrelevante Kulturdimensionen. Später hat er mit Bond (1988) auf Basis der Forschungsergebnisse von »The Chinese Culture Connection« (1987) zusammen eine fünfte Kulturdimension entwickelt, die von der Philosophie des Konfuzius stark geprägt und daher relevant für asiatische Länder ist. Die chinesischen Daten für die ersten vier Kulturdimensionen wurden nur auf theoretischer Basis geschätzt und nicht empirisch erhoben. In einer späteren Publikation (1993) wurde China zusammen mit vielen anderen Ländern auf Basis der fünf Kulturdimensionen verglichen. Vier dieser fünf Dimensionen entsprechen auch den Ergebnissen von »The Chinese Culture Connection«. Nur die Unsicherheitsvermeidung als Kulturdimension wurde bei der Forschung im chinesischen Kulturraum nicht bestätigt (1987). Im Folgenden werden die fünf Kulturdimensionen Hofstedes dargestellt. Deren Einfluss auf die Gestaltungsmöglichkeiten der Anreize wird zudem diskutiert.

Die Rolle der Machtdistanz: Machtdistanz erklärt die Einstellung und Akzeptanz zu sozialen Unterschieden, Ungleichheit und zur Hierarchie in der Gesellschaft.

In einer Gesellschaft mit hohem Machtdistanz-Index wird die soziale Ungleichheit zwischen Menschen akzeptiert; zwischen verschiedenen Hierarchiestufen bestehen starke Unterschiede. Status und Rangfolgen werden beachtet und respektiert. Im Gegensatz dazu werden in einer Gesellschaft mit niedrigem Machtdistanz-Index Menschen als relativ gleichberechtigt betrachtet.

Die meisten afrikanischen, asiatischen und lateinamerikanischen Länder zeigen ebenso wie Frankreich, Belgien, Italien und Spanien hohe Machtdistanz-Index-Werte. Dagegen ergeben sich für die USA, Großbritannien und die skandinavischen Länder niedrige Machtdistanz-Index-Werte. Deutschland hat ebenfalls einen niedrigen Machtdistanz-Index-Wert (35). Im Gegensatz dazu hat die V. R. China einen hohen Machtdistanz-Index-Wert (80).

Diese Kulturdimension könnte besonders die Anreize »Führung durch direkte Vorgesetzte«, »Vorschlagswesen«, »Politik der internen Information und Kommunikation« und »persönliche konkrete Weiterbildungsangebote« beeinflussen (vgl. Evans, 1992; Schneider u. Barsoux, 2002, S. 131; S. 210–211). Das soll knapp dargestellt werden.

Machtdistanz hat einen großen Einfluss auf den persönlichen Führungsstil. Zusätzlich unterscheiden sich die Wahrnehmungen und Erwartungen der Mitarbeiter an das Verhalten ihrer Führungskräfte innerhalb von Ländern mit höherer Machtdistanz von Ländern mit niedriger Machtdistanz (Kumar, 1991, S. 141–145). Innerhalb von Ländern mit höherer Machtdistanz wird häufig ein autokratischer oder patriarchalischer Führungsstil ausgeübt (Keller, 1995, S. 1399). Das Ungleichgewicht zwischen Führungskräften und Geführten ist groß, die Entscheidungsbefugnis liegt bei der Führungskraft, der alle Entscheidungen trifft. Das Status- und Positionsbewusstsein ist sowohl bei Führungskräften als auch bei Geführten sehr hoch. Ein autokratischer oder patriarchalischer Stil wird als selbstverständlich angesehen, akzeptiert und sogar erwartet. Gehorsam und Unterwerfung gehören zu den wichtigsten Erziehungsprinzipien (Shangguan, 2004). Die Geführten haben kein Recht, Führungskräften zu widersprechen, das Ungleichgewicht wird von den Mitarbeitern akzeptiert. Die Mitarbeiter partizipieren nicht an Entscheidungen und erwarten auch nicht, eine Partizipationsmöglichkeit zu bekommen. Thomas (1996, S. 521) zeigt große Unterschiede der Personaleinstellung zwischen Frankreich und Deutschland. In Frankreich, einem Land mit hoher Machtdistanz, wird über eine Einstellung vom Chef entschieden. Im Gegensatz dazu wird diese Entscheidung in Deutschland nur von der zuständigen Fachabteilung mit Hilfe von zuständigen Fachberatern in der Personalabteilung getroffen.

Innerhalb von Ländern mit höherer Machtdistanz werden andere Kriterien für die Führungsbeurteilung herangezogen.

Die Eigenschaften der Führenden werden als sehr wichtig innerhalb der Beurteilung betrachtet. So werden in China die Eigenschaften der Führungskräfte als wichtigste Kriterien für die deren Beurteilung und Aufstiegschancen betrachtet. Die beachteten Eigenschaften von Führungskräften sind nicht identisch mit denen im Westen. Westliche Eigenschaften sind eher instrumental (z. B. soziale Kompetenz, Bildung und Alter). Chinesische Eigenschaften von Führungskräften haben terminalen Charakter (wie z. B. aus eigenem Antrieb dem Volk zu dienen, Ehrlichkeit, Aufrichtigkeit, Glaubwürdigkeit, Zuverlässigkeit, Kritikfähigkeit, Uneigennützigkeit, Selbstdisziplin und Pflichtbewusstsein) (vgl. Lin u. Fang, 2000). Innerhalb von Ländern mit niedriger Machtdistanz wird üblicherweise ein demokratischer Führungsstil innerhalb der Organisation ausgeübt. Diesem Führungsstil entspricht auch die Erwartung der Mitarbeiter. Entscheidungen bei der Arbeit werden von den zuständigen Mitarbeitern selbst getroffen und die Selbstständigkeit der Mitarbeiter wird von den Führungskräften erwartet und gefördert. Die Abhängigkeit der Mitarbeiter gegenüber der Führungskraft ist relativ niedrig. Zudem werden Freiräume für die Eigeninitiative und Entscheidungspartizipation hoch geschätzt.

Machtdistanz könnte auch großen Einfluss auf das *Vorschlagswesen* in einem Unternehmen haben. Ist die Machtdistanz zwischen der Führungskraft und den Geführten zu groß, kann es sein, dass die Geführten kaum der Autorität der Führungskraft widersprechen oder etwas Neues vorschlagen (Yates u. Lee, 1996, S. 344). Mitarbeiter haben dann keine Motive zur Partizipation, weil alle Entscheidungen sowieso von »oben« getroffen werden. Mitarbeiter warten somit passiv auf Befehle von der Führungskraft, anstatt eigene Initiative zu zeigen und zu entwickeln.

Innerhalb von Ländern mit niedriger Machtdistanz haben die Mitarbeiter dagegen die Möglichkeit, Initiative und Ideen in das Projekt einfließen zu lassen. Die Innovations- und Partizipationsneigung der Mitarbeiter ist deswegen hoch und damit eine wichtige Basis für das Vorschlagswesen.

Machtdistanz könnte auch großen Einfluss auf die Bedeutung der *Politik der internen Information und Kommunikation* in einem Unternehmen haben. Innerhalb von Ländern mit höherer Machtdistanz haben die Mitarbeiter keine hohe Erwartung, bei Entscheidungen zu partizipieren. Daher ist es für sie nicht so relevant, Informationen über die Unternehmenspolitik zu erhalten. Sie erledigen nur die Aufgabe, die der Chef vorgegeben hat. Deswegen sollte das Unternehmen eher eine »push«-Methode für die Informationsvermittlung benutzen. Teilweise werden Informationen als private Macht betrachtet (Herrmann-Pillath, 1997). Nur die Führungskraft, die Entscheidungen trifft, bekommt vollständige Informationen. Die Unternehmenspolitik, -strategie und das aktuelle Unternehmensgeschehen werden nicht an die Mitarbeiter kommuniziert. Häufig werden Informationen durch private Kommunikationen vermittelt.

Innerhalb von Ländern mit niedriger Machtdistanz haben die Mitarbeiter einen hohen Bedarf an Information über Unternehmenspolitik, -strategie und das aktuelle Unternehmensgeschehen. Sie sind seit ihrer Kindheit gewohnt, selbst Entscheidungen zu treffen. Für ihre Entscheidungsfindung informieren sie sich häufig selbst. Eine »pull«-Methode der Informationsübermittlung wird häufig eingesetzt. Deshalb verlangen Mitarbeiter in diesen Kulturen auch von ihrem Unternehmen, viele Informationen frei zugänglich zur Verfügung zu bekommen. Die Unternehmen in Kulturen mit niedrigen Machtdistanz verstehen Informationen als öffentliche Güter und stellen sie bereitwilliger für alle Mitarbeiter zur Verfügung. Häufig werden die Informationen durch öffentliche Kommunikationskanäle vermittelt (Laurent, 1986).

Machtdistanz hat auch großen Einfluss auf *konkrete Weiterbildungsangebote* in einem Unternehmen (Schneider u. Barsoux, 2002, S. 222 ff.). Innerhalb von Ländern mit höherer Machtdistanz haben die Mitarbeiter weniger Möglichkeiten, selbst zu entscheiden, welche Weiterbildungsinhalte für sie gestellt werden. Daher ist eine aktive und effektive Beratung über Weiterbildung durch die Personalabteilung wichtig. In der Kindheit wird kaum Spielraum für Eigeninitiative gegeben, den Eltern ist nicht zu widersprechen. Fast alle wichtigen Entscheidungen wurden von den Eltern getroffen. Daher sind die Mitarbeiter gewohnt, Befehle zu empfangen, statt selbst zu entscheiden. Somit wird häufig die Weiterbildung in Form von Vorlesungen gewünscht, weil es dort keiner Diskussion bedarf und die Autorität der Lehrer nicht in Frage gestellt wird.

Innerhalb von Ländern mit niedriger Machtdistanz sind die Mitarbeiter in hohem Maße dazu fähig, selbst zu selektieren, welche Weiterbildungsinhalte sie benötigen. Schon seit ihrer Kindheit haben sie die Möglichkeit, viel selbst zu entscheiden, und sind darin geübt, Informationen für ihre Entscheidungsfindung zu sammeln. Daher sind breite Informationen über Fort- und Weiterbildung im Intranet und möglichst umfassende Trainingsinhalte attraktive Anreize für sie. Die Weiterbildungsarten – Rollenspiel und Diskussion – sind stärker gewünscht und effektiver, weil sie die Meinungen der Betroffenen berücksichtigen.

Individualismus versus Kollektivismus und Einflüsse auf die Gestaltung von Anreizen: Diese Dimension beinhaltet die Einstellung zu Zwischenmenschlichkeit und Gemeinschaftssinn.

Je nachdem, inwieweit Menschen sich als einzelne unabhängige Individuen oder als Mitglieder einer Gruppe definieren, werden die verschiedenen Grade der Ausprägung des Individualismus festgelegt. In einer kollektiven Gesellschaft wird ein Kind so erzogen, dass es seine Gruppe respektiert und die Gruppenvorteile vor eigene Vorteile stellt. Der Einzelne erwartet Unterstützung und Hilfe von seiner Gruppe, wenn er ein Problem hat. Dafür ist er seiner Gruppe lebenslang loyal. Im Gegensatz dazu wird ein Kind in einer individualistischen Gesellschaft so erzogen, dass es auf eigenen Füßen stehen muss, selbstständig sein sollte und nicht erwarten kann, Hilfe von anderen zu bekommen. Loyalität gegenüber der Gruppe wird deshalb auch nicht erwartet.

Bei kollektivistischen Kulturen werden die Harmonie innerhalb der Gruppe und Gruppenerfolg angestrebt, statt wie bei der individualistischen Kultur individuelle Leistung, Selbstverwirklichung oder Eigenverantwortung. In vielen kollektivistischen asiatischen Ländern führt Leistung vielfach zu der Erhöhung des gruppenbezogenen Zugehörigkeitsgefühls wie auch der Steigerung des Ansehens in der Gruppe (Kumar, 1991, S. 137).

Diese Kulturdimension hängt mit der volkswirtschaftlichen Entwicklung eines Landes zusammen. So erreichen fast alle wohlhabenden Länder hohe Individualismus-Index-Werte, während fast alle ärmeren Länder niedrigere Individualismus-Index-Werte haben. Die USA, Australien, Großbritannien, Kanada, die Niederlande, die skandinavischen Länder und die Schweiz haben hohe Individualismus-Index-Werte. Lateinamerikanische Länder und asiatische Länder haben niedrige Individualismus-Index-Werte. Deutschland hat einen relativ hohen (67), die V. R. China dagegen einen niedrigen Individualismus-Index-Wert (20).

Diese Kulturdimension könnte die Gestaltungsmöglichkeiten von Organisationsklima, Weiterbildungspolitik im Unternehmen, Einkommen, betrieblichen Sozialleistungen, Karriereentwicklung und Aufstiegschancen, Führung durch direkte Vorgesetzte, Vorschlagswesen und der Politik der internen Information und Kommunikation stark beeinflussen (vgl. Evans, 1992; Schneider u. Barsoux, 2002, S. 131; S. 210 f.).

Innerhalb der Länder mit hohem Kollektivismus sind soziale Beziehungen innerhalb der Unternehmen für die Mitarbeiter sehr wichtig. Nicht die individuelle Leistung, sondern die Kooperation mit anderen Kollegen wird als wichtig betrachtet und angestrebt. Das *Organisationsklima* sollte sich daher insbesondere an Zusammenarbeit und Gemeinschaft orientieren.

Innerhalb von Ländern mit hohem Individualismus werden die individuellen Leistungen innerhalb der Organisationskultur betont. Nach dem Prinzip des Individualismus sollte jeder danach gemessen werden, was er selbst geleistet hat. Das Organisationsklima sollte durch individuelle Leistungsorientierung die Leistungsträger motivieren.

Innerhalb von Ländern mit hohem Kollektivismus wird eine gleiche *Verteilung der Weiterbildungsmöglichkeiten* für alle Mitarbeiter erwartet, unabhängig von Leistung und Potenzial. Langfristige Weiterbildungsprogramme werden innerhalb von kollektivistischen Ländern häufig als sehr wichtig betrachtet, da die kollektive Eigenschaft mit langfristiger Orientierung hoch korreliert (Chinese Culture Connection, 1987).

Innerhalb von Ländern mit hohem Individualismus sollten die individuelle Leistung und das Potenzial auch bei der Bildungspolitik berücksichtigt werden. Die Weiterbildungsmöglichkeiten sollten je nach Bedarf des Unternehmens sowie der Leistung und dem Potenzial des Mitarbeiters verteilt werden. Kurzfristige und projektorientierte Weiterbildungsmaßnahmen können als effektiver betrachtet werden.

Innerhalb einer kollektivistischen Gesellschaft gilt die Gleichbehandlung (innerhalb einer Gruppe) als Grundprinzip für die Verteilung der materiellen Belohnung. Das *Verteilungsverhältnis der Prämien* zwischen individuellen-, Gruppen- und Unternehmensprämien ist daher eher an Gruppenprämien orientiert. Damit kann die Harmonie der Gruppe bewahrt werden.

Im Gegensatz dazu sind bei einer individualistischen Gesellschaft andere Gestaltungsmöglichkeiten für finanzielle Anreize sinnvoll. Bei einer individualistischen Kultur wird die direkte, individuelle, verbindliche, leistungsbezogene finanzielle Belohnung als motivationsförderndes Instrument betrachtet. Es gilt das Marktwertprinzip als Basis für die Verteilung der materiellen Belohnung (Hofstede, 2001). Individuelle Leistung sollte durch das Belohnungssystem betont werden. Das Verteilungsverhältnis der Prämien zwischen individuumsbezogenen, gruppenbezogenen und unternehmensbezogenen Prämien ist daher eher am Individuum orientiert.

Betriebliche Sozialleistungen werden eher von kollektivistischen Kulturen als von individualistischen Kulturen erwartet (Lee, 2002). Bei kollektivistischen Kulturen besteht eine stärkere Bindung zwischen der Organisation und den Mitarbeitern. Die Organisation ist eher wie eine große Familie, die ihre Familiemitglieder versorgt. Die Mitarbeiter erwarten, dass ein Unternehmen ihre Interessen vertritt und umfangreiche soziale Verantwortlichkeiten wahrnimmt. Sie sind deswegen auch bereit, lebenslang loyal zu dem Unternehmen zu stehen. Die betrieblichen Sozialleistungen wie beispielsweise Betriebswohnung, Betriebskindergarten oder Betriebsarzt werden als positive Anstrengungen der Organisation betrachtet. Intensive Kontakte mit Kollegen werden von Mitarbeitern in einer kollektivistischen Gesellschaft gewünscht. Daher sind Freizeitangebote und Wochenendausflüge mit Kollegen und betriebliche Feste effektive Anreize für die Mitarbeiter.

Bei der individualistischen Kultur ist diese Bindung an eine Organisation weniger stark. Die Beziehung zwischen Arbeitgeber und Arbeitnehmer wird als kalkulierbarer Transaktionsvorgang betrachtet, den jede Seite beenden kann, wenn sich vorteilhaftere Lösungen anbieten (Hofstede, 2001b). Die sozialen Integrationsmaßnahmen innerhalb der betrieblichen Sozialleistungen für die gesellschaftliche Verbundenheit mit anderen Kollegen und dem Unternehmen werden in einer individuellen Gesellschaft eher als störend für das Privatleben betrachtet.

Aufstieg ist innerhalb kollektivistischer Länder häufig am Senioritätsprinzip orientiert. Die *Kriterien für die Karriereentwicklung* sind nicht nur individuelle Leistung und Kompetenz, sondern besonders auch die Loyalität gegenüber dem Vorgesetzten und dem Unternehmen sowie Kooperation mit den Kollegen.

In einer individualistischen Gesellschaft werden die Aufstiegschancen hauptsächlich von individuellen Leistungen und Potenzialen determiniert. Die reine Loyalität wird nicht als wichtiges Kriterium betrachtet.

Innerhalb einer kollektivistischen Gesellschaft wird ein mitarbeiterorientierter *Führungsstil* erwartet (Smith u. Wang, 1996). Führung sollte die sozialen Bedürfnisse und Probleme innerhalb des Privatlebens der Mitarbeiter berücksichtigen. Kritik äußert sich in kollektivistischen Ländern auch anders als bei individualistischen Ländern, in denen Probleme offen angesprochen werden. Mitarbeiter in kollektivistischen Ländern werden nicht in der Öffentlichkeit hart und direkt kritisiert. Konfrontation zu vermeiden und das Gesicht der anderen zu wahren ist notwendig. Innerhalb einer individualistischen Gesellschaft wird ein aufgabenorientierter Führungsstil erwartet, für die Beurteilung der Fähigkeit zählt hauptsächlich die Leistung.

Die Gestaltung der *Politik der internen Information und Kommunikation* kann von dieser Kulturdimension beeinflusst werden. Unterschiedliche Kanäle können in Abhängigkeit davon ganz unterschiedliche Effekte haben. Informationsecken, Abteilungssitzungen und private Kommunikation werden häufig in einer kollektivistischen Gesellschaft angewendet. Auch die Inhalte der Informationen fokussieren auf die Gruppenkohäsion und das gesamte Unternehmensgeschehen. Im Gegensatz dazu werden in individualistischen Gesellschaften für die interne Information und Kommunikation häufig Intranet, Mitarbeitermagazine und Projektsitzungen als passende Kanäle benutzt.

Vermeidung von Ungewissheit und Konsequenzen für die Gestaltung der Anreize: Unsicherheitsvermeidung erklärt die Einstellung zu unbekannten und unstrukturierten Situationen.

Eine Gesellschaft mit einer starken Tendenz zur Unsicherheitsvermeidung versucht die Zukunft zu kontrollieren oder über bestimmte Regeln, Gesetze, Verhaltensvorschriften und Sicherheits- und Schutzmaßnahmen zu beeinflussen und vorherzusagen. Menschen innerhalb einer solchen Gesellschaft sind relativ intolerant gegenüber abnormem Verhalten und eher abweisend gegenüber nicht vorhersagbaren Ereignissen und schwer einzuordnenden Meinungen. In einer Gesellschaft mit schwach ausgeprägter Unsicherheitsvermeidung zeigen die Mitglieder mehr Toleranz gegenüber anderen Meinungen und Ungewohntem. Sie sind auch eher offen für Neues.

Griechenland, Portugal, Guatemala, Uruguay, Belgien, Japan, Frankreich und Spanien haben hohe Werte auf dem Unsicherheitsvermeidungs-Index (UVI). Singapur, Dänemark, Schweden, Hongkong, Großbritannien und Malaysia haben niedrige UVI-Werte. Deutschland erzielt bei Hofstedes Untersuchung den Wert 65, China einen Wert von 29.

Die Unsicherheitsvermeidung als Kulturdimension könnte stark die Gestaltung von Einkommen, Karriereentwicklung und

Aufstiegschancen, Führung durch direkte Vorgesetzte und konkreten persönlichen Weiterbildungsangeboten beeinflussen (vgl. Evans, 1992; Schneider u. Barsoux, 2002, S. 131, S. 210 f.).

In einer Gesellschaft mit hohem UVI-Wert ist das *Verteilungsverhältnis von Grundgehalt und variablem Gehalt* anders als bei Gesellschaften mit niedrigem UVI-Werten (Pennings, 1993). Das Grundgehalt wird hier häufig sehr hoch festgelegt. Nur ein kleiner Teil des Gehalts ist variabel. Im Gegensatz dazu ist das Grundgehalt in Gesellschaften mit niedrigen UVI-Werten kleiner. Ein großer Teil des Gehalts ist dort in Abhängigkeit von den individuellen Leistungen variabel.

Auch die *Kriterien für Karriereentwicklung und Verteilung der Aufstiegschancen* sind bei Gesellschaften mit hohem oder niedrigem UVI-Wert unterschiedlich (Evans, 1984; Derr u. Laurent, 1989). In einer Gesellschaft mit hohem UVI-Wert wird tendenziell der interne Aufstieg vorgezogen, da Informationen über interne Kandidaten besser verfügbar sind. Fachkompetenz wird als wichtigste Voraussetzung für den Aufstieg betrachtet. Die Mitarbeiter machen ihre Karriere daher häufig nur innerhalb einer Funktion statt überfunktionale Karrieren, denn die Arbeitserfahrung im gleichen Arbeitsbereich wird als sehr wichtig für die Personalauswahl betrachtet. Bildungsbasis und Arbeitserfahrung im selben Bereich sowie Leistung und Potenzial sind entscheidende Kriterien für die Karriereentwicklung in Gesellschaften mit hohen UVI-Werten. Im Gegensatz dazu sind in einer Gesellschaft mit niedrigem UVI-Werte ein breites Wissen und verschiedene Arbeitserfahrungen in unterschiedlichen Bereichen oder Branchen wichtige Kriterien für die Auswahl von Führungskräften.

Die Mitarbeitererwartung gegenüber der *Führung* ist ebenfalls abhängig von den UVI-Werten einer Gesellschaft. Fachexperten werden als Führungskräfte von den Mitarbeitern in Gesellschaften mit hohen UVI-Werten erwartet (Schneider u. Barsoux, 2002). Sie sollen die Fähigkeit besitzen, die Fragen und Problem ihrer Mitarbeiter während der Arbeit lösen können. Die Mitarbeiterorganisation wird ebenfalls von den UVI-Werten tangiert (Schneider, 1988). In Gesellschaften mit hohen

UVI-Werten werden die Ziele konkret vorgegeben und die Vorgehensweisen detailliert festgelegt. In einer Gesellschaft mit niedrigen UVI-Werten wird nur ein Bereich für Ziele angegeben. Wie die Mitarbeiter vorgehen sollen, wird nicht festgelegt.

Auch die Veränderungsbereitschaft unterscheidet sich. Bei niedrigen UVI-Werten ist das Innovationsklima hoch, da die Toleranz für abweichende Ideen und Originalität groß ist. Es ist davon auszugehen, dass damit eine gute Basis für das *Vorschlagswesen* gegeben ist. Im Gegensatz dazu wird eine abweichende Meinung in einer Gesellschaft mit hohem UVI-Wert nicht toleriert. Daher hat das Vorschlagswesen schlechtere Voraussetzungen.

Die *konkreten Weiterbildungsangebote* sind je nach Höhe der UVI-Werte unterschiedlich ausgeprägt (Evans, 1992). In einer Gesellschaft mit hohem UVI-Wert werden interne Trainingsformen und Fachkompetenztraining häufig als wichtiger betrachtet. In einer Gesellschaft mit niedrigem UVI-Wert gelten externe Trainingsformen und die allgemeine Kompetenzerweiterung als wichtiger.

Maskulinität versus Femininität und Implikationen für die Gestaltung der Anreize: Diese Dimension erklärt die Einstellung zu Leistung, Wettbewerb und Kooperation.

Im Vergleich mit Männern haben Frauen tendenziell bescheidenere und fürsorglichere Vorstellungen. Im Gegensatz dazu haben Männer häufiger konkurrenzbetonte Werte. Hofstede bezeichnet eine Gesellschaft als maskulin, wenn die Individuen in der Gesellschaft erfolgs- und leistungsbezogen sind und sich selbstbewusst zeigen. Konflikte werden ausgefochten. Mitglieder mit abweichendem Verhalten werden übergangen oder missachtet (Hofstede, 2001a). Bei einer femininen Gesellschaft wird eher auf zwischenmenschliche Beziehungen, Lebensqualität und die Bewahrung der Umwelt geachtet. Kooperation und Kompromisse werden höher geschätzt.

Die skandinavischen Länder haben eher sehr niedrige Maskulinitäts-Index-Werte. Dort tritt die feminine Kultur stärker hervor. Hohe Maskulinitäts-Index-Werte haben nicht nur wohlhabende Länder wie zum Beispiel Japan, Österreich, Italien, Schweiz, USA, Australien und Neuseeland. Auch Länder wie Venezuela, Jamaika, die Philippinen, Kolumbien, Südafrika, Ecuador und Argentinien haben einen hohen Maskulinitäts-Index-Wert. Im Vergleich zu Deutschland mit einem Maskulinitäts-Index-Wert von 66 befindet sich China mit dem Index 57 in der gemäßigten Mitte.

Diese Kulturdimension könnte großen Einfluss auf die Gestaltung von Einkommen, Karriereentwicklung und Aufstiegschancen, Arbeitszeit- und Arbeitsplatzgestaltung, Führung durch direkte Vorgesetzte und das Organisationsklima haben (vgl. Evans, 1992; Schneider u. Barsoux, 2002, S. 131; S. 210 f.).

In maskulinen Ländern sind persönliche Ziele meist ein möglichst hoher Verdienst, beruflicher Aufstieg und Leistung. Die materialistische Wertorientierung ist stark betont (Schanz, Klein u. Wunderlich, 1991, S. 165). Daher sollte die Einkommensstruktur dieser Konkurrenzorientierung folgen. Gerechtigkeit der Verteilung nach individueller Leistung wird mehr als Gleichverteilung geschätzt. Das Verteilungsverhältnis der Prämien zwischen Individuums-, Gruppen- und Unternehmensprämien sollte die individuelle Leistung betonen. Die Gruppenprämie unterstützt zwischenmenschliche Beziehungen und Kooperation in den Unternehmen. Daher wird sie bei einer femininen Gesellschaft eher positiv wahrgenommen. Es ist davon auszugehen, dass die Gestaltung der *Gehaltsstruktur* bei einer an Maskulinität orientierten Gesellschaft anders sein sollte als bei einer an der Femininität orientierten Gesellschaft.

Die *Kriterien für Karriereentwicklung und Aufstiegschancen* sind bei einer an Maskulinität orientierten Gesellschaft anders als bei einer an Femininität orientierten Gesellschaft. In der maskulinen Gesellschaft determinieren die individuelle Leistung und das Potenzial die Karriereentwicklung und Aufstiegschancen des Einzelnen. In einer an Femininität orientierten Gesellschaft werden auch die Kriterien der sozialen Kompetenz stark berücksichtigt, wie zum Beispiel Beziehungsorientierung, Bescheidenheit, Respekt, Vertrauen, Selbstbeherrschung und Kooperationsorientierung. Innerhalb der Karriereentwicklung kann die Anreicherung von Arbeitsinhalten in maskulinen Gesellschaften motivierend wirken (Schanz, Klein u. Wunderlich, 1991, S. 166). Stattdessen wirkt die Qualität des Arbeitslebens als ein wichtiges Instrument für die Arbeitsmotivation in femininen Kulturen stark.

Bei der Gestaltung von *Arbeitszeit und Arbeitsplatz* sind, je nach dem Index-Wert, unterschiedliche Möglichkeiten zu empfehlen. In einer femininen Gesellschaft wird die Qualität des Arbeitslebens von den Mitarbeitern als sehr wichtig betrachtet. Daher werden Flexibilität der Arbeitszeitgestaltung und die Möglichkeit, nach eigenem Geschmack den Arbeitsplatz zu gestalten, von Mitarbeitern geschätzt (Hofstede, 2001b). Im Gegensatz dazu werden diese Möglichkeiten in einer maskulinen Gesellschaft viel weniger als materielle Anreize geschätzt (Schneider u. Barsoux, 2002).

Unterschiedliche *Führungsstile* werden je nach Index-Wert von Mitarbeitern in unterschiedlicher Weise erwartet und wahrgenommen. Mitarbeiterorientierte und demokratische Führungsstile werden stärker in einer femininen Gesellschaft gewünscht und auch positiver wahrgenommen. Im Gegensatz dazu schätzen die Mitarbeiter in einer maskulinen Gesellschaft eher ein aufgabenorientiertes Führungsverhalten. Macht oder die Möglichkeit der Entscheidungspartizipation werden innerhalb einer maskulinen Gesellschaft viel stärker angestrebt (Hofstede, 2001b).

Die *Gestaltung des Organisationsklimas* ist je nach Maskulinität oder Femininität der Gesellschaft unterschiedlich geprägt. In einer maskulinen Gesellschaft wird eine Organisationskultur mit konkurrenzorientierter, individueller Leistung betont und der Aufstieg durch harten Kampf geprägt. In einer femininen Gesellschaft wird eine Organisationskultur des Zusammenwachsens, der Kooperation und einer hoher Qualität des Arbeitslebens geschätzt (Schneider u. Barsoux, 2002).

Langfristige versus kurzfristige Orientierung und die Gestaltung von Anreizen: Diese Kulturdimension erklärt die Einstellung zur Vergangenheit, Gegenwart und Zukunft. Sie wurde von

Hofstede und Bond (1988) in einer Untersuchung innerhalb von zweiundzwanzig Ländern ermittelt. Bei einer »Chinese Value Survey« (1987) sind vier Dimensionen chinesischer Werte anhand von Faktoranalysen ermittelt worden: »integration, human heartedness, moral discipline und confucian work dynamism«. Die erste drei Dimensionen korrelieren mit Hofstedes Kulturdimensionen (Individualismus versus Kollektivismus, Maskulinität versus Femininität und Machtdistanz). Die letzte Dimension – »confucian work dynamism« – korreliert dagegen nicht mit Hofstedes Kulturdimensionen, sondern wurde als »oriental dimension« bezeichnet. Inhalte der Dimension sind typisch chinesische Werte, wie zum Beispiel Aufbau von Beziehungen, Sparsamkeit und Nachhaltigkeit. Die Dimension wird auch als langfristige Orientierung bezeichnet (Hofstede, 1993).

Fast alle asiatischen Länder haben hohe Werte für die langfristige Orientierung. Dagegen haben die USA, Westafrika, England und Kanada hier niedrige Werte. China erzielt im Vergleich zu Deutschland (31) einen sehr hohen Wert (118).

Die »oriental dimension« kann die Gestaltungsmöglichkeiten der Weiterbildungspolitik im Unternehmen, Führung durch direkte Vorgesetzte sowie die Karriereentwicklung und Aufstiegschancen beeinflussen.

In einer langfristig orientierten Gesellschaft werden entsprechende *Weiterbildungsmaßnahmen* von den Mitarbeitern erwartet. Unternehmen sollten daher ihren Schwerpunkt auf langfristige Maßnahmen legen. In einer kurzfristig orientierten Gesellschaft werden dagegen eher Bildungsmaßnahmen nach Projektbedarf geschätzt.

Aufgrund der hohen Korrelation zwischen langfristiger Orientierung und Kollektivismus sind in den kollektivistischen Ländern besonders langfristiges Wachstum und Dauerhaftigkeit Ziele der Unternehmen. Daher wird der Aufbau von Guan-Xi-Netzwerken als sehr wichtig erachtet (Kao, 1993). Im Gegensatz dazu konzentriert sich die Führung in individualistischen Gesellschaften eher auf kurzfristigen Profit (Hofstede, 2001a). Daher ist anzunehmen, dass die *Führung durch direkte Vorgesetzte* stark von dieser Dimension beeinflusst wird.

Die *Kriterien für die Verteilung von Aufstiegschancen* sind in langfristig orientierten Gesellschaften viel komplexer als bei kurzfristig orientierten Gesellschaften. Sowohl individuelle Leistung, Potenzial, die Arbeitserfahrung in verschiedenen Bereichen als auch die Persönlichkeit werden als relevante Kriterien für den Aufstieg in der Hierarchie berücksichtigt. In kurzfristig orientierten Gesellschaften werden häufig Wettbewerbsfähigkeit und politisches Potenzial als relevante Kriterien für Aufstiegsmöglichkeiten beachtet (Evans, 1992).

Mitarbeiterbedürfnisse und Volkswirtschaft: Die wirtschaftliche Situation der Anreizempfänger kann die Effekte verschiedener Anreize stark beeinflussen, da sich die Bedürfnisse der Mitarbeiter je nach Entwicklungsstufe eines Landes unterscheiden.

Die Möglichkeit, Bedürfnisse zu erfüllen, wird auch vom Reichtum einer Nation mitdeterminiert (Schanz, Klein u. Wunderlich, 1991, S. 157 f.). Nach Maslows Bedürfnishierarchie wird ein Bedürfnis einer oberen Hierarchie nur dann aktiviert, wenn die unteren Bedarfshierarchiestufen befriedigt sind (Dreesmann, 1996, S. 143 f.). Dieses Phänomen erklärt – innerhalb bestimmter Grenzen –, dass arme Länder die Existenz- und Sicherheitsbedürfnisse anstreben, stärker an materiellen Anreizen orientiert sind. Dagegen sind intrinsische Bedürfnisse nach Selbstverwirklichung, Erweiterung der Arbeitsinhalte (Job-Enlargement, Job-Enrichment, teilautonome Arbeitsgruppen) verstärkt in Ländern mit hohem Wohlstandsniveau anzutreffen (Schanz, Klein u. Wunderlich, 1991, S. 158). In reichen Ländern können Fortbildung und Arbeitsplatzgestaltung, wie beispielsweise gute Belüftung und Beleuchtung, als selbstverständlich gelten, wodurch sie als Anreize relativ wenig Bedeutung haben (Hofstede, 2001, S. 68).

2.4.2 Menschenbilder, Menschentypen und Anreize

Auch innerhalb eines einzelnen Landes oder einer Nationalkultur haben die Menschen sehr verschiedene arbeitsbezogene
Werthaltungen (England, 1978). Gründe dafür können zum
Beispiel unterschiedliche Erziehung, Bildungszustand, Lebens-
erfahrung, Arbeitserfahrung und Karrierestufen sein. Wie auch
die zahlreichen Motivationsmodelle zeigen[8], bestehen unterschiedliche Menschenbilder.

Bei einem Menschenbild handelt sich um eine Typologisierung von menschlichen Eigenschaften: »Sie dienen dazu, durch
Abstraktion und Verallgemeinerung die Vielfalt von real exis-
tierenden Wesensmerkmalen, Wesensinhalten und Verhaltens-
mustern für die jeweilige Person überschaubarer zu machen, zu
vereinfachen und zu ordnen« (Weinert, 1987, Sp. 1429). Es geht
entweder um einen Idealtypus oder eine normative Idealtheorie
mit Annahmen über die erwünschten Eigenschaften von Menschen, die sich auf spezifische Situationen der Arbeit beziehen,
wie zum Beispiel Fähigkeiten, Verhalten, Ziele und die Motivation der Mitarbeiter.

In der Vergangenheit wurden zahlreiche Versuche einer Klassifikation und Typologisierung von Menschen unternommen
(vgl. Weinert, 1987). Wissenschaftler wählten unterschiedliche
Ansätze und Aspekte für die Klassifikationen. Inglehart (1998)
hat Menschen nach materialistischen und postmaterialisti-
schen Werten theoretisch und empirisch differenziert. Riesman
(1958) hat sie in innengeleitete und außengeleitete aufgeteilt.
Schein (1980) hat Menschen nach der historischen Entwicklung
der Organisationstheorie mit ihren drei Phasen des Scientific
Managements, der Human-Relations-Bewegung und des psychologischen Vertrags in vier Typen klassifiziert. Gleichzeitig

---

8 Solche Motivationstheorien bauen explizit oder implizit auf Men-
schenbildern auf. Je nachdem, wie die Annahmen über Menschen,
über ihre Wahrnehmungen, Motive, Fähigkeiten, Ziele und Werte im
Arbeitsleben sind, werden die Schlussfolgerung bei Motivations- und
Führungstheorien unterschiedlich stark beeinflusst.

hat er auch aus organisationspsychologischer Sicht theoretisch passende Anreize und Managementmaßnahmen der Organisation für die jeweiligen Typen vorgeschlagen. Seine Menschenbilder sind eher Ideal- als Realtypen (Drumm, 2000, S. 472). Später erweiterte Weinert die theoretischen Annahmen von Schein auf zwölf Dimensionen (vgl. Weinert, 1984, 1987).[9] Auf Basis der Annahme von verschiedenen Menschentypen wurden sieben Führungstypen empirisch entwickelt: der väterliche, der positivistische, der schwer überzeugbare, der mittelmäßige, der skeptische, der klassische, der sozial empfindsame, der realistische und der Theorie-Z-Führungstyp. Sie alle haben feste Annahmen über den arbeitenden Menschen (Weinert, 1987). Für die Führungskräfte sind diese Mitarbeiterbilder Ausgangspunkte für ihre Personalstrategien und ihr Führungsverhalten.

Es ist anzunehmen, dass die theoretische Annahme von unterschiedlichen Menschentypen starke Einflüsse auf die Anreizstrategie der Unternehmen hat. Daher sollen zunächst die vier Menschentypen von Schein (1980) dargestellt werden.

Der rational-ökonomische Mensch: Dieser Menschentyp wird ursprünglich in der Philosophie des Hedonismus beschrieben. Sie geht davon aus, dass der Mensch sich so verhält, dass sein eigener Nutzen maximiert wird. Unter dieser Perspektive sind seine Emotionen und Gefühle für sein Verhalten irrelevant und deshalb sollten sie auch nicht vom Unternehmen berücksichtigt werden.

---

9   Diese zwölf Dimensionen wurden durch Faktorenanalyse entwickelt: Der Mensch als passives und unselbständiges Wesen, der Mensch als mechanisches Instrument, der nach Selbstvervollkommnung strebende Mensch, der Mensch als soziales Individuum, der von der Arbeitssituation bestimmte Mensch, der Mensch als optimaler Entscheidungsfäller, der Mensch als begrenzter Entscheidungsfäller, der Mensch als Teil sozialer Gruppen, der nach Führung suchende Mensch, der träge, ambitionslose Mensch, der Mensch als Träger unterschiedlicher Motive und der von innen gelenkte Mensch (Weinert, 1987, Sp. 1433).

Dieser Typ des Menschen wird in erster Linie durch finanzielle Anreize motiviert. Finanzielle und individuelle Anreize, wie zum Beispiel Einkommen, betriebliche Sozialleistungen, Karriere und Aufstiegschancen, sind aus dieser Perspektive wirkungsvolle Motivatoren für Leistung – die hedonistischen Ziele werden dadurch gewährleistet. Im Gegensatz dazu sind für die gesamte Gruppe oder Organisation relevante Anreize (wie z. B. Politik der internen Information und Kommunikation, Organisationsklima und Führungsstil) nicht so bedeutsam aus dieser Perspektive. Sie sind daher irrelevante Anreize für die Leistung. Organisationen sollten aus dieser Perspektive so gestaltet werden, dass sie die Emotionen und Gefühle von Mitarbeiter neutralisieren und Mitarbeiter rational am Unternehmensinteresse ausrichten.

Es werden nur die Aufgaben, die Leistung und der individuelle Gewinn als wichtige Aspekte zwischen dem Individuum und der Organisation betrachtet. Menschen werden als materielle Ressourcen angesehen, genau wie andere Unternehmensressourcen.

Dieser Annahme von Menschen entspricht auch die Typisierung von McGregor (1960). Nach der Theorie X ist der Mensch von Natur aus faul, unmotiviert und nicht eigeninitiativ bei der Arbeit. Daher muss er durch externe Anreize motiviert werden. Die Unternehmen müssen Verhalten und Leistungen ihrer Mitarbeiter unter dieser Perspektive ständig kontrollieren.

Der soziale Mensch: Durch die Hawthorne-Untersuchung wurde ein weiterer Typ von Menschen klassifiziert. Er schätzt es viel höher, von den Kollegen akzeptiert und respektiert zu werden, als finanzielle Anreize zu erhalten. Seine Identität leitet er aus den sozialen Beziehungen zu seinen Mitmenschen ab. Für ihn ist es wichtig, dass Vorgesetzte seine Emotionen und Gefühle berücksichtigen und Achtung und Sympathie demonstrieren. Ein mitarbeiterorientierter Vorgesetzter ist unter dieser Perspektive effektiver als ein rein aufgabenorientierter Vorgesetzter (Likert, 1961).

Dieser Menschentyp wird theoretisch von sozialen Anreizen und Gruppenanreizen motiviert (Lesieur, 1958). Anreize wie beispielsweise das Unternehmen selbst, Organisationsklima, demokratischer Führungsstil und die Weiterbildungspolitik sind wirksame Motivatoren. Dadurch werden die sozialen Bedürfnisse erfüllt. Seine Produktivität und Arbeitsmoral steigen, wenn Teamarbeit und soziale Interaktion mit Mitmenschen erleichtert werden (Rice, 1958). Individuelle Anreize sind für ihn eher leistungsverhindernd (Lesieur, 1958).

Aus dieser Sicht werden Menschen als soziale Individuen betrachtet, die eigene Emotionen und Gefühle haben, die nach sozialer Geborgenheit suchen, die besonders auf die Interaktion mit anderen Menschen und mit der Organisation achten. Die Unternehmen sollten diese sozialen Bedürfnisse ihrer Mitarbeiter berücksichtigen und mit sozialen Anreizen erfüllen. Dadurch könnten sie ein höheres Maß an Loyalität, Beteiligung und Identifikation mit den Organisationszielen von ihren Mitarbeitern erwarten.

Der sich selbst verwirklichende Mensch: Die Annahme von diesem idealen Menschentyp basiert auf Maslows Bedürfnispyramide (1954). Bei sich selbst verwirklichenden Menschen sind die Grundbedürfnisse, die sozialen Bedürfnisse und das Bedürfnis nach Selbstachtung schon befriedigt. Sie suchen deshalb nach Selbstverwirklichung im Sinne einer maximalen Nutzung der eigenen Ressourcen. Daher wird ein hohes Maß an Autonomie und Partizipation als Basis für die Befriedigung dieser Bedürfnisse verlangt. Menschen suchen nach Möglichkeiten, die Erweiterung und den Gebrauch der individuellen Fähigkeiten zu erreichen.

Für diesen postulierten Menschentyp sind Motivatoren nach Herzbergs Theorie besonders wichtig und attraktiv. Solche Motivatoren sind beispielsweise ausreichende Information, Weiterbildungsangebote, Vorschlagswesen und demokratischer Führungsstil. Dadurch werden ihnen Möglichkeiten gegeben, die Verwirklichung ihrer Ideen zu realisieren. Im Gegensatz dazu verhindern extrinsische Anreize und Kontrollen die Entfaltung der eigenen Persönlichkeit und damit die Selbstverwirklichung. Solche extrinsische Anreize sind zum Beispiel institutionelle

Anerkennungssysteme, betriebliche Sozialleistungen, Einkommen und Aufstiegschancen.

Unter dieser Perspektive werden Menschen als hoch intrinsisch motiviert betrachtet. Die Unternehmen sollten die Bedürfnisse nach Selbstverwirklichung beachten, Autonomie und Partizipationsmöglichkeiten anbieten. Mit passenden Anreizen die intrinsische Motivation fördern und für die Unternehmensziele nutzen.

Diesem Menschentyp entspricht auch McGregors (1960) Theorie Y. Der Typ Y ist in erster Linie selbstmotiviert und selbstkontrolliert. Er braucht nur ausnahmsweise äußere Anreize und Kontrolle. Er ist zu Zielkompromissen fähig. Er verfolgt die Ziele der Organisation, wenn er dadurch auch seine eigenen Ziele erreichen kann. Er ist ein lern- und anpassungsfähiger Mensch.

Der komplexe Mensch: Mit der Entwicklung der Gesellschaft sind die Bedürfnisse und Motive der Menschen immer komplexer geworden. Daher ist ein neuer theoretischer Menschentyp hervorgetreten. Dieser Typ des Menschen hat vielfältige Bedürfnisse, Motive und Potenziale. Die Bedeutung jedes Bedürfnisses kann sich je nach Situation und Zeit verändern. Aufgrund seiner Lernfähigkeit und Erfahrung kann er sich je nach Situation anpassen und seiner Bedürfnisse korrigieren. Er wird sich aufgrund seiner vielfältigen Arbeitsmotive produktiv bei seiner Organisation engagieren, wenn seine aktuellen wichtigen Bedürfnisse damit auch erfüllt werden können.

Anreize haben daher unterschiedlichste Bedeutungen für ihn, und diese lassen sich nicht generalisieren. Die Befriedigung seiner Bedürfnisse hängt von vielen Faktoren ab: der Aufgabe selbst, seiner Fähigkeit, seiner Lebens- und Arbeitserfahrung und seinen Mitmenschen. Vorgesetzte sollten gute Diagnostiker sein, um verschiedene Motive und Bedürfnisse der Mitarbeiter zu erkennen. Gleichzeitig sollten Vorgesetzte sich gegenüber verschiedenen Bedürfnissen und Anforderungen flexibel verhalten.

Für diesen komplexen Menschentyp gibt es keine gültige Management-Strategie. Das Unternehmen sollte sich an den Menschen anpassen. Die mögliche Entfremdung der Mitarbeiter in der Organisation sollte durch flexible Anpassung der Organisation vermieden werden. Die Unternehmen können auch durch Trainingsprogramme gewünschte Motive ihre Mitarbeiter verstärken (McClelland, 1961).

Die theoretische Annahme von Menschentypen bietet eine Möglichkeit, auf intrakultureller Ebene in China unterschiedliche Mitarbeitertypen, deren Eigenschaften und entsprechende typengerechte Anreize zu diskutieren. Interessant ist, ob sich theoretische Menschenbilder empirisch bestätigen lassen. Welche Menschentypen gibt es bei chinesischen Mitarbeitern in welchem Ausmaß?

2.4.3 Fazit

In diesem Kapitel wurden zwei Punkte herausgearbeitet:
1. Erstens wurde theoretisch dargelegt und auch teilweise empirisch bestätigt, dass die Gestaltungsmöglichkeiten für Anreize abhängig von der nationalen Kultur sind. Daher ist es wichtig, die lokale Kultur als Ausgangsbasis für die Strategiebildung bei der Anreizgestaltung zu betrachten.
2. Zweitens wurde beschrieben, dass in jeder Gesellschaft unterschiedliche Menschentypen existieren. Bei der Gestaltung der Anreize sollte man dies im Auge behalten. Dafür ist es wichtig, chinesische Mitarbeiter verschiedenen Typen zuordnen zu können.

3 Arbeitsrelevante Werthaltungen in China

Kulturelle, wirtschaftliche, politische und organisatorische Faktoren[10] können die Werteorientierung der Menschen in Organisationen und daher die Inhalte der Anreizsysteme und die Gestaltung von Anreizsystemen beeinflussen (Kumar, 1991). Es ist daher sinnvoll, die arbeitsrelevanten Werthaltungen der Chinesen mit Hilfe solcher Faktoren zu diskutieren. Aufgrund rapider Umstrukturierungen der chinesischen Wirtschaftssysteme zeigt sich ein heterogener Charakter der arbeitsrelevanten Werthaltungen (Bond, 1991; Ralston, Yu, Wang, Terpstra u. He, 1996; Lin, Fang u. Bai, 2000; Liu, 2004). Sowohl traditionelle als auch neue Werthaltungen sind derzeit in China parallel zu finden.

3.1 Die traditionellen Werthaltungen

Nach Kahn (1979), Bonds (1986, 1991), Yang (1989, 1993), Yang u. Cheng (1989), Hwang (1995), Gabrenya u. Hwang (1996) zeigen sich traditionelle chinesische arbeitsrelevante Werthaltungen hauptsächlich in Hierarchieorientierung und geringer Innovationsorientierung, Kollektivismus in der Eigengruppe, Flexibilität und pragmatischem Handeln, Bildungsorientierung und Aufstiegsorientierung. Im Folgenden werden diese Punkte detailliert dargestellt.

---

10 Das sind beispielsweise Veränderungen innerhalb von Kultur und Geschichte einer Nation, Marktfaktoren, Regulation, Unternehmenskultur, Unternehmensgröße, regionale Unterschiede, Organisationsstruktur, Steuergesetzgebung, Lebenszyklus von Unternehmen, Branche usw.

3.1.1 Hierarchieorientierung und geringe Innovationsorientierung

Die chinesische Gesellschaft ist von einer starken Hierarchie-orientierung, einem Grundprinzip des Konfuzianismus, geprägt. Insbesondere die Grundideen von Konfuzius – Respekt vor Macht, Distanz und Hierarchieorientierung auf Basis der sozialen Schichten – kamen der jeweiligen Regierung sehr entgegen. Daher wurde die Lehre des Konfuzius als maßgebliche Doktrin in China gesetzlich vorgeschrieben.

Die *Inhalte konfuzianischer Hierarchieorientierung* zeigen sich im Allgemeinen in fünf Grundbeziehungen (Wu Lun) – Beziehung zwischen Herrscher und Untergebenem, zwischen Vater und Sohn, zwischen Ehemann und Ehefrau, zwischen großem Bruder und jüngerem Bruder, zwischen älteren und jüngeren Freunden (vgl. Sun, 1993):

1. Es gibt vier verschiedene Hierarchieebenen in den drei unterschiedlichen Umfeldern (Land, Sozialstruktur und Familien). Diese Hierarchiestruktur kann in einer Pyramidenform dargestellt werden (siehe Abbildung 11; nach Wen, 1988). Eine Seite betont das Machtverhältnis innerhalb der Familie, eine weitere stellt die Hierarchie innerhalb der gesellschaftlichen Verwaltungsordnung dar. Auch die Hierarchie innerhalb des Bildungssystems wird aufgezeigt. Der Kaiser, als Vertreter Gottes auf Erden, steht jeweils an oberster Stelle. Im Allgemeinen ist diese Hierarchieorientierung für das gesamte China gültig.

2. Macht, Unterschiede und Pflichten der Individuen sind vorgeschrieben. Keiner sollte diese vorgeschriebene Regelung überschreiten.

3. Die Untergeordneten sollten ihren Übergeordneten nie widersprechen und auch die Abhängigkeit der Untergeordneten von den Übergeordneten ist festgelegt und unveränderbar. Die obere Schicht entscheidet über das Leben der Untergeordneten.

4. Die Interessen der Gruppen stehen immer über den Interessen der Individuen.

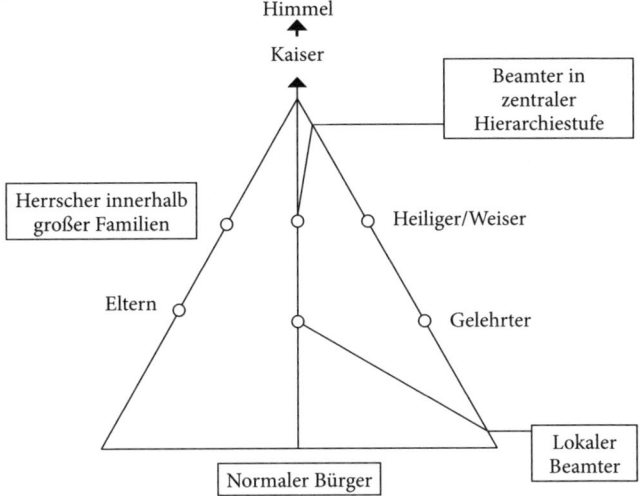

Abbildung 11: Pyramide der chinesischen Hierarchiestufen in einer feudalen Gesellschaft (nach Wen, 1988, übersetzt von der Verfasserin)

5. Das Individuum hat kein Recht, sein Leben nach eigenem Interesse zu gestalten. Das individuelle Leben muss sich nach dem Gruppenleben richten.

Mit diesen fünf Leitregeln werden die *Sozialisationsprozesse* sowohl in der Familienerziehung als auch in der Schulbildung realisiert.

Traditionelle chinesische Familien sind absolut hierarchieorientiert (Hsu, 1948, 1961a). Die individuelle Rolle in der Familie wird von Geburt an festgelegt und ist für das ganze Leben unveränderbar. Die Pietät (»Xiao-Dao«) fordert, dass die Älteren, insbesondere die Eltern, ohne Bedingung akzeptiert und respektiert sowie ihre Wünsche befolgt werden. Trotz der in weiten Teilen erfolgten Modernisierung Chinas haben chinesische Eltern immer noch eine absolute Führungsrolle inne. Zwar nimmt der Wunsch nach absolutem Gehorsam, vorrangig bei den Kindern, mit der Industrialisierung ab (Ho, 1989; Bond, 1991). Empirisch zeigt sich aber, dass chinesische Eltern immer noch gehorsame und emotional abhängige Kinder den selbstständigen Kindern vorziehen (Wu, 1995).

Traditionelle chinesische Schulbildung ist ebenfalls an der Hierarchieorientierung ausgerichtet. Diese Orientierung hat sich auch durch den Wechsel der Regierungssysteme nicht verändert. Sowohl aus Konfuzius' Tugenden als auch aus Maos Ideologie wird diese Hierarchieorientierung abgeleitet (Pye, 1984). Forschungen zu Inhalten von Schulbüchern der Jahre 1922 bis 1960 zeigen, dass innerhalb dieser fast vierzig Jahre, die von einem einschneidenden Regierungswechsel geprägt sind, die Themen Hierarchieorientierung und Loyalität in den Schulbüchern gleich häufig betont werden (Solomon, 1965).

Typische Merkmale des hierarchischen chinesischen Schulsystems verdeutlichen die folgenden Leitlinien (Shang Guan, 2004):

1. Leitprinzip des Schulsystems ist, den kollektivistischen, disziplinierten, fleißigen und lernfreudigen Charakter zu fördern.

2. In jeder Schul- und Universitätsklasse gibt es mehrere Hierarchiestufen, um die Studenten beziehungsweise Schüler zu kontrollieren.[11] Diese Kontrollmaßnahmen korrigieren das individuelle Verhalten in der Schule/Universität. Die Schule/

---

11 Die Schulklasse wird wie ein Unternehmen strukturiert. Es gibt für jede Schulklasse einen festgelegten Schüler als Gruppenleiter. Er/sie bildet jeweils seine/ihre Schüler-Management-Gruppe aus. Es werden mehrere Schüler-Management-Stufen gebildet. Wie jede Funktion in einem Unternehmen werden auch alle Funktionen innerhalb der Schule von jemandem gemanagt. Die Bereiche sind beispielsweise Lernen, Organisation, Gesundheitspflege usw. Dazu gibt es wieder mehrere Manager, die für Fachbereiche zuständig sind. Sie sind beispielsweise Leiter für Mathematik, Leiter für Chinesisch, Leiter für Fremdsprachen, Leiter für Physik usw. Unterhalb dieses Organisationsleiters gibt es eine Funktionsstufe, die jeweils für kleine Gruppen, die nach Sitzreihen zugeordnet werden, zuständig ist. Ähnliches gilt für die Universität.

Universität orientiert sich ebenfalls an der Hierarchiepyramide.

3. Passive Lernmethoden werden betont und befürwortet. Die Vorlesung wird als einzige Lehrmethode praktiziert. Nur Lehrer dürfen in der Vorlesung sprechen. Schüler dürfen nur Fragen stellen, wenn der Lehrer dazu auffordert. Um eine Kontinuität des Lehrstoffs zu gewährleisten, ist es nicht gestattet, Fragen sofort zu stellen. Wenn die Schüler Fragen haben, können sie zur Sprechstunde des Lehrers gehen. Innovationen und Vorschläge werden nicht gefördert und sind nicht erwünscht.

4. Dem Lehrer darf nicht widersprochen werden. Die Beziehung zwischen Lehrer und Schüler ist die eines Kontrolleurs und der Kontrollierten. Die Statistik zeigt, dass 76 Prozent der Schüler in Großstädten (wie Peking, Shanghai u. a.) Angst haben, mit ihren Lehrer zu sprechen (vgl. Shangguan, 2004). Schüler und Studenten sollten alle Aufgaben rechtzeitig und fehlerfrei leisten. Die Aufgabenmenge ist sehr groß, so müssen die Schüler häufig bis in den Abend ihre Hausaufgaben machen. Sie lernen daher nur den Stoff, den ihre Lehrer vorgegeben haben.

5. Disziplin und kollektivistisches Verhalten werden stark betont. Jeder sollte sich so verhalten wie alle anderen. Individuelles Verhalten wird zu kollektivistischem Verhalten korrigiert.

Viele Wissenschaftler (Singh, Huang u. Thompson, 1962; Mc Clelland, 1963; Huang, 1964; Hofstede, 1980; Laaksonen, 1984; Yang, 1988; Bond, 1991) haben in ihrer Untersuchung empirisch bestätigt, dass die Hierarchieorientierung bei Chinesen viel höher als in anderen Ländern ist – insbesondere höher als bei US-Amerikanern. Die Industrialisierung und die Öffnung zum Westen verändern langsam diese Werthaltung der Chinesen. Eine Studie zeigt, dass 90 Prozent der untersuchten Manager aus Shanghai mit der Akzeptanz von Hierarchie und der großen Machtdistanz zwischen Geführtem und Führungskraft einverstanden waren. Im Vergleich dazu waren nur 60 Prozent der untersuchten Manager aus Hongkong mit hierarchischer Führung und großer Machtdistanz einverstanden (Duan u. Huang, 1986).

Aufgrund der starken Hierarchieorientierung in China kann *geringe Innovationsorientierung* schon fast als eine mentale Eigenschaft der Chinesen bezeichnet werden. Weil Chinesen schon seit ihrer Kindheit gewohnt sind, gehorsam zu sein und ihren Lehrern, Eltern oder überhaupt älteren Menschen nicht zu widersprechen, ist es in China üblich, dass Lernen häufig als Imitieren praktiziert wird. Als Leitprinzip gilt: »Was die Lehrer oder die Eltern machen oder sagen, ist richtig.« Yates und Lee (1996, S. 343) meinen zum Lernverhalten in China, dass Chinesen ein Problem nicht durch Diskussion über verschiedene Möglichkeiten lösen, sondern versuchen zu erfahren, was schon als Lösung bekannt ist, und diese auch für richtig halten. Es gilt die Regel: Was sich schon mal als korrekt und problemadäquat erwiesen hat, bleibt auch für immer korrekt. Daher haben die Chinesen eine sehr geringe Fähigkeit zur Evaluation von Alternativen. Innovatives Denken wird nicht trainiert und sogar unterdrückt, weil es mit Tradition und Hierarchie konkurriert.

Die besprochene Hierarchieorientierung schlägt sich in China selbstverständlich auch innerhalb von Organisationen nieder. Hier können folgende Beobachtungen genannt werden:

- Es besteht hohe Zentralisierung, geringe Formalisierung sowie geringe Spezialisierung von Entscheidungsprozessen. Ein partizipativer Führungsstil wird nicht präferiert. Zudem besteht eine klare Differenzierung zwischen Führung und Geführten (Herrmann-Pillath, 1997).
- Horizontale Kommunikation fehlt (Posth u. Rieken, 1998). Meetings sind daher ineffizient, da häufig nur der Leiter seine Meinung äußert und Vorschläge macht (Child u. Lu, 1995).
- Trainer bekommen kein Feedback, keiner stellt Fragen.

Daher kann auf Basis der Hierarchieorientierung und der VIE-Theorie geschlossen werden, dass westliche Anreize wie Vorschlagswesen, Politik der Information und Kommunikation,

Freiraum sowie demokratischer und kooperativer Führungsstil nicht unbedingt geeignete Anreize für chinesische Mitarbeiter sind.

3.1.2 Kollektivismus und die Tendenz zum Individualismus

Die kollektivistische Eigenschaft der Chinesen stammt aus der *Philosophie von Konfuzius*, welche die Harmonie der Menschen innerhalb der Gesellschaft betont (Hsu, 1961b; Wen, 1988; Bond, 1991). Kollektivismus im Sinne des Konfuzius fördert die Anpassung der Menschen an Situationen. Es wurde im »Lun Yu« (Gespräche des Konfuzius) betont, dass die Menschen das eigene Gefühl mit dem Gefühl der anderen Menschen koordinieren sollten, damit sie sich an die Gesellschaft anpassen können und von anderen akzeptiert werden. Sie sollten sich respektvoll und gehorsam, großherzig, bescheiden und höflich verhalten, damit sie nicht mit anderen in Konflikt geraten. Der Lebensstil des Einzelnen sollte sich an den Interessen und Regeln der Gruppe orientieren. Anderes, davon abweichendes Verhalten wird als sozial unfähig wahrgenommen. Es wird daher nicht von der Gesellschaft akzeptiert und respektiert, sondern kritisiert und diskriminiert.

Diese sozialzentrierten Eigenschaften der Chinesen blieben seit der Zhou-Dynastie unverändert. Sowohl Konfuzius als auch Mao fördern mit ihren Lehren Kooperation und Kollektivismus (Andors, 1977). So gewährleisten Familienerziehung und die Schulbildung eine *kollektivistische Sozialisation* der Chinesen (Wilson, 1970; Lockett, 1987). Aufgrund der traditionellen Differenzierung zwischen »innerer Gruppe« und »äußerer Gruppe« (Leung u. Bond, 1984; Gabrenya u. Hwang, 1996) beschränkt sich der Kollektivismus der Chinesen häufig nur auf eine Familie (Yang, G., 1993)[12] oder eine kleine Gruppe (Yang, Y., 1995, 1997).

---

12 G. Yang (1993) postuliert, dass der so genannte chinesische Kollektivismus eigentlich nur in Familien existiert. Y. Yang (1995, 1997)

In der Vergangenheit war es in China üblich, dass alle Mitglieder einer großen Familie unter einem Dach zusammenleben. Mit dem Auftreten der Philosophie von Konfuzius sollte jedes Familiemitglied sich an der gesamten Familie orientieren. Kinder wurden so erzogen, dass sie sich den Interessen der gesamten Familien unterordnen. Ein submissiver und gehorsamer Charakter des Kindes wurde von den Eltern gefördert (Ho u. Kang, 1984; Ho, 1989; Bond, 1991). Empirische Untersuchungen (Wu, 1991) zeigen, dass dieser traditionelle Familienerziehungsstil sich bis die 1990er Jahre nicht verändert hat. Die Familie wurde zum beherrschenden Beeinflussungsinstrument und wirkt selbst im fortgeschrittenen Alter noch in das Privatleben hinein. Die Erziehung erfolgt in Richtung eines Wir-Bewusstseins (Albrecht, 1997, S. 55). Die Harmonie bestimmt die zwischenmenschlichen Beziehungen. Seit der Modernisierung Chinas hat sich der elterliche Erziehungsstil stark verändert. Eltern geben heute im Vergleich zu ihren Eltern ihrem Kind mehr Freiraum, selbst für sich zu entscheiden. Daher zeigt die junge Generation wachsendes Selbstbewusstsein (Cai, 2005).

Die Schulbildung hat auch die Sozialisationsprozesse zum Kollektivismus innerhalb der kleinen Gruppe gefördert. Diese werden sowohl durch die Inhalte der Schulbücher, die Leitprin-

---

erklärt, dass der Begriff des Individualismus und Kollektivismus in China aufgrund der kulturell unterschiedlichen Prägung etwas anderes bedeutet als in der üblichen Terminologie. Chinesen teilen die Personen, mit denen sie Kontakt haben, in zwei Gruppen: Eine Gruppe ist die innere Gruppe, die andere ist die äußere Gruppe. Innerhalb ihrer Gruppe sind die Chinesen sehr kollektivistisch. Außerhalb ihrer Gruppe verhalten sich die Chinesen individualistisch. Sie verhalten sich dann unengagiert, egoistisch, undiszipliniert und nachlässig gegenüber Pflichten und Aufgaben. Innerhalb des Ich-Konzepts gibt es in China das »Familien-Ich«, das »Beziehungs-Ich«, das »Gesellschafts-Ich«, die »Ich-Rolle« und den »Ich-Status«. Im Vergleich zum westlichen Ich sind Chinesen daher insgesamt weniger individualistisch orientiert.

zipien des individuellen Verhaltens und durch die dazu genommenen Maßnahmen unterstützt.

»San Zi Jing« war ein gesetzlich vorgeschriebenes Lehrbuch für alle Chinesen, die zur Schule gingen. Die Inhalte des »San Zi Jing« befürworten die Hierarchieorientierung und individuelle Anpassung an die Gesellschaft. Auch in neuen Schulbüchern kommen sehr viele Texte vor, die Kollektivismus betonen und fördern (Shang Guan, 2004).

Das Leitprinzip des individuellen Verhaltens in China sind die Interessen der Gruppe. Individuelle Interessen sollten unbedingt den Interessen der Gruppe untergeordnet sein. Daher werden in China bei den Gruppenaktivitäten kaum individuelle Besonderheiten berücksichtigt, Disziplin und Einheitlichkeit werden betont. Jedes Kind lernt, sich in der Schule zum Wohl der gesamten Gruppe unterzuordnen.

Um den Kollektivismus und die Gruppenkohäsion zu erhöhen, werden gesellschaftliche Aktivitäten außerhalb der Schule, gemeinsame gesundheitliche Aktivitäten innerhalb und außerhalb der Schule veranstaltet, so zum Beispiel literarische Veranstaltungen, sportliche Aktivitäten oder ziviles Engagement wie Alterpflege oder Schulreinigung. Um die Gruppenkohäsion zu verstärken, wird bei allen Aktivitäten häufig externe Konkurrenz zu anderen Gruppen hergestellt.

Um Gruppen besser kontrollieren zu können, werden große Gruppen/Klassen in der Schule häufig in kleine Gruppen aufgeteilt. Alle Aktivitäten werden als Wettbewerb zwischen den Gruppen geplant, gestaltet, bewertet und mit Hilfe von Punkten rückgemeldet. Diese Wettbewerbe finden zwischen Schulen, Klassen und kleinen Gruppen innerhalb einer Klasse statt. Diese Wettbewerbsorientierung hat zwei Effekte: Auf der einen Seite wird die Gruppenkohäsion innerhalb einer kleinen Gruppe erhöht. Auf der anderen Seite wird Kohäsion und Zusammenhalt in der gesamten großen Organisation gefährdet. Kinder haben in der Schule gelernt, sich mit ihrer kleinen Gruppe zu identifizieren. Es ist für sie wichtig, die Vorteile und Erfolge der eigenen kleinen Gruppe zu bewahren, da ihre persönlichen Vorteile und Erfolge häufig mit dem Erfolg der eigenen kleinen Gruppe zusammenhängen. Daher versuchen Gruppen teilweise anderen Gruppe zu schaden, um eine bessere Platzierung der eigenen Gruppe zu erreichen. Diese Prägung kann mit den bereits bekannten Begriffen der »inneren Gruppe« und »äußeren Gruppe« erklärt werden. Chinesen ordnen alle ihre Kontaktpersonen entsprechend den inneren oder äußeren Gruppen zu – je nach der konkreten Situation. Sie verhalten sich absolut loyal zur inneren Gruppe, aber sehr konkurrenzbewusst zur äußeren Gruppe. Im angeführten Fall ist die kleine Klasse eine innere Gruppe, die gesamte Schule aber eine äußere Gruppe.

In den letzten hundert Jahren wurde Kollektivismus als eine Basischarakteristik der Chinesen von vielen Wissenschaftlern empirisch im Vergleich zu anderen Nationen bestätigt (Hsu, 1948, 1961b; Morris, 1956; Singh, Huang u. Thompson, 1962; Parson, 1966; Hofstede, 1980, Hofstede u. Bond, 1988). Der interkulturelle Forscher Triandis (1995) mutmaßt, dass Individualisten und Kollektivisten in jeder Gesellschaft existieren. Das ist auch in China so (Trompenaars, 1993). Individualismus und Kollektivismus bedeuten in China aufgrund der besonderen kulturellen Prägung aber etwas anderes als im üblichen Sinne. Daher zeigt sich dieser Individualismus in China viel häufiger im Verhalten zu äußeren Gruppen als zu inneren Gruppen (Yang, 1997).

Mit der zunehmenden Industrialisierung und Modernisierung, den Einflüssen aus dem Westen, der Verbesserung des Lebensstandards, der Erhöhung des Ausbildungsstandards der Eltern und insbesondere aufgrund der Ein-Kind-Politik nehmen die kollektivistischen Züge der Chinesen ständig ab (Lockett, 1988; Ralston et al., 1997). Ein Beispiel hierfür ist der Leitspruch »Never think of yourself, give everything to society.« Dieser Satz, der vor den 1990er Jahren weitestgehend als normal betrachtet wurde, wird nur noch von zwei Prozent der befragten Chinesen befürwortet (Burkholder u. Arora, 2005). Eine zunehmend größere Bedeutung individualistischer Werte bei chinesischen Managern wurde auch im Rahmen westlicher Teamtrainings innerhalb der Siemens AG bestätigt (Hanisch, 2003). Diese Entwicklung könnte durch Hofstedes Einflussfaktoren des Individualismus (2001) erklärt werden: Wohlstand unterstützt Individualismus, da Wohlstand eine unabhängige Existenz des Individuums möglich macht. Daher ist die Individualisierung nur ein Ergebnis der veränderten Umweltbedingungen.

Die kollektivistische Eigenschaft der Chinesen schlägt sich auch innerhalb der Organisationen nieder:

- Studien zeigen, dass die Sozialbedürfnisse bei Chinesen sehr hoch ausgeprägt sind. Redding (1980) bestätigt, dass chinesische Manager in Hong Kong, einer Stadt, in der ein starker Einfluss des Konfuzianismus festzustellen ist, höhere soziale Bedürfnisse, aber niedrige Bedürfnisse nach Selbstachtung und Selbstverwirklichung haben als in anderen Ländern. Nevis (1983a, 1983b) zeigt sogar, dass in der Vergangenheit Chinas die sozialen Bedürfnisse wichtiger als physiologische Bedürfnisse waren.
- »Gute Zusammenarbeit mit Kollegen« wurde als das wichtigste Arbeitsziel von chinesischen Mitarbeitern bezeichnet (Shenkar u. Ronen, 1990).

Auf Basis dieser Werthaltungen kann davon ausgegangen werden, dass soziale Anreize und kollektive Anreize wie zum Beispiel Sozialleistungen, Organisationsklima, Gruppenbonus und mitarbeiterorientierte Führung vergleichsweise starke Effekte auf chinesische Mitarbeiter haben. Diese Regel kann sich aber wegen der gesellschaftlichen Entwicklung verändern – wegen rascher Wirtschaftsentwicklung kann die kollektivistische Bevölkerung sich auch zunehmend an individueller Leistungsbelohnung orientieren. Diese wurde auch in China bestätigt (Chen, 1995, S. 408–428). Auch Individuen in einer kollektivistischen Kultur neigen zu der Belohnungsregel nach individuellen Leistungen, wie es sich Individuen in einer individuellen Kultur wünschen (Bond, Leoug u. Wan, 1982).

Es wird auch empirisch bestätigt, dass die Selbstverwirklichung in einer kollektivistischen Kultur weniger hoch bewertet wird als die Annerkennung und Zugehörigkeit innerhalb der Gruppe (Alpander u. Carter, 1995). Mit der zunehmenden

Individualisierung wird mittlerweile die Selbstverwirklichung von Chinesen sogar als eines der wichtigsten Arbeitsziele geäußert (Chinahrd.net, 2005).

3.1.3 Flexibilität und pragmatisches Handeln

Aufgrund der großen Akzeptanz von Machtdistanz und Kollektivismus wird Anpassungsfähigkeit in China hoch geschätzt. Normale Bürger betrachten die externe Umwelt als absolut festgelegt. Das Individuum sollte nicht die Umwelt verändern, sondern sich an die Umwelt anpassen. Diese Anpassungsphilosophie leitet die Chinesen dazu an, sich flexibel und pragmatisch zu verhalten. Zusätzlich wurde diese Tendenz von der instabilen chinesischen Geschichte und von der Uneindeutigkeit der chinesischen Sprache gefördert. Das soll knapp dargestellt werden.

Innerhalb der chinesischen Geschichte gab es wiederholt Bürgerkriege (insgesamt über 3500 in den letzten 5000 Jahren). *Regelmäßig wechselte die Herrschaft* in China, bevor das neue China 1949 begründet wurde. Jeder Herrscher führte ein eigenes System ein und hob das alte System auf. Viele Bürger litten darunter und die Unzufriedenheit im alten China führte zu zahlreichen Rebellionen. Diese Aufstände wurden aber von den Herrschern brutal unterdrückt. Widerstandskämpfer und deren Familien wurden hingerichtet, um andere Bürger abzuschrecken. Den Chinesen wurde dadurch eingeprägt, dass Auflehnung nichts bringt und dass sie sich flexibel gegenüber der Umwelt verhalten müssen. Auch häufige *Naturkatastrophen und Hungersnöte* stellten ständig eine Bedrohung für das Überleben der normalen Bevölkerung dar. Das bestätigt die Notwendigkeit der eigenen Anpassung und die Unkontrollierbarkeit der Umwelt. Dies sind einige der Gründe, warum sich Chinesen Flexibilität und Anpassungsfähigkeit als Charakterzug für das tägliche Überleben aneignen mussten. Heute ist die Entwicklung der Wirtschaft Chinas für normale Bürger nicht vorhersehbar. Sie können die eigenen zukünftigen Einnahmen und Ausgaben nicht planen oder vorhersehen (Luo, 2004). »Was man heute bekommt, sollte man behalten« ist ein Leitprinzip für viele Chinesen. Sie verhalten sich daher sehr pragmatisch.

Aufgrund der *High-Context*[13]*-Eigenschaft der chinesischen Sprache* (Hall u. Hall, 1990) sind Aussagen von anderen Menschen uneindeutig. Daher sind Situationen häufig auch unabwägbar und unvorhersehbar. Eine rein sachliche Objektivität fehlt in China, stattdessen nehmen Chinesen viele Dinge stark subjektiv wahr. Eine schnelle Entscheidung oder der direkte Ausdruck einer Meinung könnten die Ehre des Anderen verletzen. Da aber ein gegenseitiges Wahren des Gesichtes (die Würde und Ehre) für Chinesen sehr wichtig ist, versuchen sie sich bei ihren täglichen Entscheidungen flexibel und pragmatisch zu verhalten. Sie zeigen sich zurückhaltend, nachgiebig, bescheiden und freundlich. Nur auf dieser Art schaffen sie es, trotz uneindeutiger Situationen ihre Kontaktpersonen nicht zu verärgern. Entscheidungen werden häufig erst nach mehrmaligem persönlichen Kontakt getroffen, je nachdem, ob persönliche Zuneigung und Sympathie innerhalb der Beziehung aufgebaut werden konnte. Daher ist flexibles und pragmatisches Verhalten eine wichtige soziale Fähigkeit in China. Diese Eigenschaft der Chinesen wurde empirisch bestätigt (Qu u. Qu, 1995): 69,5 Prozent der Befragten wählen individuelles und flexibles Handeln auf die Frage »Du wirst bei anderen anstoßen, wenn du dein Prinzip einhältst. Aber wenn du flexibel handelst, dann baust du eine gute Beziehung zu den anderen auf. Was machst du?«

---

13   »A high context (HC) communication or message is one in which most of the information is already in the person, while very little is in the coded, explicit, transmitted part of the message. A low context (LC) communication is just the opposite; i.e., the mass of the information is vested in the explicit code. Twins who have grown up together can and do communicate more economically (HC) than two lawyers in a courtroom during a trial (LC), a mathematician programming a computer, two politicians drafting legislation, two administrators writing a regulation« (Hall, 1990, S. 6).

Flexibilität und pragmatisches Handeln verdeutlichen sich in China auch innerhalb von Organisationen und Unternehmen. Das zeigt sich unter anderem an Folgendem:

- Spontane Entscheidungen sind täglich bei der Führung zu beobachten. Es gibt üblicherweise keinen detaillierten Plan und Kalender mit schrittweisen Prozessen. Ein detaillierter Prozessplan wird als überflüssig wahrgenommen (Lin u. Fang, 2000).
- Der Management-Prozess ist sehr dynamisch (Oh, 1976).
- »Glück« wird als sehr wichtiger Faktor für den Erfolg betrachtet und die Karriereentwicklung als Ergebnis von internen sowie auch insbesondere von externen Faktoren gesehen (Stewart u. Him, 1990).
- Risikofreudige Manager, die auch die Fähigkeit haben, rasch Entscheidungen zu treffen, werden in China – im Vergleich zu Hong Kong und Kanada – als gute und fähige Manager betrachtet (Vertinsky, Tse, Wehrung u. Lee, 1990).
- Bei Verhandlungen haben die Chinesen eine hohe Akzeptanz für Näherungslösungen und reagieren flexibel auf Veränderungen (Abegg, 1949, S. 47).

Daher kann insgesamt davon ausgegangen werden, dass Anreize, die Flexibilität fördern, wie beispielsweise »Unternehmensweiterbildung«, und »flexible Führungskraft«, von Chinesen als wichtig wahrgenommen werden.

3.1.4 Langfristige Orientierung

Langfristige Orientierung wurde im Forschungsbericht »The Chinese Culture Connection« (1987) als ein wichtiger Charakterzug der Chinesen beschrieben. Sie ist von Hofstede auch als Kulturdimension beschrieben worden, die besonders vorherrschend in Asien ist. Mehrere empirische Forschungen bestätigen, dass Chinesen im Vergleich zu anderen Nationen langfristiger orientiert sind (Huang, 1964; The Chinese Culture Connection, 1987; Hofstede u. Bond 1988; Hofstede, 2001a).

Diese langfristige Orientierung zeigt sich nicht nur am Streben nach Bildung, sondern auch am chinesischen Verhalten bei Konsum und Investitio[14], durch die Guan-Xi-Orientierung[15] und durch den ausdauernden Charakter der Chinesen (Yang, 1988; Yeung u. Tung, 1996; Park u. Luo, 1998; Wright, Szeto u. Cheng, 2002). Nachfolgend soll im Besonderen auf die Bildungsorientierung der Chinesen eingegangen werden.

Bildungsorientierung stammt auch aus der Lehre von Konfuzius. Konfuzius betont, dass die Rolle von Menschen schon von Geburt an festgelegt ist. Jeder sollte seine Rolle spielen, statt zu versuchen, die Rolle zu verändern. Nur durch Bildung kann jemand seinem ursprünglich bestimmten Leben entkommen. Ein ausgebildeter Mensch wird »Jun-Zi« (Mann von edlem Charakter) genannt. Er sollte von allen Mitmenschen respektiert werden. Das Gegenteil davon ist der ungebildete »Xiao-Ren« (kleiner Mann). Dieser sollte von anderen kontrolliert und beherrscht werden. »Wan Wu Jie Xia Ping, Wei You Du Shu Gao« ist ein bekannter Satz von Konfuzius, den jeder Chinese kennt. Er bedeutet: »Alle Dinge in der Welt gehören zu den niedrigen Klassen, nur die Bildung gehört der hohen Klasse.«

Seit der Han-Dynastie wurde ein Karriereweg für den normalen Bürger, besonders für Bauern, festgeschrieben. Diese konnten durch dieses »Ke-Ju-System«[16] (»The Imperial Examination System«) zum Beamten werden. Dadurch wurden das Leben

---

14 Die Sparsamkeit der Chinesen führt zur weltweiten Gründung von chinesischen Familienunternehmen. Es kommt selten vor, dass jemand einen Kredit aufnimmt, um teure Konsumgüter, beispielsweise ein Auto, zu kaufen. Die gesparten finanziellen Ressourcen werden häufig für weitere Investitionen genutzt.

15 Die chinesische Guan-Xi-Orientierung basiert auf dem Aufbau langfristiger Beziehungen: Geben bedeutet Nehmen in der Zukunft. Nehmen bedeutet Zurückgeben in der Zukunft.

16 Das Ke-Ju-System beinhaltet viele Stufen von Prüfungen für die Beamten-Auswahl. Wenn jemand immer sehr gute Noten bei den Prüfungen hatte, wurde er Beamter. Welche Hierarchiestufe ein Beamter erreichen konnte, richtete sich nach seinen Prüfungsnoten. Das Ke-Ju-System wurde 1300 Jahre lang in China angewendet. Es hatte

und der Status der ganzen Familien verändert. Sie konnten und durften mehr Ressourcen[17] zur Verfügung haben als normale Bürger. Aufgrund dieses Karrieresystems wünschten sich alle chinesischen Eltern eine gute Ausbildung für ihre Kinder, um dadurch gute Aufstiegschancen zu erlangen. Das Ke-Ju-System wurde im Jahr 1905 abgeschafft. Aber die Tradition von Bildungsorientierung und Aufstiegsorientierung blieb bestehen, nicht zuletzt wegen der Armut. Vor 1990 war die materielle Versorgung in China noch wesentlich schlechter als heutzutage. Viele Ressourcen waren für normale Bürger nur beschränkt zugänglich. Daher war der Karriereweg zum Beamten auf einer hohen Hierarchiestufe zu werden, die einzige Möglichkeit, Ressourcen für die gesamte Familie zu bekommen. Es war üblich, dass eine Familie sparsam lebte, um die Kinder zur Schule und Universität schicken zu können.

Seit der Wirtschaftsexpansion in China werden gut gebildete Mitarbeiter stärker von inländischen und ausländischen Investoren nachgefragt. Dadurch bestehen sehr große Einkommensunterschiede zwischen gut Gebildeten und nicht Gebildeten oder weniger Gebildeten.[18] Diese Unterschiede verstärken die traditionelle Bildungsorientierung. Mit dem Wegfallen der »lebenslangen Beschäftigung« tritt im chinesischen Arbeitsmarkt auch verschärft Konkurrenz auf. Keine Bildung bedeutet keine Arbeit, kein Einkommen und somit keine Existenzsicherung. Diese starke Konkurrenz und das fehlende Sozialsystem verstärken die chinesische Bildungsorientierung. Die Bildungschan-

---

sehr starken Einfluss auf die chinesische Politik, Bildung, Kultur, Gesellschaft und geschichtliche Entwicklung.

17 Hier sind alle Ressourcen gemeint, die im Leben gebraucht werden – etwa finanzielle Ressourcen, Ressourcen für soziale Kontakte, Bildungszugang und Heiratsoptionen.

18 Aufgrund der Konzentration gebildeter Chinesen in der Stadt und ungebildeter auf dem Land können diese Einkommensunterschiede im Vergleich der durchschnittlichen Jahreseinkommen gezeigt werden: 43900 Yuan (ca. € 4390) in Shanghai, Guanzhou und Beijing; 8200 Yuan (ca. € 820) auf dem Land (vgl. Arora; 2005, http://www.gallup.com/poll/content/print.aspx?ci=14782).

cen der Chinesen wachsen auch mit der zunehmenden Privatisierung der Bildung und der Veränderung der Bildungsstrategie der chinesischen Regierung – von Elitebildung zu Allgemeinbildung – sehr schnell (Burkholder u. Lyons, 2005). Die Zahl der Hochschulabsolventen erhöhte sich von 1,14 Millionen im Jahr 2001 zu 3,38 Millionen im Jahr 2005 (http://learning.21cn.com/jiaoyu/pinglun/2006/01/22/2444048.shtml, Stand 01.02.2006). Diese Tendenz hält an.

Für die Werthaltungen in der Organisation bedeutet dies:

- »Möglichkeiten zur Weiterbildung in den Organisationen« werden als sehr wichtig von den Chinesen eingeschätzt (Stewart u. Him, 1990; Lin, Fang u. Bai, 1999).

- »Erfolg durch Wissen und fachliche Kompetenz sollte respektiert werden« wurde als wichtiger Leistungswert von den meisten Chinesen geäußert (Forschungsgruppe »Unternehmen in China«, 2004).

- Wünsche nach Aufstieg sind bei chinesischen Mitarbeitern mittlerweile sehr stark ausgeprägt. Die Möglichkeiten für hierarchischen Aufstieg werden als sehr wichtiges Arbeitsziel von chinesischen Mitarbeitern genannt (Rehu, Lusk u. Wolff, 2004). Dagegen zeigt eine andere Studie, dass der Wunsch nach Aufstieg von Chinesen früher eher niedrig war (Weldon u. Jehn, 1993). Eine mögliche Erklärung dafür ist, dass vor der Wirtschaftsexpansion in China die Aufstiegschancen anhand eigener Leistung und Kompetenz nur sehr eingeschränkt vorhanden waren.

- Das persönliche Netzwerk wird als wichtigster Grund für den eigenen Erfolg von den Chinesen betrachtet (Stewart u. Him, 1990). Es wird ständig gut gepflegt und geschätzt (Herrmann-Pillath, 1997).

Daher ist davon auszugehen, dass »Weiterbildung im Unternehmen« »Karriereentwicklung und Aufstiegschancen« und »Das Unternehmen selbst als Anreiz« sehr wichtige Anreize für die chinesischen Mitarbeiter sind, was teilweise auch von Wolff (2004) bestätigt wurde.

3.1.5 Extrinsische Motivation

Chinesen sind durch ihren kollektiven Charakter stark extrinsisch orientiert. Die extrinsische Motivation der Chinesen orientiert sich vornehmlich auf akademischen und amtlichen Titel als Ziel. Dies wird von klein auf sozialisiert. Sie wird zusätzlich durch die »Mian-Zi«-Orientierung der Chinesen verstärkt. Beides wird im Folgenden erläutert.

Traditionelle chinesische Bildungsziele wurden durch »Gong Cheng Ming Jiu« (Werk zur Vollendung und Name zum Ruhm) dargestellt. Alle Lernprozesse richten sich an stufenweisen Prüfungen aus. Das Bestehen der Prüfungen bedeutet die Veränderung des Status und der zur Verfügung stehenden Ressourcen. Daher strebten die meisten Intellektuellen seit jeher danach, die Prüfungen zu bestehen. Das Endziel der Ausbildung war – wie bereits geschildert – ein amtlicher Titel und der damit verbundene Ruhm.

Die Ziele der chinesischen Bildung sind unverändert geblieben (Shang Guan, 2004). Eine Orientierung an externen Zielvorgaben wird stark gefördert. Eigene Interessen treten in den Hintergrund. Es ist in der Schule zum Beispiel üblich, dass die Noten der Schüler auf roten oder schwarzen Bannern, die an den Wänden der Klassenzimmer hängen, bekannt gemacht werden. Die besten zehn Schüler werden sehr gelobt und bekommen für ihre guten Leistungen rote Fähnchen als Anerkennung. Im Gegensatz dazu bekommen die jeweils letzten fünf Schüler einer Klasse (meist ca. 60 Schüler) aufgrund ihrer schlechten Leistungen ein schwarzes Fähnchen als Zeichen der Schande. Dieses institutionelle Anerkennungssystem fördert ein extremes Leistungsklima. Das Ziel ist aber meist nicht das Lernen von Inhalten, sondern ein rotes Fähnchen zu gewinnen und ein schwarzes Fähnchen zu vermeiden. Dadurch wird die intrinsische Motivation meist von extrinsischen Anreizen verdrängt. Das Lernmotiv der Schüler wird von Interessen für bestimmte Fächer zum Erreichen der ersten zehn Plätze verschoben. Zudem werden die Schüler dadurch gezwungen, starke Neigung zu bestimmten Fächern aufzugeben. Um ihre Ehre zu verteidigen, müssen sie in allen Fächern gut sein. Sie bekommen dadurch die Freude und Zuneigung der Lehrer und die Ehre des roten Fähnchens.

Die Chinesen sind seit einiger Zeit sehr stolz auf ihr Bildungssystem – auch weil die chinesischen Schüler im »International Olympic Mathematic Championship« (IOMC) häufig Preise gewonnen haben. Seither finden Lernaktivitäten für den IOMC in vielen Schulen jeder Stadt statt. Die Freizeit der Schüler wird uneingeschränkt für die Vorbereitung auf den IOMC verwendet. Da die Menge der teilnehmenden Schüler in diesen Wettbewerben die Höhe des finanziellen Bonus der Lehrer beeinflusst, sorgen die Lehrer wiederum aktiv für eine Förderung ihrer Schüler. Auch dieser Druck und die Wettbewerbshaltung verstärken wiederum die extrinsische Motivation der chinesischen Kinder.

»*Mian-Zi*« als traditioneller Bestandteil chinesischer Kultur verstärkt die extrinsische Motivation der Chinesen. »Mian-Zi« ist aufgrund der Mehrdeutigkeit des Begriffs sehr schwer zu definieren (Lin, 1935). Es umfasst Ehre, Rituale, Guan-Xi, Zurückgeben, Status, Moral, Ruhm, Formalismus und seinen Vorfahren Ehre machen (Lu, 1991, S. 68). Mian-Zi unterteilt sich in »soziales Mian-Zi« und »moralisches Mian-Zi«. Ob jemand in der Gesellschaft respektiert wird, entscheidet sich damit, dass er und seine Familie moralisches Mian-Zi und soziales Mian-Zi erhalten (Hwang, 2004).

Nach der Lehre von Konfuzius wird »*moralisches Mian-Zi*« durch sozial erwünschtes Verhalten erreicht. Wenn ein Individuum sich nach entsprechenden gesellschaftlichen Vorstellungen und nach der herrschenden Moral verhält, wird es respektiert und gerne kontaktiert. Das moralische Mian-Zi wird so gewährleistet (Qu u. Qu, 1995; Qu, 1998, 1999). Ansonsten wird die Person von anderen diskriminiert und gemieden. »Bu Yao Lian« (»Sie erhalten kein Mian-Zi«) wird entsprechend denjenigen gegenüber geäußert, die sich nicht nach gesellschaftlichen Regeln verhalten.

»*Soziales Mian-Zi*« umfasst persönliche Bildung, Reichtum, Status, Geltung und das soziale Netzwerk innerhalb der Gesellschaft. Es kann durch individuelle Leistung erhöht werden oder als Familienerbe übertragen werden. Individuelle Erfolge führen zu Status und dem Respekt der Gesellschaft. Das wiederum entscheidet auch über den sozialen Status der Familie, da die chinesische Familie sehr starke Geschlossenheit nach außen präsentiert (Hwang, 1995). Wegen traditioneller konfuzianischer Werte ist die Familie für Chinesen besonders wichtig. Daher ist es für jedes Mitglied Pflicht, nach hoher Leistung zu streben. Gute Leistungen haben daher nicht nur Bedeutung für das Individuum, da es dadurch soziales Mian-Zi gewinnen kann. Viel wichtiger ist es, dass sie über das soziale Mian-Zi der gesamten Familie entscheiden. Daher hat die individuelle Leistung Anteil daran, ob die Familie in der Gesellschaft von anderen respektiert und gerne kontaktiert wird (Hwang, 2004). Diese Außenorientierung und kollektive Perspektive verstärken zusätzlich die extrinsische Haltung der Chinesen.

Die extrinsische Motivation der Chinesen führt zu spezifischen kulturellen Phänomenen:

- Titel wie »Bester Mitarbeiter im Jahr« oder »Vorbild-Mitarbeiter« werden häufig als Anreize von chinesischen Unternehmen eingesetzt (Lockett, 1988).
- Chinesen reagieren sehr sensibel auf die Anerkennung von anderen. »Von anderen respektiert werden« wird als ein sehr wichtiges Ziel von chinesischen Mitarbeitern angegeben (Chinahrd.net, 2005; Forschungsgruppe »Unternehmen in China«, 2004).
- Chinesische Mitarbeiter erwarten intensives Feedback und Lob von ihren Vorgesetzten. Dieses wurde ebenfalls als ein sehr wichtiger Motivator von chinesischen Mitarbeitern beurteilt (Coffman, 2005).
- Aufstieg und Geltung werden als wichtig betrachtet, da dadurch das soziale Mian-Zi beziehungsweise die Chance, von anderen respektiert zu werden, erhöht werden können (Lockett, 1988).

Daher ist anzunehmen, dass insbesondere ein institutionelles Anerkennungssystem, die Führung durch direkte Vorgesetzte,

das Erkennen und Belohnen von guter Leistung und Aufstiegschancen als passende Anreize für chinesische Mitarbeiter wirksam sein dürften. Dies wurde teilweise von Wolff (2004) bestätigt.

3.2 Die neuen Werthaltungen

Wegen der zunehmenden Wirtschaftsexpansion in China ist
ein deutlicher Wandel der Werthaltungen zu beobachten. Werthaltungen der Chinesen wie materielle Orientierung und charakteristische Leistungsorientierung treten immer stärker in
den Vordergrund (Che, 2004; Sun, 2004; Li, 2004; Xu, 2004;
Shangguan, 2004).

3.2.1 Materielle Orientierung und starkes
Sicherheitsbedürfnis

Materielle Orientierung wurde in den letzten zwanzig Jahren in
China zunehmend populär. Früher wurde die materielle Orientierung sowohl von Konfuzius' Philosophie als auch von der
kommunistischen Partei verachtet. Konfuzius betonte »Jun-Zi
Yi, Xiao-Ren Li« (Ein Mann von edlem Charakter beachtet die
gerechte Tat, der kleine Mann beachtet den eigenen materiellen
Vorteil). Händler hatten daher im alten China einen sehr niedrigen sozialen Status. Ihre Kinder hatten größere Schwierigkeiten zu überwinden, die stufenweisen Prüfungen zur hohen
Beamtenklasse zu bestehen als Kinder von Bauern. Die kommunistische Partei hatte das Prinzip des »Yi Ping Er Di« (Gleichheit
und Niedrigkeit des Einkommens aller Bürger) für die Vertei-
lungen aller Ressourcen festgelegt (Xin, 2002). Gleichzeitig bot
sie ihrer Bevölkerung gute Sozialsysteme im ganzen Land an.
Materielle Orientierung hatte daher keinen guten Nährboden
in China.

Seit der Öffnung Chinas werden Reformen der staatlichen
Unternehmen durchgeführt. Inhalte und Strukturen der Sozial-

systeme in China nehmen stark ab. Lebenszeitstellen, Unternehmenswohnungen, Unternehmenskindergärten oder Unternehmenskrankhäuser verschwinden bei diesen Reformen. Die Kommunistische Partei verändert ihre Politik spürbar und dynamisch. Gesetze erlauben jetzt, dass ein Teil der Bevölkerung reich sein kann. Die Ungleichheit bei Reichtum und Einkommen verstärkt sich daher gravierend[19] (Sun, 2004; Li, 2004; Xu, 2004; Lu u. Bian, 2004; Arora, 2005a). Immer mehr Ressourcen sind auf wenige Gruppen in den Städten konzentriert[20] (Xu, 2004). Die Einkommensunterschiede zwischen Land und Stadt haben sich verschärft.[21] Daher entstehen viele soziale Probleme innerhalb der Gesellschaft: Steuerhinterziehung aufgrund des

---

19 Die Einkommensunterschiede zwischen zwei extremen Gruppen (20 % der niedrigsten Einkommensgruppe und 20 % der höchsten Einkommensgruppe) in den Städten ist von 1 : 4,2 im Jahr 1990 zu 1 : 9,6 im Jahr 1998 stark gestiegen. Der Gini-Koeffizient ist von 28 % im Jahr 1980 zu 45,8 % am Ende der neunziger Jahre gestiegen (The World Bank, 1998). Der Gini-Koeffizient, oder auch Gini-Index, ist ein in der Wohlfahrtsökonomie verwendetes statistisches Maß für Ungleichheit, entwickelt vom italienischen Statistiker Corrado Gini. Der Wert kann beliebige Größen zwischen 0 und 1 (bzw. 0 % und 100 %) annehmen. Je näher der Gini-Koeffizient an der 1 ist, desto größer ist die Ungleichheit (z. B. in der Einkommensverteilung). Der internationale Standard ist: < 30 % gut, 30 % < X < 40 % normal, > 40 % gehört zum kritischen Bereich. Bei 60 % besteht die Gefahr einer Unruhe. Der Gini-Index für die Einkommensverteilung liegt in Deutschland bei 0,283 (2000), in Frankreich bei 0,327 (1995), in Großbritannien bei 0,360 (1999), in Japan bei 0,249 (1993) und in den USA bei 0,408 (2000).

20 So besitzen nur 6 % der chinesischen Bevölkerung 40 % des monetären Kapitals in China (vgl. Chinesisches Handelsblatt, 17/02/2003).

21 Das durchschnittliche jährliche Einkommen per Haushalt in der Stadt ist 24400 Yuan (ca. € 2440). Im Vergleich beträgt es auf dem Land nur 8200 Yuan (ca. € 820). Zusätzlich ist die Zahl der Familienmitglieder eines Haushalts auf dem Land höher als die typische Drei-Personen-Familie in der Stadt (vgl. http://gallup-europe.be/events/presentation/Gallup %20Poll %20of %20China %20(c).ppt#6, 20.04.05).

inhaltlich und strukturell mangelhaften Steuersystems[22], illegale Übernahmen von staatlichem Vermögen während der Privatisierung von Staatsunternehmen[23], Korruption innerhalb der Beamtenschaft, Mangel an einem tragfähigen und funktionierendem Sozialversicherungssystem[24], eine schnell wachsende Arbeitslosenzahl[25], ständig steigende und vermehrte Gebühren

---

22 Viele versteuerbare Einkünfte sind wegen fehlender Konkretisierung des Umfangs der Besteuerung und unklarer Begriffsformulierung »legal« durch unstrukturierte und unregulierte Wege zu Privatpersonen geflossen, ohne besteuert zu werden. Wegen der Mangelhaftigkeit des Systems bieten beispielsweise viele chinesische Unternehmen ihren Mitarbeitern monetäre Anreize in Form der steuerfreien betrieblichen Sozialleistungen (anstatt in Form einer Erhöhung des versteuerbaren Einkommens) an, damit ihre Mitarbeiter weniger Einkommensteuern zahlen müssen (vgl. Xin, 2002; Li, 2004).

23 Während der Privatisierung der Staatsunternehmen und der Wirtschaftsreform Chinas sind Einige durch ihre politische Macht oder gute Beziehungen mit Politikern extrem reich geworden. Staatliche Vermögen wurden legal sehr billig von privaten Personen übernommen. Folgende Phänomene sind täglich zu sehen: Die Distanz zwischen Planpreis und Marktpreis wird ausgenutzt, staatliche Kapital-Verleihungen werden nicht mehr zurückgezahlt, mangelhafte Regulierung am Aktienmarkt und Immobilienmarkt wird für Spekulationen ausgenutzt. Der Reichtum weniger Leute baut auf der Basis der Reduzierung des Staatsvermögens und der Verminderungen der realen Einnahmen von vielen Bürgern auf (vgl. Xin, 2002).

24 Aus drei Perspektiven kann die schwierige Finanzierung des Sozialversicherungssystems in China erklärt werden. Zunächst haben weder 70 % der Bauern auf dem Land noch die 21,4 % an Arbeitslosen die Fähigkeit, Beiträge in das chinesische Sozialsystem einzuzahlen. Zudem verhindert der hohe Anteil von Schwarzarbeit die Normalisierung der chinesischen Staatseinnahmen und damit den Aufbau eines tragfähigen Sozialsystems. Schließlich fehlt in China die Mittelschicht, die eine Stabilität der Staatseinnahmen über Einkommensteuer und Umsatzsteuer gewährleisten könnte (vgl. Feng u. Han, 2002).

25 Im Jahr 1999 lag offiziell die Arbeitslosenquote bei 7,7 % in der Stadt. Im Jahr 2000 stieg die Arbeitslosenquote dort laut anderen Quellen schon bis auf 21,4 %. Diese gravierende Steigerung kommt

und unterschiedlicher Profit aus der Reform für verschiedene Gruppen innerhalb der Gesellschaft.[26] Schließlich besteht wegen des Mangels einer »Mittelklasse« (im Sinne der westlichen Definition) keine Möglichkeit, dass soziale Probleme in China abgefedert werden könnten. Alle diese geschilderten sozialen Probleme tragen zur Unruhe und Instabilität in der chinesischen Gesellschaft bei.

---

daher, dass einerseits die Arbeitslosenquote mit der Umstrukturierung der Staatsunternehmen schnell ansteigt und andererseits das chinesische Statistikamt häufig zu niedrige Werte bekannt gibt. Viele Arbeitslose werden in China amtlich nicht als Arbeitslose bezeichnet. Sie werden »Xia-Gang« (den Arbeitsplatz verlassen und auf einen neuen Arbeitsplatz wartend) genannt (vgl. Cai, 2004).

26 Vier Gruppen können anhand ihrer Profitierungsgrade von den chinesischen Reformen differenziert werden. Sie werden als »besonders profitierende Klasse«, »normal profitierende Klasse«, »relativ verlierende Klasse« und »absolut verlierende Klasse« bezeichnet. Die »besonders profitierende Klasse« ist die neue Wirtschaftselite. Sie besteht aus privaten Geschäftsleuten, Managern, Vertragskontrahenten von Staatsunternehmen, Künstlern und Maklern. Die »normal profitierende Klasse« ist eine große heterogene Gruppe: Arbeiter, Intellektuelle und Parteikader bilden zusammen diese Gruppe. Während der chinesischen Reform ist der Lebensstandard der Bevölkerungsmehrheit verbessert worden. Nach einer Studie äußern 52 % der Befragten in der Stadt und 49 % auf dem Land, dass ihr Leben innerhalb der letzten zehn Jahre viel besser geworden sei. Die »relativ verlierende Klasse« sind Rentner und Arbeitslose (durch den Zusammenbruch der staatlichen Unternehmen). Diese Gruppe bekommt sehr wenig Einkommen von ihren ehemaligen Staatsorganisationen. Auch die Kosten für Arztbesuche und Krankhausaufenthalte werden nicht mehr wie früher vom Staat übernommen. Die »absolut verlierende Klasse« sind die 65 Millionen Chinesen, die unter der absoluten Armutsgrenze leben. Ein großer Teil dieser Gruppe konzentriert sich im Südwesten und Nordwesten Chinas. Die Sozialstratifikation dieser vier Klassen in der Gesellschaft verursacht Unruhe und Widerstand gegen Reformen innerhalb der verlierenden Klassen (vgl. Jiang u. Lu, 1996; Sun, 2004; Sun; Li u. Shen, 2004).

Das Sicherheitsbedürfnis ist wegen dieser Situation zum stärksten Bedürfnis der Chinesen geworden. Daher streben die Chinesen primär nach finanziellen Ressourcen. Unabhängig von der sozialen Schicht wollen fast alle Chinesen ihren Reichtum so stark wie möglich vermehren. Damit wollen sie ihr Überleben in unruhigen Zeiten absichern. 59 Prozent der befragten Chinesen äußerten, dass sie viel Geld sparen müssten, um mögliche Kosten für Krankheit und Verletzung decken zu können (Arora, 2005b). Geld wird offenbar als Garant für Sicherheit betrachtet. Mehrere Studien der 1970er und 1980er Jahre über Hongkong-Chinesen und Taiwan-Chinesen bestätigen, dass die dortigen Manager sich auf die materielle Sicherheit konzentrieren, da das Geld als Garant für Sicherheit wahrgenommen wurde (Silin, 1976; Lemming, 1977; Nevis, 1983a, 1983b).

Die Ein-Kind-Politik und die dadurch entstehende Familienpyramide von »einem Kind, zwei Eltern und vier Großeltern« verstärkt die Sicherheitsbedürfnisse der Chinesen. Gedanke und Tradition des »Yang Er Kao Lao« (Kinder als Altersversorgung) können nicht mehr funktionieren – ein Kind hat kaum das Potenzial, sechs ältere Personen zu finanzieren. Gleichzeitig fehlt ein tragfähiges und funktionierendes Sozialversicherungssystem in China. Daher haben alle Chinesen Angst vor ihrem knappen Budget im Alter. Sie sammeln und sparen so viel wie möglich, damit ihre Rente noch gewährleistet werden kann.[27]

Die Privatisierung der Schul- beziehungsweise Universitätsausbildung und die Einführung von Studiengebühren vergrößern die Bildungschancen der wohlhabenden Chinesen, eine reine (Leistungs-)Elitebildung findet nicht mehr statt. Damit erhöhen sich die Bildungsausgaben der Familien (Luo, 2004). Der traditionelle Gedanke »Wang Zi Chen Lung« (Hoffnung, dass die Kinder durch Ausbildung eine hohe Hierarchiestufe erreichen können) reduziert sich dadurch aber nicht. Um die hohen, kontinuierlich steigenden Bildungskosten für das Kind

---

27 Die durchschnittliche Sparsumme eines städtischen Haushalts ist im Jahr 2004 um 124 % gestiegen (vgl. http://www.gallup.com/poll/content/print.aspx?ci=15151, 22.04.2005).

finanzieren zu können, sparen viele Familien schon seit der Geburt des Kindes. »56 Prozent der befragten Chinesen erklären, dass sie so viel wie möglich sparen, um die Bildungskosten des Kindes zu finanzieren« (Arora, 2005b). Auch dadurch steigen die Bedürfnisse nach finanziellen Ressourcen.

Die materielle Orientierung spiegelt sich auch in den Organisationen wider:

– Eine hohe Fluktuationsquote besteht in fast jeder Branche (Mercer, 2004). Die chinesischen Mitarbeiter wechseln ihre Arbeitsplätze ständig, um ihr Gehalt zu erhöhen. Loyalität im traditionellen Sinne gegenüber dem Arbeitgeber existiert in China nicht mehr, da das Unternehmen häufig nicht mehr als Familie betrachtet werden und nicht mehr zur inneren Gruppe gezählt werden. Das Verhältnis ist wesentlich transaktionsorientierter geworden.

– »Work hard and get rich« gilt als Lebenseinstellung von zunehmend mehr Chinesen (Burkholder, 2005; Burkholder u. Arora, 2005). »Geld ist das Lebensziel« und »Ich tue alles für Geld« wird seit den 1990er Jahren von immer mehr Chinesen als richtige Lebenseinstellung betrachtet (Lu u. Li, 1997, S. 589).

– Angesicht der aktuellen materiellen Orientierung der Chinesen kann davon ausgegangen werden, dass finanzielle Anreize für chinesische Mitarbeiter besonders wichtig sind. Dieses wurde von Fisher und Yuan (1998) empirisch bestätigt.

3.2.2 Leistungsorientierung

Leistungsorientierung wird als ein Grundcharakter von Maskulinität betrachtet (Hofstede, 1980). Innerhalb der chinesischen Gesellschaft haben sowohl die Hochachtung vor Erfolg und starkem Streben nach hohen Hierarchiestufen als auch das Mitleid gegenüber schwachen Menschen und die Betonung des Gefühls gegenüber anderen einen hohen Stellenwert. Daraus kann man folgern, dass der Charakter der chinesischen Gesellschaft sich durch eine Kombination aus Maskulinität und Femininität

auszeichnet: Die individuelle Leistungsorientierung geht mit
starker Berücksichtigung der Beziehungen zu anderen einher.
Dieser doppelte Charakter ist auf das chinesische Bildungssystem und die traditionelle konfuzianische »Ren-Eigenschaft«
(Wohlwollen, Gutherzigkeit und Humanität) zurückzuführen.

Die maskuline Eigenschaft stammt aus dem aktuellen chine-
sischen Bildungssystem, in dem Konkurrenz stark betont wird.
Prüfungssystem, Kriterien der Leistungsbeurteilung (auch der
Lehrer) und Lernmethoden verursachen eine starke Leistungs-
und Konkurrenzorientierung der Chinesen. Das chinesische
Prüfungssystem ist sehr stark vom Prinzip des »You Sheng Lie
Tai« (siegreich durch Überlegenheit und Ausscheiden von Un-
terlegenheit) geprägt. Der Übergang von der Grundschule zur
Unterstufe der Mittelschule, von dort zur Oberstufe der Mittelschule (Abitur) und von dort zur Universität wird jeweils durch
schwierige Prüfungen entschieden. Wer zu welcher Schule/
Universität zugelassen wird und wie viel er für die Schule/Uni-
versität zahlen muss, ist allein von den Prüfungsnoten abhängig. Die Unterlegenen haben meist keine Möglichkeiten, eine
gute Schule/Universität zu besuchen. Durch die Privatisierung
der Schulen und Universitäten haben jedoch auch Schüler mit
schlechten Schulnoten inzwischen die Möglichkeit, gute Schulen oder Universitäten zu besuchen. Sie müssen aber wesentlich höhere Studiengebühren als andere Schüler oder Studenten
zahlen. Daher ist jedem Kind bewusst, dass sich seine Leistungen auf die Bildungsausgaben seiner Eltern auswirken. Kinder
versuchen so hart zu arbeiten wie sie können. Durch Prüfungs-
leistungen werden die Schüler auf die verschiedenen Schulen
verteilt. Auch innerhalb einer Schule werden die Kinder nach
ihren Leistungen unterschiedlichen Klassen zugeordnet. Hoch-
kompetente werden schnellen Klassen zugeordnet. Das Mittel-
feld kommt in reguläre Klassen, weniger Kompetente in lang-
same Klassen. Mit diesem Prinzip (»You Sheng Lie Tai«) wird
chinesischen Kindern bewusst gemacht, sich leistungs- und
konkurrenzorientiert zu verhalten.

Die Kriterien der Leistungsbeurteilung der Lehrer verschärfen
die Konkurrenzorientierung zwischen verschiedenen Schulen

und verschiedenen Klassen innerhalb einer Schule. Die Leistungen der Lehrer werden sowohl nach der »Aufrückungsquote«[28] der betreuten Schüler als auch im Vergleich zur Leistung anderer Lehrer in derselben Schule beurteilt.[29] So existiert auch zwischen den Lehrern eine starke Konkurrenz. Um die Leistungen zu erhöhen, verstärken die Lehrer ständig die Leistungs- und Konkurrenzorientierung ihrer Schüler.

Das Lernen in der Schule oder Universität ist durch Passivität geprägt. Es gibt kaum Projektseminare, Fallseminare und Gruppenarbeit. Frontalunterricht ist die einzige Vermittlungsform in der Schule.[30] Jedes Kind lernt für sich selbst. Es gibt keine Teamarbeit innerhalb der Lernprozesse, da diese häufig von Lehrern und Eltern als unfair und leistungsmindernd für gute Schüler betrachtet wird. Nachhilfe für andere Mitschüler wird als Hilfe für die Konkurrenz abgelehnt.

Aus den genannten Gründen verhalten sich Chinesen eher maskulin. Diese Werthaltung zeigt sich auch in Organisationen:
- »Belohnung nach individuellen Leistungen« wird von chinesischen Mitarbeitern eindeutig für die Verteilung sowohl materieller als auch immaterieller Anreize präferiert, seit die absolut gleiche Verteilung nach der kommunistischen Ideologie nicht mehr als administratives Prinzip angewendet wird (Yu, 1992; Chen, 1995).
- Kollegen im Unternehmen sind nicht bereit, Informationen und Wissen weiterzugeben. Sie zeigen eine starke Neigung zur Monopolisierung von Informationen als Machtinstrument (Herrmann-Pillath, 1997).

---

28 In China bleiben Lehrer mit ihrer Klasse zusammen, bis sie zu einer anderen höheren Schule gehen.

29 Diese Beurteilungsmethode wird in der Gesellschaft als positiv betrachtet. Innerhalb der Gruppe der befragten Personen sind 78 % dafür (vgl. Shang Guan, 2004).

30 Diese Situation wird sowohl durch traditionelle Schulsysteme und starke Hierarchieorientierung als auch durch eine große Zahl von Schülern innerhalb einer Klasse verursacht. Typischerweise besteht in China eine Klasse aus ungefähr 60 Schülern.

- Chinesen sind zur Teamarbeit kaum fähig und stehen ihr auch ablehnend gegenüber.
- Die Karriere wurde als wichtigstes Ziel im Leben von Unternehmern geäußert (Forschungsgruppe »Unternehmen in China«, 2004).

Die feminine Eigenschaft der Chinesen stammt aus der »Ren«-Philosophie des Konfuzius. »Ren« bedeutet Mitmenschlichkeit, eine wohlwollende Einstellung und Gutherzigkeit gegenüber anderen Personen. Dieser Philosophie zufolge sollte das Individuum zu seiner Familie, Verwandten, Bekannten und Kollegen gute und harmonische Beziehungen haben. Es sollte nach den Bedürfnissen seiner Familie und nach den »Regeln der menschlichen Gefühle« gegenüber seinen Freunden handeln. Nach der »Xiao-Regel« (Pietät) sollte jeder sich so sehr wie möglich bemühen, die Bedürfnisse seiner Familie zu erfüllen. Er sollte sich höflich und kompromissbereit verhalten und die Empfindungen von Anderen berücksichtigen. Zudem sollte er den Mitmenschen bemitleiden und helfen, wenn sie Probleme haben. Dem »Li Shang Wang Lai« (Höflichkeit beruht auf Gegenseitigkeit) ist zu folgen und anderen Besseres zurückzugeben, wenn sie etwas gegeben haben. Wenn jemand sich nach »Ren« verhält, ist er »Jun-Zi« (Mann von edlem Charakter), der respektiert werden sollte, unabhängig davon, welche Rolle er innerhalb der Gesellschaft bekleidet. Nach der »Ren«-Philosophie werden Menschen nach der Mitmenschlichkeit und Humanität in verschiedene Klassen eingeteilt. Diese Philosophie leitet Chinesen an, sich wohlwollend, gutherzig und bescheiden zu verhalten – was wiederum typische Eigenschaften von Femininität sind (Hofstede, 1980).

Diese feminine Orientierung zeigt sich an folgenden Beispielen in den Organisationen:
- In vielen staatlichen Unternehmen werden die Boni immer noch relativ gleichmäßig verteilt (Jackson, 1992).
- Bei Wettbewerben werden alle Teilnehmer mit einem entsprechenden Preis ausgezeichnet. Der Preis für weniger gute Teilnehmer heißt »Ansporn-Preis«.

- Chinesische Manager entwickeln enge persönliche Beziehungen zu ihren Mitarbeitern. Sie kümmern sich auch um die privaten Probleme der Mitarbeiter (Wall, 1990). Daher wurde in China außer Aufgabenorientierung und Mitarbeiterorientierung noch als dritte Dimension »Charakter und Moral« für die Beurteilung der Führungskräfte hinzugefügt (Lin u. Fang, 2000). Chinesische Manager sollten nach den Wünschen ihrer Mitarbeiter mitarbeiterorientiert und großherzig sein. Gleichzeitig sollten sie selbst, auch als Vorbild für ihre Mitarbeiter, ehrlich, selbstbeherrscht, vertrauenswürdig und fair sein (Ling, Fang u. Khanna, 1991).
- »Mein direkter Vorgesetzter behandelt mich als Mensch« wurde als sehr wichtig für die Leistungsmotivation von chinesischen Mitarbeitern eingestuft (Coffmann, 2005).

So wurde von Hofstede (1980) bestätigt, dass Chinesen sich nicht so maskulin wie Amerikaner, aber auch nicht so feminin wie Skandinavier bewerteten. Die Maskulinität drückt sich in China eher als weicheres und flexibleres Leistungsverhalten aus, das offener Konfrontation ausweicht (Albrecht, 1997, S. 53). Es wurde von anderen Studien auch bestätigt, dass die Leistungsbedürfnisse, Bedürfnisse nach Rechtfertigung und die Angriffstendenz bei Chinesen geringer als bei Amerikanern und Indern sind (McClelland, 1963; Huang, 1964).

Insgesamt ist davon auszugehen, dass die individuellen Anreize wie institutionelles Anerkennungssystem, ergebnisorientiertes Einkommenssystem, Karriereentwicklung nach Leistungskriterien, guter Ruf des Unternehmens sowie das Vorschlagswesen und die Anerkennung individueller Leistungen für die Leistungsmotivation der maskulin orientierten Chinesen wirksam sind.

Auch die Anreize, welche die Bedürfnisse aller Mitarbeiter berücksichtigen, wie zum Beispiel Sozialleistungen, persönliche konkrete Weiterbildungsangebote, Organisationsklima und mitarbeiterorientierter Führungsstil, können für die feminin orientierten chinesischen Mitarbeiter wirksam sein. Dieses wurde teilweise von Giacobbe-Miller, Miller und Zhang bestätigt (1997). Ihre empirische Studie zeigt, dass sowohl das Prinzip

»Belohnung nach Leistung« als auch das Prinzip »Belohnung relativ gleich verteilen« als wichtig innerhalb von Verteilungsentscheidungen chinesischer Managern betont wurde. Auch die »individuellen Bedürfnisse« wurden als ein wichtiges Kriterium für die Belohnungsverteilung in China betrachtet.

3.3 Zusammenfassung und Fragestellung

Zusammenfassend bestehen bei Chinesen derzeit sowohl traditionelle Werthaltungen (insbesondere von Konfuzius) als auch neue Werthaltungen, besonders aufgrund der Einflüsse aus dem Ausland, der Wirtschaftsexpansion und des damit einhergehenden Kulturwandels. Es zeigen sich daher sehr heterogene Werthaltungen bei den Mitarbeitern. Ähnlich verdeutlichen auch Yang (1988), Ralston et al. (1996) und Zhu (1995), dass die konfuzianische Werthaltungen mit modernen westlichen Werthaltungen in China koexistieren. Aufgrund dieser sehr heterogenen und widersprüchlichen Werthaltungen ist es für die Personalführung dort wichtig, folgende Fragen zu beantworten:

- Frage 1: Können die chinesischen Mitarbeiter aufgrund der Heterogenität ihrer Werthaltungen, die sich in ihren Anreizpräferenzen äußern, verschiedenen Personentypen zugeordnet werden?
- Frage 2: Bestehen zwischen den derzeit verwendeten Anreizen und beruflichen Einstellungen (Leistung, Organizational Citizenship Behavior/OCB[31], Identifikation, Loyalität, Fluktuationsneigung, Zufriedenheit) in China Zusammenhänge?
- Frage 3: Sind die Zusammenhänge zwischen Anreizen und beruflichen Einstellungen je nach persönlicher Anreizpräferenz unterschiedlich ausgeprägt?

---

31 Unter Organizational Citizenship Behavior (zu deutsch etwa »freiwilliges Arbeitsengagement«) versteht man individuelles Verhalten, das nicht Gegenstand der formalen Arbeitsrolle und des Arbeitsvertrages ist, also auch nicht vom formalen Belohnungssystem erfasst wird, und das Funktionieren der Organisation verbessert.

– Frage 4: Sind demographische Eigenschaften oder Umweltvariablen passende Indikatoren, um Anreizpräferenzen oder
  berufliche Einstellungen der chinesischen Mitarbeiter fest-
  stellen zu können?

Diese Fragen werden durch ein Modell graphisch dargestellt
(Abbildung 12).

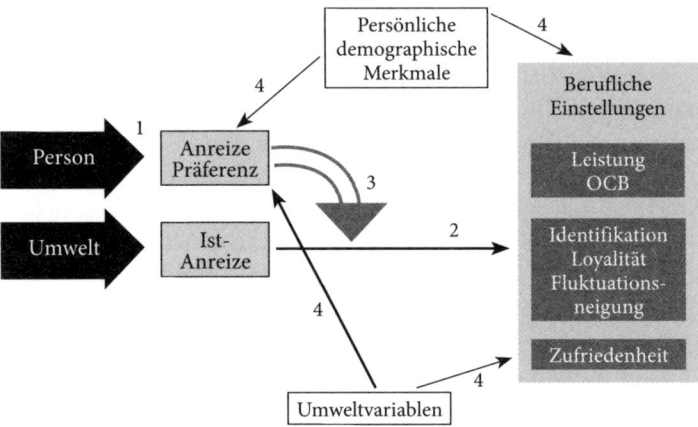

Abbildung 12: Theoretisches Modell der Wirkungen von Anreizen auf
die beruflichen Einstellungen

Im Folgenden soll dieses Modell geprüft und die darin enthal-
tenen Forschungsfragen geklärt werden.

4 Motivationsinstrumente und Anreize in China – Empirische Untersuchung

Im Folgenden sollen das Design der empirischen Untersuchung und die Operationalisierung der Variablen des Fragebogens dargestellt werden.

4.1 Design der Studie

Die Daten wurden bei großen deutschen und chinesischen Unternehmen in China erhoben. Die gesamte empirische Untersuchung besteht aus mehreren voneinander abgrenzbaren Schritten:

- Zuerst wurde der relevante theoretische Hintergrund untersucht und bereits vorhandene Studien gesichtet.
- Daraufhin wurde eine viermonatige Feldforschung in Form einer aktiven Zusammenarbeit mit Personalmanagern und -spezialisten der Personalabteilung eines deutschen Unternehmens in China durchgeführt.
- Im Weiteren wurden Interviews mit Experten durchgeführt. Von den insgesamt siebzehn Interviews bei verschiedenen Unternehmen wurden fünfzehn Interviews mit Personalleitern und Personalmanagern großer deutscher Unternehmen in China und zwei Interviews mit Personalleitern großer chinesischer Unternehmen in China durchgeführt.
- Auf Basis der theoretischen Fundierung, der Felduntersuchung und den Ergebnissen aus den Interviews wurden relevante Anreize und beruflichen Einstellungen festgestellt und unter Einbeziehung von Praktikern Fragen entwickelt.
- Auf dieser Grundlage wurden Diskussionen über die Operationalisierung der Variablen in der Praxis durchgeführt.

Dabei wurden insbesondere theoretische Inhalte mit den Praktikern diskutiert. Durch diesen Prozess der Auseinandersetzung und Ergänzung zwischen Wissenschaft und Praxis wurden die Fragen weiterentwickelt und verbessert.

– Eine Vorabversion des Fragebogens wurde auf dieser Basis entwickelt.

– Mit dieser Version wurde ein Pretest durchgeführt. Der Fragebogen wurde nochmals optimiert.

– Schließlich wurde die Hauptuntersuchung durchgeführt. Diese bestand aus einer umfangreichen schriftlichen Befragung von 1.500 chinesischen Mitarbeitern.

In Abbildung 13 ist der Untersuchungsprozess dargestellt.

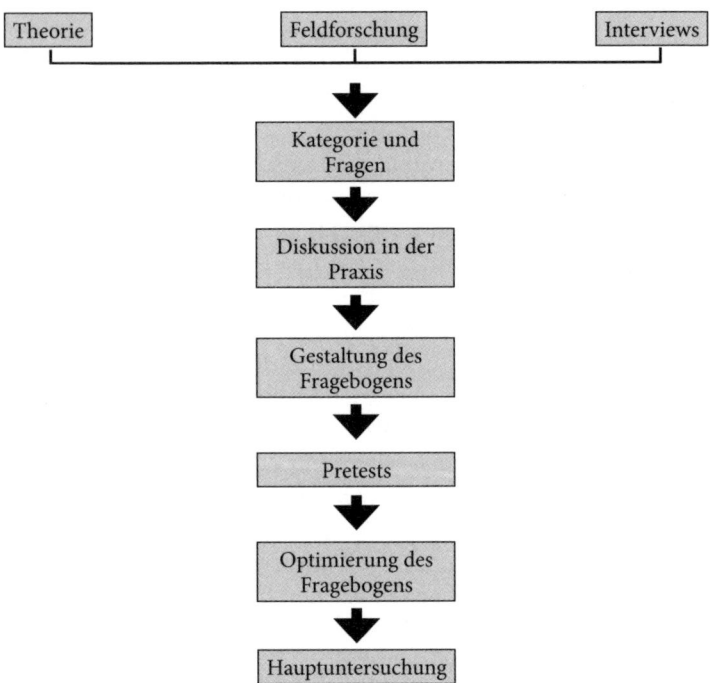

Abbildung 13: Prozesse der gesamten Untersuchung

Nach der Erläuterung des theoretischen Hintergrunds soll nun auf die qualitativen (Feldforschung, Interviews und Diskussionen) sowie quantitativen Untersuchungen (schriftliche Befragungen) eingegangen werden.

4.1.1 Explorative qualitative Untersuchung im Feld

Mit der Feldforschung sollte die notwendige Auseinandersetzung von Theorie und Praxis sowie ein Einblick in das Anwendungsfeld gewährleistet werden. Im Rahmen der viermonatigen Mitarbeit innerhalb der Personalabteilung in einem großen deutschen Unternehmen in China wurde das Themenfeld erforscht. Es fand eine intensive Auseinandersetzung über Theorie und Praxis gemeinsam mit den verantwortlichen Managern statt, insbesondere über Themen wie »Was ist in der Praxis bei Anreizsystemen relevant beziehungsweise irrelevant?«, »Was wird in der Praxis als wichtig beziehungsweise unwichtig betrachtet?«, »Welche Maßnahmen werden im Unternehmen durchgeführt?« und »Wie reagieren die Mitarbeiter auf welche Maßnahmen?«. Auf diese Weise gelang ein Einblick in die Rahmenbedingungen vor Ort, die dortigen Möglichkeiten und die verwendete Anreize.

4.1.2 Explorative qualitative Untersuchung mit Interviews

Zur weiteren Exploration des relevanten Feldes wurden Interviews mit verantwortlichen Managern durchgeführt. Dadurch wurde der Anwendungsbezug der Untersuchung gewährleistet. Hier soll die Fragestellung, die Zielgruppe, die Durchführung und das Ergebnis präsentiert werden.

Fragestellungen: Insgesamt zwei thematische Fragestellungen wurden bei den Interviews gestellt:
- Was denken Sie, welche Bedürfnisse Ihre Mitarbeiter haben und welche Anreize für Ihre Mitarbeiter wichtig sind?

– Welche Anreize werden in Ihrem Unternehmen für die Mitarbeiter eingesetzt und welche Effekte erzielen Sie damit?

Zusammengefasst: Welche Einstellungen haben die deutsche Unternehmen gegenüber ihren chinesischen Mitarbeitern – insbesondere zu deren Bedürfnissen? Wie motivieren sie ihre chinesischen Mitarbeiter?

Anhand des theoretischen Hintergrunds wurden bereits einige Fragekategorien und konkrete Fragen für die Interviews entwickelt. Diese Fragen orientierten sich an elf Dimensionen von Anreizen (siehe Kapitel 2.3 Anreize in deutschen Unternehmen). Dabei wurde bei den verschiedenen Anreizen erfragt: Werden diese überhaupt angeboten? Wenn ja, in welcher Form werden diese angeboten? Wie ist die Akzeptanz bei den Mitarbeitern? Welche Probleme treten auf? Welche Bedeutung wird den Anreizen beigemessen?

Auf Basis der Auseinandersetzung mit der Theorie und den praktischen Anforderungen wurde der Leitfaden für die Interviews weiterentwickelt und verbessert. Zudem wurde der Bezug zum Anwendungshintergrund und die Akzeptanz für Anreize bei den Verantwortlichen beleuchtet.

Zielgruppe und Stichprobe: Motivation ist nicht nur für Produktionsunternehmen bedeutsam, sondern auch für Dienstleistungsunternehmen. Im Vergleich zum Dienstleistungsunternehmen, die gerade erst in den chinesischen Markt eintreten, sind deutsche Produktionsunternehmen schon seit Jahren in China aktiv. Sie befassen sich daher schon entsprechend lange mit dem Thema Motivationsmanagement und Bindung der chinesischen Mitarbeiter. Insbesondere die hohe Fluktuation ist in vielen Unternehmen in China ein Problem. Um das Untersuchungsthema mit aktuellen Herausforderungen deutscher Unternehmen in China zu verbinden, wurden die Untersuchungen auf Produktionsunternehmen beschränkt. Ausdrücklich ausgeschlossen wurden Dienstleistungsunternehmen, kleine Unternehmen und deutsche Unternehmen mit nur einem Präsenzbüro in China.

Zwischen September und November 2004 wurden insgesamt neun Niederlassungen der deutschen Unternehmen in China und chinesisch-deutsche Joint Ventures in Peking und Shanghai untersucht. In diesen zwei Städten konzentrieren sich die deutschen Unternehmen. Schließlich wurden zwei große chinesische Unternehmen als Kontrollunternehmen zum Vergleich mit den deutschen Unternehmen in China aufgenommen.

Interviewt wurden General Manager, Personalleiter, Personalspezialisten und Personalmanager in deutschen Unternehmen in China und auch in chinesischen Unternehmen.

Durchführung und Ergebnisse: Innerhalb dieser elf Unternehmen wurden insgesamt siebzehn Interviews durchgeführt. Alle Interviews wurden in den Unternehmen durchgeführt und zwar mit offenen Fragen. Danach wurden die interviewten Personen gebeten, eine Rangfolge der Wichtigkeit der Anreize in ihren Unternehmen zu bilden und die Bedeutung für ihre Mitarbeiter einzuschätzen. Interviews mit deutschen Personalleitern und Personalmanagern wurden auf Deutsch durchgeführt. Auf Chinesisch wurden die Interviews mit chinesischen Personalleitern, Personalmanagern und Personalspezialisten durchgeführt. Unter Berücksichtigung der kulturellen Gewohnheiten wurde ein Diktiergerät als Hilfsmittel nur während der deutschsprachigen Interviews angewendet. Bei chinesischen Führungskräften wurden nur Interviewfragebogen sowie Papier und Stift als Hilfsmittel eingesetzt. Interviews, welche je zwei bis vier Stunden dauerten, wurden protokolliert.

Während der Interviews wurden die interviewten Personen gebeten, aus elf Anreizen die im Unternehmen eingesetzten Anreize zu wählen und eine Rangordnung nach Bedeutung anzugeben. Überraschend wurden jeweils alle Anreize von den interviewten Personen – Personalleiter und Personalmanager – als vorhanden gekennzeichnet, auch wenn ein Teil dieser Maßnahmen sich noch in der Planungsphase befand oder nur sehr rudimentär vorhanden war. Ein Grund dafür könnte sein, dass die Unternehmen sich als engagiert und als guter Arbeitgeber gegenüber Dritten (Wissenschaftler und Gesellschaft) präsentieren wollen. Oder sie zeigen sich offenbar engagiert in diesem Bereich. Grund dafür könnte die in vielen Unternehmen existierende hohe Fluktuation sein, welche zurzeit das größte Problem innerhalb der Personalarbeit in China ist. Auf dieser Basis wurden alle elf Anreizgruppen in den Fragebogen aufgenommen. Im Folgenden werden die drei wichtigsten Anreize dargestellt. Abbildung 14 zeigt, dass die Anreize – Führung durch direkte Vorgesetzte, Karriereentwicklung und Aufstiegschancen, Organisationsklima sowie das Einkommen als besonders wichtig betrachtet werden.

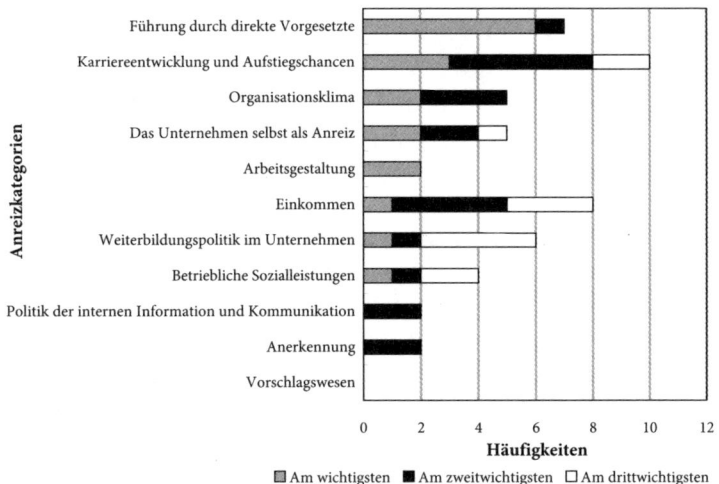

Abbildung 14: Bedeutungsbeimessung von Anreizkategorien durch das Management

4.1.3 Quantitative Untersuchung: schriftliche Befragung

Hier sind insbesondere die Fragestellungen, die Entwicklung des Fragebogens, Durchführung eines Pretests und die Durchführung der Hauptuntersuchung von Interesse.

Fragestellungen: Bei der Hauptuntersuchung wurden drei prinzipielle Kategorien von Fragen gestellt:

- Welche Anreize werden von chinesischen Mitarbeitern besonders gewünscht, wie ist der Soll-Zustand?
- Wie ist der Ist-Zustand der Anreize im Unternehmen und dessen Wahrnehmung durch die chinesischen Mitarbeiter?
- Gibt es Unterschiede zwischen dem beschriebenen Ist-Zustand der Anreize (Wahrnehmung der Mitarbeiter) und dem bewerteten Soll-Zustand der Anreize (Wünsche der Mitarbeiter)? Wie bedeutend sind sie gegebenenfalls?
- Welche Einfluss haben der Ist-Zustand der Anreize beziehungsweise die Differenz von Ist- und Soll- Zustand der Anreize auf Kriterien wie Arbeitsleistung, OCB, Identifikation, Loyalität, Fluktuationsneigung oder Zufriedenheit der chinesischen Mitarbeiter?
- Welchen Einfluss könnte der Soll-Zustand der Anreize auf Arbeitsverhalten, Arbeitsleistung, Identifikation, Loyalität, Fluktuationsneigung und Zufriedenheit der chinesischen Mitarbeiter haben? Zusammengefasst: Welche Anreize sind besonders wichtig und potenziell effektiv?

Entwicklung des Fragebogens: Der Fragebogen für die Hauptuntersuchung wurde ausgehend von den Ergebnissen der Interviews, dem theoretischen Hintergrund und Diskussionen mit Praktikern entwickelt. Die Schritte zur Entwicklung des Fragebogens waren: Entwicklung und Verbesserung der Fragekategorien und der konkreten Fragen für den Fragebogen, Diskussion mit Fachexperten sowohl aus dem wissenschaftlichen Bereich als auch aus der Praxis, Selektieren und Umformulieren der Items, Übersetzung, Rückübersetzung und schließlich Kontrolle der Items.

Auf Basis der Ergebnisse der durchgeführten Experteninterviews im Feld und dem theoretischen Hintergrund wurden bereits einige Fragekategorien und konkrete Fragen entwickelt. Diese Fragen orientierten sich an elf Dimensionen von Anreizen. Zudem wurden Fragen zu den relevanten Berufseinstellungen der chinesischen Mitarbeiter formuliert.

Darüber wurden mehrere Gespräche mit Wissenschaftlern und Praktikern geführt. Wichtige Punkte wie »Welche Fragen

führen zu Effekten der sozialen Erwünschtheit?« oder »Welche
Fragen sind wissenschaftlich relevant oder bedenklich?« wurden mit Wissenschaftlern diskutiert. Fragestellungen wie »Was
ist in der Praxis relevant und wichtig?« wurden mit Praktikern
besprochen. Entsprechend wurden Items selektiert oder um-
formuliert. Insgesamt wurden 191 Fragen formuliert.

Um die interkulturelle Objektivität zu gewährleisten, wurde
der Fragebogen insgesamt vier Mal vom Deutschen ins Chinesische und wieder zurückübersetzt. Als Kontrolle für die Zuverlässigkeit der Übersetzungen wurden Muttersprachler ausgewählt.

Letztlich wurde der Fragebogen noch von Repräsentanten der
chinesischen Zielgruppe korrekturgelesen, um die Verständ-
lichkeit zu gewährleisten. Insbesondere wurde darauf geachtet,
keine Fachsprache aus dem Personalwesen im Fragebogen zu
benutzen. Somit wurde sichergestellt, dass der Fragebogen von
jedem Mitarbeitern verstanden werden konnte.

Durchführen des Pretests: Da dieser Fragebogen auf einer explorativen Untersuchung basiert, wurde im Dezember 2004 in
China ein Pretest zur Prüfung der Zuverlässigkeit des Fragebogens durchgeführt. Insgesamt wurden dafür 130 Fragebögen
verteilt. 87 Fragebögen wurden zurückgeschickt. Die Rücklaufquote beläuft sich damit auf 67 Prozent.

Die befragten Personen des Pretests sollten aus der gleichen
Zielgruppe stammen, die dann für die Hauptuntersuchung ausgewählt wurde. »Stichprobe« waren daher Angestellte innerhalb
eines großen deutschen Hightech-Unternehmens in China. Sie
stammten aus zwei funktionalen Abteilungen, die auch der
Zielgruppe der Hauptuntersuchung entsprechen.

Nach dem Pretest wurde eine Analyse des Fragebogens durchgeführt. Faktorenanalysen (*Hauptkomponentenanalyse, Varimax
mit Kaiser-Normalisierung*) und Reliabilitätstests sind die zwei
wichtigsten Verfahren, um die Zuverlässigkeit und Güte des
Fragebogens zu bestimmen. Nach der Analyse wurden einige
Fragen gestrichen und andere modifiziert. Schließlich wurden
198 Fragen in die Endversion des Fragebogens aufgenommen.

Insgesamt erwies sich der Fragebogen als gut strukturiert und zuverlässig.

Durchführung und Stichprobe der Hauptuntersuchung: Nach dem Pretest wurde in Peking, Shanghai und Shen Zhen von Dezember 2004 bis März 2005 die Hauptuntersuchung durchgeführt. Um eine hohe Rücklaufquote zu sichern und das Problem der sozialen Erwünschtheit zu vermeiden, wurde der Fragebogen in Papierform im Unternehmen persönlich verteilt und zwei Tage später wieder persönlich eingesammelt. Diese Vorgehensweise sorgte für eine hohe Rücklaufquote. Die Befragung wurde anonym durchgeführt. Im Anschreiben an die Mitarbeiter wurde daher auch eingehend erläutert, dass diese Untersuchung rein wissenschaftlichen Zwecken dient und Anonymität sichergestellt ist. Dadurch sollten Angst und Verzerrungen der Antworten aus Gründen mangelnder Anonymität beseitigt werden.

Es wurden 1500 Fragebogen verteilt. Von diesen sind 1115 Fragebogen zurückgekommen. Die Feedbackquote liegt damit bei 74 Prozent. Insgesamt stammen 778 Fragebögen aus deutschen Unternehmen in China und 337 aus chinesischen Unternehmen.

Die untersuchten Personen sind fest angestellte chinesische Mitarbeiter in verschiedenen Funktionsstufen und Bereichen in großen deutschen und chinesischen Unternehmen in China. Die meisten von ihnen sind hoch qualifiziert Fachkräfte, die derzeit stark auf dem Arbeitsmarkt nachgefragt werden und daher gute Möglichkeiten haben, ihren Arbeitgeber zu wechseln. Es ist hier sinnvoll, die Zielgruppe sowohl nach ihren persönlichen demographischen Merkmalen als auch nach ihren Umweltbedingungen darzustellen.

Bei den demographischen Merkmalen wird zuerst das *Geschlechterverhältnis* angeführt. Hier findet sich 64 Prozent Männer. Da die Zielgruppe in Produktionsunternehmen und nicht in Dienstleistungsunternehmen erhoben wurde, ist es plausibel, dass die Zahl der männlichen Mitarbeiter wesentlich höher ist.

Als Nächstes wird die *Altersstruktur* der Stichprobe betrachtet.

Die Mitarbeiter in den untersuchten Unternehmen sind zu über 72 Prozent zwischen 26 und 35 Jahre alt. Es gibt nur 3,92 Prozent Mitarbeiter, die älter als 40 Jahre sind. Das zeigt auch die Arbeitskräftestruktur in China, die sich auf die junge Generation konzentriert. Die ältere Generation ist aufgrund der Gewohnheit in der Planwirtschaft und lebenslanger Beschäftigung in der Vergangenheit unfähig, auf dem Arbeitsmarkt zu konkurrieren.

Danach ist die *Bildung* der untersuchten Person zu betrachten. Am häufigsten sind Bachelor- und Masterabschlüsse. Nur 6 Prozent der Personen der gesamten Stichproben haben eine Lehre absolviert. Über 93 Prozent der Mitarbeiter haben einen Universitätsabschluss. Das Streben nach guter Bildung der Chinesen – wie in der Theorie schon diskutiert – wird hier nochmals bestätigt.

Da *Familienstand* und *Kinder* als persönliche Merkmale auch die Präferenz der Anreize beeinflussen können, werden sie auch hier berücksichtigt. Es zeigt sich eine gleichmäßige Verteilung zwischen ledigen und verheirateten Mitarbeitern. Da lose Lebensgemeinschaften in China noch nicht anerkannt sind, heiraten Chinesen früher als Europäer. Insgesamt haben nur 22 Prozent der befragten Mitarbeiter Kinder. Es zeigt sich mittelbar, dass sich die chinesischen Werte wesentlich verändert haben. Es ist nicht mehr die wichtigste Aufgabe im Leben, Kinder zu haben und zu erziehen.

Außer den persönlichen Merkmalen wurden auch die *Kontakte mit dem Ausland* als möglicher wichtiger Einflussfaktor für die Anreizpräferenz der chinesischen Mitarbeiter untersucht. Dabei zeigt sich, dass die meisten chinesischen Mitarbeiter keine Erfahrung mit dem Ausland haben. Insgesamt nur 12 Prozent der Mitarbeiter haben kurze Arbeitserfahrung im Ausland. Das spiegelt das Engagement für Integration der ausländischen Unternehmen in China wider. Sie versuchen, chinesische Mitarbeiter für eine Schulung oder Projektmitarbeit nach Deutschland zu schicken. Dadurch können die chinesischen Mitarbeiter die deutsche Kultur sowie Denk- und Arbeitsweise kennen lernen. Die Zusammenarbeit wird dadurch erleichtert.

Es ist interessant zu analysieren, ob Auslandserfahrung Anreizpräferenzen oder berufliche Einstellungen der chinesischen
Mitarbeiter beeinflusst.

Als relevante Umweltbedingungen für die untersuchten Personen wurden Nationalität der Unternehmen, Einkommen,
Funktionsstufe und die Dauer der Unternehmenszugehörigkeit erhoben. Insgesamt arbeiten 70 Prozent der untersuchten
Personen in deutschen Unternehmen in China. Die übrigen
30 Prozent arbeiten in chinesischen Unternehmen.[32]

Hinsichtlich der *Funktionsstufen im Unternehmen* zeigt sich,
das die Mehrheit der Befragten normale angestellte Mitarbeiter sind. Danach folgen Senior-Spezialisten mit 21 Prozent der
gesamten Stichprobe. Während der Befragung stellt sich her-
aus, dass viele chinesische Mitarbeiter generell denken, dass sie
geringere Aufstiegschancen in einem deutschen Unternehmen
haben. Dieser Eindruck stimmt mit den Daten überein. Deswegen kann davon ausgegangen werden, dass die Ergebnisse
der quantitativen Untersuchung für die untere Management-
ebene, Professional-Spezialisten und normale angestellte Mitarbeiter gültig sind, nicht aber für Top-Manager.

Die Untersuchung zeigt, dass Chinesen in deutschen Unternehmen im Vergleich zu solchen in chinesischen Unternehmen
weniger Positionen im Management bekommen haben. Das
stimmt auch mit Informationen überein, die aus der Feldforschung und Interviews gewonnen wurden.

Das *Jahreseinkommen der Mitarbeiter* kann nach Maslows
Bedürfnispyramide auch als Einflussfaktor für die Anreizpräferenz betrachtet werden. Hier zeigt sich, dass über 90 Prozent
der Mitarbeiter weniger als 156000 RMB[33] (ca. € 15600) im Jahr
verdienen. Im Vergleich zu den Lebenskosten verdienen sie damit sehr gut. Im Vergleich zu den anderen 10 Prozent der Mit-

---

32 Später wird auch innerhalb der Ergebnisdarstellungen deutlich,
ob die Mitarbeiter in deutschen und chinesischen Unternehmen sich
eindeutig anhand ihrer Anreizpräferenzen und beruflichen Einstellungen unterscheiden.

33 RMB ist die chinesische Währung.

arbeiter (verdienen mehr als 156.000 RMB) ist ihr Einkommen jedoch niedrig. Es ist daher auch interessant, später zu analysieren, ob dieser Faktor die beruflichen Einstellungen und Anreizpräferenz beeinflusst.

Die *Dauer der Unternehmenszugehörigkeit* kann als ein wichtiger Faktor für die Sozialisationsprozesse im Unternehmen betrachtet werden. In der Regel steigt mit der Länge der die Zugehörigkeit das Verständnis der Unternehmenskultur und für die Unternehmensziele. Es zeigt sich durch die Untersuchung, dass die Dauer der Unternehmenszugehörigkeit in China im Vergleich zu Deutschland kürzer ist. Mehr als 88 Prozent der Mitarbeiter bleiben fünf oder weniger Jahre im Unternehmen. Das stimmt mit den empirischen Daten des Beratungsunternehmens Hewitt (2004) überein, dass die chinesische Fluktuationsquote durchschnittlich bei über 10 Prozent beschreibt.

4.2 Operationalisierung der Variablen

Die Beschreibung der Operationalisierung beschränkt sich hier nur auf solche Variablen, die in die Auswertung einbezogen werden. Häufig werden die Variablen nicht auf Itemebene dargestellt, sondern komprimiert als Faktoren oder theoretisch gebildete Skalen. Die interne Konsistenz des Instruments und die Anzahl der mitgerechneten Personen wird berücksichtigt.

Die Darstellung der Variablen orientiert sich an der Reihenfolge im Fragebogen. In jedem Teil wurden auch negativ gepolte Fragen als Kontrollfragen eingebaut. Dadurch kann die Qualität der Daten erhöht werden. Der gesamte Fragebogen beinhaltet fünf Teile:

– Teil A beschreibt demographische Merkmale und die Umweltvariablen der Mitarbeiter.
– Teil B beinhaltet Fragen nach dem Ist-Zustand und dem Soll-Zustand der Anreize.
– In Teil C wird nach dem Ist-Zustand von Arbeitsleistung und Organizational Citizenship Behavior (OCB) anhand von Selbsteinschätzung gefragt.

– In Teil D werden Identifikation, Loyalität und Fluktuationsneigung erhoben.
– Schließlich wird in Teil E nach der Zufriedenheit der Mitarbeiter gefragt.

4.2.1 Demographische Merkmale und Umweltvariablen

Um einen Vergleich zwischen den untersuchten Personen zu
ermöglichen, war es nötig, Kriterien zu finden, die für spätere
demographische Analysen hilfreich sind. Anhand des theoretischen Modells sollten sowohl die persönlichen demographischen Merkmale wie Geschlecht, Alter, Familienstand,
Kinder, Ausbildung und Auslandserfahrung als auch die Umweltvariablen der Mitarbeiter wie Nationalität der Unternehmen, Funktionsstufen, Einkommen und Unternehmenszugehörigkeit als Fragen aufgenommen werden.

4.2.2 Ist-Zustand und Soll-Zustand von Anreizsystemen

Zur Erfassung von Ist-Zustand und Soll-Zustand der Anreiz-
systeme wurden zweimal dreiundsiebzig Fragen gestellt. Der
Fragebogen wurde auf Basis von explorativen Interviews und
der Theorie entwickelt. Sowohl theoretische als auch kulturelle
Faktoren wurden bei der Strukturierung und Formulierung der
Fragen berücksichtigt.
    In Anlehnung an die Arbeiten von Herzberg et al. (1959), von
Rosenstiel (1975, 1999a, 2003b), Elizur (1984), Hentze (1995),
Jung (2003) und Salvin (2005) wurde eine theoretische Basis für
die Skalen und Items des Anreizsystems entwickelt. Kulturelle
Besonderheiten wurden bei der Strukturierung und Formulierung der Fragen berücksichtigt. Insgesamt wurden dreiund-
siebzig Fragen zu Anreizen gestellt. Dabei erscheint eine Orientierung an Phasenmodellen psychologischen Arbeitens sinnvoll
(Schneewind, 1973; von Rosenstiel, 2003b, S. 20). Es sollten sowohl der Ist-Zustand der Anreize im Unternehmen als auch der

Soll-Zustand der Anreize (Wünsche der Mitarbeiter) erhoben werden. Durch Ermittlung der Differenz und jeweiligen Wirkungen könnten passende Strategien zur Optimierung der Anreizsysteme in Unternehmen entwickelt werden.

Eine Faktoranalyse (Hauptachsen-Faktoranalyse, Varimax mit Kaiser-Normalisierung, Eigenwerte >1, paarweiser Fallausschuss, kumulierte erklärte Varianz = 60 %) zeigt jeweils zwölf Faktoren bei Ist- und Soll-Zustand. Da der Schwerpunkt hier die Motivation der Mitarbeiter ist und nicht die tatsächliche Verknüpfung von Anreizen in den Unternehmen, ist hier die Faktoranalyse über den Soll-Zustand der Anreize entscheidend für die Struktur der Dimensionen. Die Items, deren absolute Werte >.30 sind, werden in Tabelle 1 dargestellt.

Die Fragen jeder Skala berücksichtigen sowohl die allgemeine theoretische Basis zu den jeweiligen Anreizen als auch die speziellen kulturellen Aspekte. Bei dem Ist-Zustand der Anreize wurde jeweils gefragt, wie gut der Anreiz im Unternehmen eingesetzt wird. Beim Soll-Zustand der Anreize wurde jeweils gefragt, wie wichtig der Anreiz für den Mitarbeiter persönlich ist. Alle Fragen wurden auf einer Fünferskala abgefragt (»1« = »trifft gar nicht zu« bis »5« = »trifft vollständig zu«).

Tabelle 1: Soll-Zustand der Anreize (Einstufung von Mitarbeitern)

Anreizfaktoren (Anzahl der Items) Interne Konsistenz der Skala (Anzahl der ausgewerteten Personen)	Formulierung der Fragen Einfluss des Anreizes auf Ihre Arbeitsmotivation (Wie wichtig ist der Anreiz für Sie, unabhängig von Ihrem jetzigen Unternehmen?) (Item-Nummer)
Einkommen (6) $\alpha = .89$ $(N_{\text{gültig}} = 925)$	Das Unternehmen bietet ein im Vergleich zum Markt überdurchschnittliches Gehalt. (40)
	Das Verhältnis von Grundgehalt und variablem Gehalt ist angemessen. (41)
	Das Verteilungsverhältnis der Prämien zwischen individuellem-, Gruppen- und Unternehmensbonus ist sinnvoll. (42)
	Die Transparenz des Gehaltssystems ist hoch. (43)

Anreizfaktoren (Anzahl der Items) Interne Konsistenz der Skala (Anzahl der ausge- werteten Personen)	Formulierung der Fragen Einfluss des Anreizes auf Ihre Arbeitsmotivation (Wie wichtig ist der Anreiz für Sie, unabhängig von Ihrem jetzigen Unternehmen?) (Item-Nummer)
	Überstunden werden gerecht bezahlt. (44) Das Gehaltsgefüge innerhalb des Unternehmens ist gerecht. (45)
Betriebliche Sozialleistungen (8) $\alpha = .92$ ($N_{gültig} = 919$)	Das Unternehmen zahlt ausreichende Zuschüsse zu den Wohnkosten. (46) Das Unternehmen zahlt ausreichende Zuschüsse zu den Transportkosten. (47) Das Unternehmen zahlt ausreichende Zuschüsse zur Krankenversicherung. (48) Das Unternehmen gewährt ausreichenden Urlaubs-anspruch. (49) Das Unternehmen zahlt ausreichende Zuschüsse für Kindersausbildung (z. B. Zuschüsse zu Kindergarten, Universität, Auslandsaustauschprogramm). (50) Das Unternehmen zahlt ausreichende Zuschüsse für Essenskosten. (51) Das Unternehmen bietet eine ausreichende Unter-nehmensrente. (52) Das Unternehmen organisiert interessante Abtei-lungsausflüge, die ein positives Arbeitsklima fördern und den Gruppenzusammenhalt verstärken. (53)
Karriereentwick-lung und Aufstiegs-chancen (7) $\alpha = .88$ ($N_{gültig} = 830^{*}$)	Das Unternehmen bietet generell gute Chancen für interne Entwicklung und den internen Aufstieg. (54) Das Unternehmen bietet den Mitarbeitern sehr gute Lernmöglichkeiten. (55) Job-Rotation wird zur Karriereentwicklung vom Unternehmen effektiv eingesetzt. (56)

* Der vermutete Grund, warum die gültige Anzahl für diese Skala viel kleiner als bei anderen Skalen ist, besteht darin, dass Chinesen in ausländischen Unter-nehmen in China mit ihrer Situation in diesem Bereich nicht zufrieden sind. Sie wollten aber nicht die eigene Unzufriedenheit zeigen oder negative Bewertungen äußern. Deswegen blieben diese Fragen offen.

Anreizfaktoren (Anzahl der Items) **Interne Konsistenz der Skala** (Anzahl der ausgewerteten Personen)	Formulierung der Fragen Einfluss des Anreizes auf Ihre Arbeitsmotivation (Wie wichtig ist der Anreiz für Sie, unabhängig von Ihrem jetzigen Unternehmen?) (Item-Nummer)
	Job-Enlargement und Job-Enrichment werden als Karriereentwicklung vom Unternehmen effektiv eingesetzt. (57) Mein Chef kennt meine Karrierewünsche und hilft mir, diese zu verfolgen. (59) Das Unternehmen definiert rationale und gerechte Kriterien für den Aufstieg. (60) Das Unternehmen bietet herausfordernde Arbeitsinhalte. (61)
Persönliche konkrete Weiterbildungsangebote (5) $\alpha = .88$ ($N_{gültig} = 920$)	Für das Unternehmen sind interkulturelle Schulungen für chinesische Mitarbeiter wichtig. (32) Es existieren passende Trainingsformen für unterschiedliche Arten der Weiterbildung (z. B. Training-on-the-job, Training bei externen Organisationen, externe Trainingsexperten). (33) Das Unternehmen bietet gute Sprachkurse. (34) Das Unternehmen bietet viele Informationen zur Fort- und Weiterbildung (z. B. durch Intranet, Informationshefte, E-Mail usw.). (35) Die Personalabteilung bietet effektive Beratung zur Fort- und Weiterbildung der Mitarbeiter. (36)
Weiterbildungspolitik im Unternehmen (4) $\alpha = .90$ ($N_{gültig} = 969$)	Es bestehen gleiche Chancen bei der Gewährung von Weiterbildungsmaßnahmen (z. B. Projektbedarf, individuelle Leistung, individuelle Wünsche). (28) Das Unternehmen bietet Weiterbildungsmöglichkeiten, in Abhängigkeit vom Bedarf des Unternehmens und des Potenzials der Mitarbeiter. (29) Das Unternehmen bietet ein vielfältiges und effektives Programm kurzfristiger Weiterbildungsmaßnahmen. (30) Langfristige Weiterbildung wird als wichtig betrachtet (z. B. MBA-Programm, Halbtagsprogramm zur Weiterbildung, Trainingsprogramm in Deutschland für ein halbes bis zwei Jahre). (31)

Anreizfaktoren (Anzahl der Items) Interne Konsistenz der Skala (Anzahl der ausge-werteten Personen)	Formulierung der Fragen Einfluss des Anreizes auf Ihre Arbeitsmotivation (Wie wichtig ist der Anreiz für Sie, unabhängig von Ihrem jetzigen Unternehmen?) (Item-Nummer)
Führung durch direkte Vorgesetzte (13) $\alpha = .93$ ($N_{gültig} = 860^{**}$)	Der Vorgesetzte hat eine hohe Fachkompetenz. (15) Der Vorgesetzte gibt rechtzeitig Feedback. (16) Der Vorgesetzte ermöglicht seinen Mitarbeitern einen großen Entscheidungsspielraum. (17) Der Vorgesetzte hat eine hohe Sozialkompetenz. (18) Der Vorgesetzte zeigt ein mitarbeiterorientiertes Managementverhalten. (19) Der Vorgesetzte hat großes Guan-Xi-Netzwerk im oberen Management bei der Arbeit. (20) Der Vorgesetzte hat einen offenen und flexibeln Führungsstil. (21) Der Vorgesetzte verhält sich mehr demokratisch als autoritär. (22) Der Vorgesetzte versteht und respektiert die chine-sische Kultur. (23) Das Management schafft ein gutes Arbeitsklima. (24) Der Vorgesetzte stellt die Problemlösung an erste Stelle, anstatt nach Problemursachen zu suchen, wenn seine Mitarbeiter etwas falsch bei der Arbeit gemacht haben. (25) Das Unternehmen bietet die Möglichkeit zur Beur-teilung der Führungskräfte. (26) Der Vorgesetzte hat klare Prinzipien für Belohnung und Kritik. (27)
Das Unternehmen selbst als Anreiz (6) $\alpha = .88$ ($N_{gültig} = 961$)	Das Unternehmen hat einen guten Ruf. (1) Das Unternehmen ist ein bekanntes Unternehmen in China. (2) Das Unternehmen verfolgt die richtige Entwick-lungsrichtung und hat eine angemessene Entwick-lungsgeschwindigkeit. (3)

** Vermutlich ist die gültige Anzahl für diese Skala relativ gesehen kleiner als andere Skalen, da Chinesen es noch nicht gewohnt sind oder sich nicht trauen, ihre Vorgesetzten zu evaluieren. Deswegen lassen viele diese Fragen offen.

Anreizfaktoren (Anzahl der Items) Interne Konsistenz der Skala (Anzahl der ausgewerteten Personen)	Formulierung der Fragen Einfluss des Anreizes auf Ihre Arbeitsmotivation (Wie wichtig ist der Anreiz für Sie, unabhängig von Ihrem jetzigen Unternehmen?) (Item-Nummer)
	Das Unternehmen hat gute Geschäftsergebnisse. (4) Das Unternehmen bietet mir einen sicheren Arbeitsplatz. (5) Das Unternehmen bietet ein gutes Einkommen. (6)
Organisationsklima (7) α = .88 ($N_{gültig}$ = 946)	Es bestehen gute Beziehungen zwischen den Kollegen. (7) Es bestehen gute Beziehungen zwischen den direkten Vorgesetzten und den Mitarbeitern. (8) Ich erhalte Unterstützung durch Kollegen und direkte Vorgesetzte bei der Arbeit. (9) Die Unternehmenskultur ist motivierend. (11) Die Kollegen teilen Information und Wissen miteinander. (12) Die Arbeitsmenge und die dafür vorgegebene Zeit passen (13) Die Kollegen haben gute Kommunikations- und Koordinierungsfähigkeiten bei der Teamarbeit. (14)
Institutionelles Anerkennungssystem (3) α = .83 ($N_{gültig}$ = 956)	Das Unternehmen setzt Leistungsbewertungssysteme zur Identifikation der Leistungsträger ein. (67) Der Vorgesetzte erkennt gute Leistung rechtzeitig an. (68) Das Unternehmen bietet ein Anerkennungssystem für sehr gute Leistungen (z. B. Preis für »bester Mitarbeiter des Jahres«, »bester Vertriebsbeauftragter« usw.) (69)
Vorschlagswesen (4) α = .93 ($N_{gültig}$ = 934)	Das Unternehmen bietet ein Vorschlagswesen. (70) Der Name des Vorschlagenden, dessen Vorschlag genehmigt wurde, wird in der Unternehmenspublikation bekannt gegeben. (71) Gute Vorschläge werden finanziell honoriert. (72) Gute Vorschläge werden offen und rational bewertet und im Unternehmen eingeführt. (73)

Anreizfaktoren (Anzahl der Items) Interne Konsistenz der Skala (Anzahl der ausgewerteten Personen)	Formulierung der Fragen Einfluss des Anreizes auf Ihre Arbeitsmotivation (Wie wichtig ist der Anreiz für Sie, unabhängig von Ihrem jetzigen Unternehmen?) (Item-Nummer)
Politik der internen Information und Kommunikation (3) α = .91 ($N_{gültig}$ = 977)	Das Unternehmen bietet viele Möglichkeiten für Mitarbeiter, Informationen über Unternehmenspolitik, -strategie, -kultur und das aktuelle Geschehen zu erhalten. (37) Für die Kommunikation der Information werden passende Kanäle benutzt (z. B. Projektsitzungen, Abteilungsmeetings, Informationsecke, Mitarbeitermagazin, Intranet usw.). (38) Die Mitarbeiter können sich über die Unternehmenspolitik, -strategie, -kultur und das aktuelle Geschehen im Unternehmen austauschen. (39)
Arbeitsplatz- und Arbeitszeitgestaltung (5) α = .82 ($N_{gültig}$ = 812***)	Die Größe, Klarheit der Struktur und Flexibilität der Projekte und Teamarbeit im Unternehmen sind passend. (62) Das Unternehmen bietet eine freundliche Atmosphäre an den Arbeitsplätzen (z. B. hell gestaltete Büros mit frischen Blumen, Kunst und Bildern). (63) Das Unternehmen bietet moderne Informationstechnologien bei der Arbeit. (64) Das Unternehmen bietet flexible Arbeitszeiten. (65) Das Unternehmen bietet Teilzeitarbeit für seine Mitarbeiterinnen. (66)

*** Der vermutete Grund, warum die gültige Anzahl für diese Skala relativ klein im Vergleich mit anderen Skalen ist, besteht darin, dass die flexible Gleitzeitregelung und Teilzeitkonzepte noch nicht in China eingeführt werden. Viele Mitarbeiter kennen diese Regelung daher gar nicht. Sie lassen deswegen ihre Beurteilung oder Wünsche zu dieser unbekannten Regelung weg.

Innerhalb des Soll-Zustandes können acht Faktoren jeweils den Hygienefaktoren des Zweifaktorenmodells von Herzberg zugeordnet werden. Diese sind Einkommen, betriebliche Sozialleistungen, Bildungspolitik im Unternehmen, Führung, das

Unternehmen selbst, Organisationsklima, Politik der internen Information und Kommunikation, Arbeitsplatz- und Arbeitszeitgestaltung. Die vier übrigen Faktoren lassen sich jeweils Motivatoren zuordnen (Karriereentwicklung und Aufstiegschancen, persönliche konkrete Weiterbildungsangebote, institutionelles Anerkennungssystem, Vorschlagswesen). Es ist wichtig zu beachten, dass die Dimension Fort- und Weiterbildungschancen im Unternehmen sich in der Faktoranalyse zu zwei Faktoren ausdifferenziert: persönliche konkrete Weiterbildungsangebote und Weiterbildungspolitik im Unternehmen. Der Faktor »persönliche konkrete Weiterbildungsangebote« ist eher ein Motivator. Der Faktor »Weiterbildungspolitik im Unternehmen« ist eher ein Hygienefaktor. Das unterstützt die Typisierung von Herzberg.

4.2.3 Arbeitsleistung und Organizational Citizenship Behavior

Innerhalb von Teil C wurden sechzehn Fragen nach der Selbsteinschätzung von Arbeitsleistung und Organizational Citizenship Behavior (OCB) gestellt. Außer zwei Kontrollfragen bauen diese Fragen auf Bögen zur Arbeitsleistung und OCB von Yang und Cheng (1989) auf. Diese wiederum haben sich aus den Fragebögen von Cascio (1978) zur Leistungsbeurteilung und den Fragebögen von Smith, Organ und Near zu OCB (1983) entwickelt.

Um die kollektivistische chinesische Kultur zu berücksichtigen, wurden alle Fragen von »Sie« (einzelne Person) zu »wir alle« oder »bei uns« verändert. Hier stellt sich die Frage, ob die Fragen mit »wir« oder »bei uns« nur ein selbstbeurteiltes kollektives Leistungsergebnis messen. Dadurch könnten diese Fragen zur Beschreibung kollektivistischer Leistungsergebnisse führen. Die individuelle Leistung der befragten Person könnte bei dieser Frage übergangen werden. Dann könnte eintreten, dass beispielsweise das gesamte Team gute Leistungen erbringt, aber die einzelne Person nicht. Dieses mögliche Problem ist je-

Tabelle 2: Ist-Zustand der Arbeitsleistung und OCB nach Selbsteinschätzung

Wie beurteilen Sie Leistung und Verhalten bei Ihnen selbst und Ihren Kollegen im Arbeitsalltag?	
Ist-Zustand der Arbeitsleistung nach Selbsteinschätzung (7) ($\alpha = .92$, $N_{gültig} = 830$)	Bei uns versteht jeder seine Aufgaben. Bei uns erledigt jeder seine Aufgaben fehlerfrei. Bei uns erledigt jeder seine Aufgaben rechtzeitig. Wir sind alle kompetent. Bei uns ist jeder immer bereit, zusätzliche Aufgaben zu übernehmen. Bei uns erledigt jeder zusätzliche Aufgaben sehr gut. Aufgrund der guten Leistung eines jeden von uns erreichen wir sicher die Gruppen- und Abteilungsziele.
Ist-Zustand von OCB nach Selbsteinschätzung (3) ($\alpha = .84$, $N_{gültig} = 903$)	Bei uns hat jeder eine sehr hohe Anwesenheitsquote. Bei uns telefoniert selten jemand privat am Arbeitsplatz. Bei uns versucht jeder das Gespräch sehr kurz zu halten, wenn er private Anrufe am Arbeitsplatz erhält.

doch unwahrscheinlich: Aufgrund der starken kollektiven Kultur identifizieren Chinesen sich mit der Gruppe. »Ich« wird häufig mit »wir« bezeichnet.[34] Dieses »wir« bedeutet häufig »ich«. Daher wurden die Fragen an den chinesischen Kontext angepasst.

Es wurde eine Beschreibung von Arbeitsleistung und OCB durchgeführt. Sieben Fragen wurden für die Selbsteinschätzung der Leistung gestellt. Sechs Fragen wurden für die Selbsteinschätzung von OCB gestellt. Durch Faktoranalyse wurden mehren Fragen aussortiert (Hauptachsen-Faktoranalyse, Vari-

---

34 Jemand, der häufig »ich« sagt, wird sehr negativ betrachtet.

max mit Kaiser-Normalisierung, Extraktion bei Eigenwerte >1, paarweiser Fallausschuss, kumulierte erklärte Varianz = 57 %). Die interne Konsistenz des Instruments zur Selbsteinschätzung der Leistung erwies sich als hoch (n = 7, α = .92, N = 830). Die interne Konsistenz des Instruments für die Selbsteinschätzung des OCB erwies sich als ausgezeichnet (n = 3, α = .84, N = 903).

Dabei fiel auf, dass die chinesischen Mitarbeiter aufgrund kultureller Besonderheiten mit der Selbsteinschätzung von Arbeitsleistung noch nicht so vertraut sind. In der Vergangenheit haben häufig nur Fremdbeurteilungen in China stattgefunden. Daher ist die Anzahl der auswertbaren Fragebögen in dieser Kategorie wesentlich kleiner als bei den anderen Kategorien.

Alle Fragen in Tabelle 2 wurden ebenfalls mit einer fünfstufigen Skala erhoben (»1« = »trifft gar nicht zu« bis »5« = »trifft vollständig zu«).

4.2.4 Identifikation, Loyalität und Fluktuationsneigung

Zur Erfassung des Commitments wurde vierzehn Fragen gestellt, davon sechs Frage zum »affective commitment« (Meyer u. Allen, 1991). Diese lassen sich Fragen aus Bögen zur Messung organisationaler Verbundenheit von Mowday, Steers und Porter (1979) zuordnen. Sie sind als Identifikation der Mitarbeiter mit dem Unternehmen zu bezeichnen. Die interne Konsistenz des Instruments erwies sich als ausgezeichnet (α = .84, N = 922). Drei Fragen wurden zum »normative commitment« (Meyer u. Allen, 1991) gestellt. Das »normative commitment« beinhaltet die Pflicht, loyal gegenüber dem Arbeitgeber sein zu müssen. Diese Loyalität entwickelt sich im Sozialisationsprozess innerhalb von Familienerziehung, Gesellschaft und Organisation. Auf Basis von Konfuzius wird Loyalität in China als normaler moralischer Standard betrachtet. Es wurde bereits bestätigt, dass aufgrund des starken kollektiven Charakters der Bevölkerung das »normative commitment« in China eine größere Rolle (z = 14.29, p < .001) im Vergleich zum eher individualistischen Kanada spielt (Cheng u. Stockdale, 2003). Die interne Konsistenz des Instruments erwies sich als befriedigend (α = .68, N = 927). Die Inhalte von »continuance commitment« sind das Investieren in das eigene Unternehmen (Kapitalanlagen) und die Verfügbarkeit von alternativen Arbeitsmöglichkeiten. Betriebsrente und Unternehmensbelegschaftsaktien werden in deutschen Unternehmen in China nicht angeboten. Es gibt keinen wirtschaftlichen Verlust für die Mitarbeiter, die ihre Arbeitgeber wechseln. Stattdessen bringt ein Jobwechsel häufig ein höheres Einkommen, da ein großer Bedarf von internationalen Unternehmen in China nach qualifizierten Fachkräften herrscht (Wong u. Law, 1999). Es wurde daher keine Frage zum »continuance commitment« gestellt.

Da die hohe Fluktuationsquote in China (> 10 % in vielen Branchen)[35] zurzeit ein aktuelles Problem für viele ausländische Investoren ist, wurde dieser Punkt explizit betrachtet. Insgesamt fünf Fragen wurden zur Fluktuationsneigung gestellt. Ähnliche Fragen zur Fluktuationsneigung wurden von Colarelli (1984) gestellt. Die interne Konsistenz des Instruments erwies sich als ausgezeichnet (α = .84, N = 879). Alle Fragen wurden ebenfalls mit einer fünfstufigen Rating-Skala erhoben (»1« = »trifft gar nicht zu« bis »5« = »trifft vollständig zu«).

Tabelle 3: Identifikation, Loyalität und Fluktuationsneigung

Welche von den Antworten passen zu Ihrer Situation am besten?	
»affective commitment« – Identifikation (6) (α = .84, $N_{gültig}$ = 922)	Ich erzähle meinen Freunden häufig, dass mein Unternehmen ein sehr guter Arbeitgeber ist.
	Ich nehme oft Unternehmensvorteile als meine persönlichen Vorteile wahr.
	Die Zukunft des Unternehmens ist mir sehr wichtig.
	Ob das Unternehmen sich gut entwickeln kann, ist davon abhängig, ob alle Mitarbeiter ihr Wissen und Können in die Arbeit investieren.

35 Die Zahlen stammen aus einer Studie zum Personalmarkt der Mercer (10/2004).

Welche von den Antworten passen zu Ihrer Situation am besten?

| | Ich bin der Meinung, wenn das Unternehmen eine gute Zukunft hat, habe ich sicher auch eine gute Zukunft. |
| | Ich empfehle meinen Freunden, Verwandten und ehemalige Mitstudenten mein Unternehmen als Arbeitgeber weiter, weil es ein gutes Unternehmen ist. |

»normative commitment« – Loyalität (3) ($\alpha = .68$, $N_{gültig} = 927$)	Ich habe häufig eine eigene Meinung zur Unternehmenspolitik oder Personalarbeit und ich sage meine Meinung auch offen. (*Hier wurde die chinesische Kultur berücksichtigt. In China ist es üblich, nur bei hoher Identifikation mit der Organisation die eigene Meinung zur Unternehmenspolitik zu äußern*).
	Ich bin bereit, mehr Stunden zu arbeiten, wenn es erforderlich ist und es dem Unternehmen hilft.
	Ich bin bereit, woanders hinzugehen, falls das Unternehmen dies entscheidet. Wichtig ist für mich, weiter bei diesem Unternehmen bleiben zu können.

Fluktuationsneigung* (5) ($\alpha = .84$, $N_{gültig} = 879$)	Ich bin enttäuscht von meinem Unternehmen.
	Sobald ich eine gute Arbeitsstelle in einem anderen Unternehmen finden kann, werde ich diese Firma verlassen.
	Ich lese ab und zu Stellengesuche und -angebote in der Zeitung und im Internet.
	Es war keine gute Entscheidung, dass ich zu diesem Unternehmen gekommen bin und hier angefangen habe zu arbeiten.
	Ich bin der Meinung, dass ich keine gute Zukunft haben werde, wenn ich weiter in diesem Unternehmen arbeite.

---

* Um eine einheitliche Richtung von Items und Dimensionen zu erhalten, wurde diese Dimension umgepolt. Die Daten wurden umgerechnet. Daher wurde diese Dimension in den weiteren Analysen niedrige Fluktuationsneigung genannt.

4.2.5 Zufriedenheit

Zahlreiche Publikationen behandeln entweder theoretisch oder empirisch die Zufriedenheit der Mitarbeiter im Allgemeinen oder im spezifischen kulturellen Kontext (Herzberg et al. 1959; Neuberger, 1974a, 1974b; von Rosenstiel, 1975; Luo, Wei, Chen u. Pan, 1991; Jiang, Hall, Loscocco u. Allen, 1995; Testa, Mueller u. Thomas, 2003; Salvin, 2005). Nach Nerdingers Ansatz (1995) wird die Arbeitszufriedenheit sowohl von affektiven Bewertungsreaktionen, dem Maß der Bedürfnisbefriedigung, (aufgehobener) Soll-Ist-Differenz und der Einstellung zu verschiedenen Aspekten der Arbeit determiniert. Es wurde hier in Tabelle 4 nach der Zufriedenheit der Mitarbeiter mit dem jeweiligen Ist-Zustand der einzelnen Anreizdimensionen gefragt. Somit wurden insgesamt elf Fragen zur Zufriedenheit gestellt. Die Frage zur Unternehmensweiterbildung wurde später wegen der Ergebnisse der Faktoranalyse auf zwei Fragen erweitert. Alle Fragen haben eine fünfstufige Rating-Skala (»1« = »trifft gar nicht zu« bis »5« = »trifft vollständig zu«). Die interne Konsistenz des Instruments erwies sich als sehr hoch ($\alpha = .91$, $N_{gültig} = 805$).

Tabelle 4: Zufriedenheit der Mitarbeiter mit den Anreizen

Ihre Zufriedenheitsgrad mit den Anreizen
Ich bin mit meinem Unternehmen zufrieden.
Ich bin mit dem Organisationsklima zufrieden.
Ich bin mit der Führung meines Vorgesetzten zufrieden.
Ich bin mit den Weiterbildungschancen (persönliche konkrete Weiterbildungsangebote und Weiterbildungspolitik im Unternehmen) zufrieden.
Ich bin mit der Politik der internen Information und Kommunikation im Unternehmen zufrieden.
Ich bin mit dem Gehaltssystem im Unternehmen zufrieden.
Ich bin mit den betrieblichen Sozialleistungen im Unternehmen zufrieden.

Ich bin mit der Karriereentwicklung und den Aufstiegschancen im Unternehmen zufrieden.

Ich bin mit der Arbeitsplatz- und Arbeitszeitgestaltung innerhalb meiner Tätigkeiten zufrieden.

Ich bin mit dem institutionellen Anerkennungssystem im Unternehmen zufrieden.

Ich bin mit dem Vorschlagswesen im Unternehmen zufrieden.

5 Ergebnisse und Praxisanwendung

Die Darstellung der empirischen Ergebnisse erfolgt anhand des theoretischen Modells.

1. Zunächst wird die Anreizpräferenz der chinesischen Mitarbeiter dargestellt (Kap. 5.1).
2. Danach wird die Wahrnehmung der Ist-Anreize bei chinesischen Mitarbeitern analysiert (Kap. 5.2). Dabei wird zunächst die Bewertung der Ist-Anreize präsentiert (Kap. 5.2.1). Zweitens wird die Korrelation zwischen dem Ist-Zustand und dem Soll-Zustand der Anreize beschrieben (Kap. 5.2.2). Ein Vergleich zwischen chinesischen Unternehmen und deutschen Unternehmen in China folgt (Kap. 5.2.3).
3. Im Weiteren wird die Diskrepanz zwischen Soll-Anreizen und Ist-Anreizen betrachtet (Kap. 5.3).
4. Daraufhin werden die globalen Zusammenhänge zwischen Ist-Anreizen und beruflichen Einstellungen überprüft (Kap. 5.4).
5. Danach wird die Anreizpräferenz operationalisiert. Eine Clusteranalyse wird durchgeführt, um zu erfahren, ob chinesische Mitarbeiter sich anhand ihrer Anreizpräferenz unterscheiden lassen (Kap. 5.5).
6. Anschließend wird die Sensibilität der jeweiligen Motivationstypen für die Anreize untersucht (Kap. 5.6). Dabei werden drei Schritte unterschieden: Zum Ersten wird die generelle Sensibilität der verschiedenen Motivationstypen für Anreize beschrieben (Kap. 5.6.1). Zweitens wird die Sensibilität für spezifische Anreize bei den Motivationstypen dargestellt (Kap. 5.6.2). Drittens erfolgt eine Darstellung von besonders wichtigen Anreizen für die einzelnen Kriterien (Kap. 5.6.3).
7. Schließlich wird die Identifizierung von Motivationstypen (Kap. 5.7) behandelt.

5.1 Anreizpräferenzen

Die Mittelwerte der Anreizpräferenzen verdeutlichen, welche Anreize sich chinesische Mitarbeiter wünschen (Abbildung 15). Grob können hier drei Gruppen unterschieden werden. Dabei können drei Anreize einer Gruppe mit den höchsten Werten, drei Anreize einer Gruppe mit den niedrigsten Werten und die restlichen Anreize einer Gruppe mit mittleren Werten zugeordnet werden.

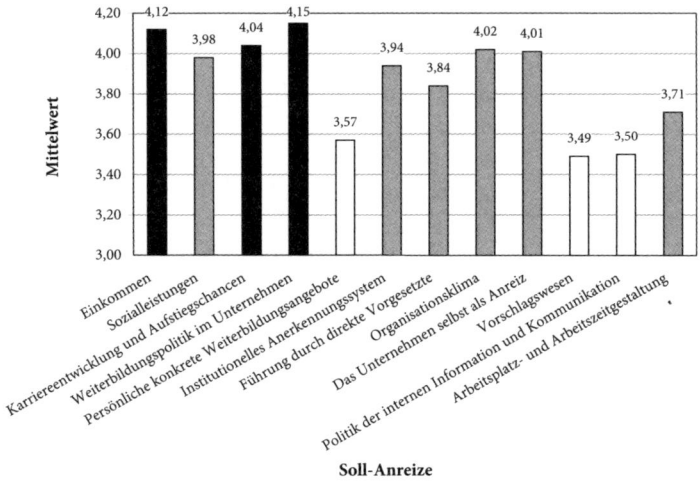

Abbildung 15: Anreizpräferenz der chinesischen Mitarbeiter (N = 999)

Die *erste Gruppe* beinhaltet die drei am stärksten gewünschten Anreize »Weiterbildungspolitik im Unternehmen«, »Einkommen« sowie »Karriereentwicklung und Aufstiegschancen«.

Die Ergebnisse stimmen mit den bereits geschilderten chinesischen Werthaltungen überein. Seit der Wirtschaftsexpansion und Einführung der Marktwirtschaft sind Chinesen im Allgemeinen verstärkt materiell orientiert. Die Präferenz einer guten »Weiterbildungspolitik« spiegelt die langfristig orientierte und bildungsorientierte Tradition der Chinesen wider. Es ist wichtig, hier den Unterschied zwischen zwei Dimensionen zu betonen: Im Vergleich zur Dimension »persönliche konkrete Weiterbildungsangebote« ist die Dimension »Weiterbildungspolitik im Unternehmen« durch die aktive Seite des Unternehmens geprägt. Mitarbeiter stehen bei dieser Dimension dem Unternehmen gegenüber als »passive Empfänger«. Daher sind die Präferenzen bei diesen zwei Dimensionen auch unterschiedlich. Danach folgen Wünsche nach »Karriereentwicklung und Aufstiegschancen«. Das erklärt sich durch die Macht- und Karriereorientierung der Chinesen. Ein Grund dafür kann sein, dass chinesische Mitarbeiter weniger Möglichkeiten haben, Macht zu erlangen und Karriere zu machen, und aus diesem Mangel der Wunsch entsteht. Auf der anderen Seite kann es aber auch sein, dass derartige Möglichkeiten aufgrund der Marktwirtschaft gestiegen sind. Nach der VIE-Theorie ist die Motivation chinesischer Mitarbeiter für die Karriereentwicklung und Aufstiegschancen hoch, da die Erwartung, aufsteigen zu können, steigt.

Die *zweite Gruppe* von Anreizen weist mittelstark ausgeprägte Präferenzen auf. Sie beinhaltet »Organisationsklima«, »das Unternehmen selbst als Anreiz«, »Sozialleistungen«, »institutionelles Anerkennungssystem«, »Führung durch direkte Vorgesetzte« und »Arbeitsplatz- und Arbeitszeitgestaltung«.

Die Wünsche nach »Organisationsklima«, »das Unternehmen selbst als Anreiz« und »Sozialleistungen« spiegeln den traditionellen kollektivistischen Charakter der Chinesen wider. Der relativ starke Wunsch nach einem institutionellen Anerkennungssystem zeigt die extrinsische Motivation und »Mian-Zi«-Orientierung der Chinesen. Der Anreiz »Führung durch direkte Vorgesetzte« wird als nicht so wichtig für die Motivation chinesischer Mitarbeiter betrachtet. Das zeigt einen eindeutigen Unterschied zwischen China und Deutschland, wo die Führungsqualität meist als sehr wichtig betrachtet wird. Diese Dimension wurde anhand der transformationellen Führungspraxis operationalisiert. Sie beinhaltet einen typisch demokratischen und kooperativen Führungsstil auf. Das könnte der Grund für den niedrigeren geäußerten Wunsch sein. Dieser westliche Führungsstil entspricht nicht der Erwartung der chi-

nesischen Mitarbeiter. Die geringe Wichtigkeit von »Arbeits-
platz- und Arbeitszeitgestaltung« zeigt, dass die chinesischen
Mitarbeiter derzeit noch weniger auf die Qualität ihrer Ar-
beitsumgebung achten und geringere Ansprüche haben.

Die *dritte Gruppe* beinhaltet die am wenigsten gewünschten
Anreize von chinesischen Mitarbeitern. Sie umfasst »persönliche konkrete Weiterbildungsangebote«, die »Politik der internen Information und Kommunikation« und das »Vorschlagswesen«.

Dieses Ergebnis kann man dadurch erklären, dass die chinesischen Mitarbeiter noch nicht so weit wie die deutschen Mitarbeiter entwickelt sind, die häufiger nach Partizipationsmöglichkeiten bei Entscheidungen suchen. Die typische nationale
Kultur mit hoher Machtdistanz und Hierarchieorientierung
verursacht einen niedrigeren Bedarf an Selbstständigkeit und
Partizipation und dafür benötigter Information und Kommunikation. Die Dimension »persönliche konkrete Weiterbildungsangebote« wurde mit starker Betonung selbstgesteuerter Suche
nach Lernmöglichkeiten operationalisiert. Die Information und
Beratung, verschiedene Trainingsformen sowie die Möglichkeit,
die interkulturellen und sprachlichen Fähigkeiten für die Zusammenarbeit zu erwerben, fordern Selbstständigkeit, Selbstbewusstsein und Selbstinitiative. Diese Faktoren sind nach tra-
ditionell chinesischem Erziehungsstil nicht vorhanden. Daher
werden diese Anreize von den Mitarbeitern offenbar kaum gewünscht.

Ergebnisse und Empfehlung

Die drei Gruppen der Anreizpräferenzen von chinesischen Mitarbeitern spiegeln deutlich die Werthaltungen der Chinesen wider, die zuvor beschrieben wurden.
Daraus lässt sich Folgendes für ausländische Investoren in China
ableiten: Anreizsysteme sollten orientiert an den in dieser Arbeit
angeführten chinesischen Werthaltungen gestaltet werden.

5.2 Wahrnehmung von Ist-Anreizen

Zunächst sollen im Folgenden die Ist-Anreize bewertet werden. Zweitens wird die Korrelation zwischen dem Ist-Zustand und dem Soll-Zustand der Anreize beschrieben. Schließlich wird die Korrelation zwischen Ist-Zustand in chinesischen Unternehmen und in deutschen Unternehmen in China verglichen.

5.2.1 Bewertung der Ist-Anreize

Es ist sinnvoll, auch die Bewertung der Ist-Anreize von chinesischen Mitarbeitern zu betrachten. Das subjektive Bewerten von objektiven Gegebenheiten im Unternehmen hat zwei Perspektiven. Auf der einen Seite präsentieren die Ergebnisse die tatsächlichen Gegebenheiten im Unternehmen. Auf der anderen Seite wird dieses Ergebnis von der subjektiven Wahrnehmung gefiltert. Daher sollten die Ergebnisse auch aus diesen zwei Perspektiven betrachtet werden.

Wie beim Soll-Zustand können grob drei Gruppen unterschieden werden. Dabei können drei Anreize einer Gruppe mit hohen Werten, drei Anreize einer Gruppe mit niedrigen Werten und die restlichen Anreize einer Gruppe mit mittleren Werten zugeordnet werden (Abbildung 16).

Die *erste Gruppe* wurde von chinesischen Mitarbeitern am höchsten bewertet. Abbildung 16 zeigt, dass »das Unternehmen selbst als Anreiz«, »Organisationsklima« und »Führung durch direkte Vorgesetzte« zur ersten Gruppe gehören. Es kann geschlossen werden, dass die Unternehmen diesen Wunsch entsprechend berücksichtigt haben.

Eine *zweite Gruppe* von Anreizen wurde von chinesischen Mitarbeitern als mittelmäßig umgesetzt bewertet. »Vorschlagswesen«, »Politik der internen Information und Kommunikation«, »Sozialleistungen«, »institutionelles Anerkennungssystem«, »Weiterbildungspolitik im Unternehmen« und »Arbeitsplatz- und Arbeitszeitgestaltung« können dieser Gruppe zugeordnet werden.

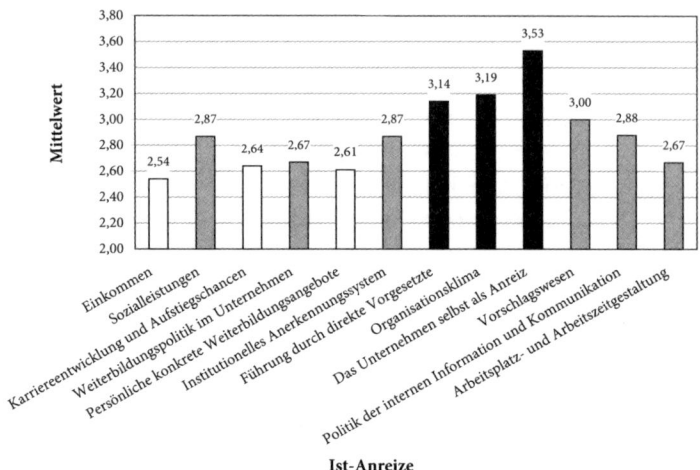

Abbildung 16: Bewertung der Ist-Anreize durch die chinesischen Mitarbeiter (N = 999)

Die *dritte Gruppe* von Anreizen wurde am niedrigsten bewertet. Abbildung 16 zeigt, dass »Einkommen«, »persönliche konkrete Weiterbildungsangebote« und »Karriereentwicklung und Aufstiegschancen« als am niedrigsten umgesetzt bewertet wurden.

Das Ergebnis ist aus zwei Perspektiven zu interpretieren: Das Unternehmen bietet tatsächlich kein durchdachtes Einkommenssystem sowie kein System für »Karriereentwicklung und Aufstiegschancen« an oder die entsprechenden Regelungen und Maßnahmen entsprechen nicht den Erwartungen der Mitarbeiter. Hier wird ein eindeutiges Defizit der Übereinstimmung von Soll- und Ist-Zustand deutlich.

Der Anreiz »persönliche konkrete Weiterbildungsangebote« wurde von den chinesischen Mitarbeitern als nicht wichtig angesehen. Daraus kann man schließen, dass der niedrige Ist-Wert des Anreizes eine reale Unternehmensgegebenheit zeigt.

5.2.2 Korrelation zwischen Ist-Anreizen und Soll-Anreizen

Meist wird von einer theoretischen Unabhängigkeit der Ist-Werte von den Soll-Werten ausgegangen. Eine empirische Überprüfung zeigt, dass dem nicht so ist: Sämtliche Ist- und Soll-Werte korrelieren positiv miteinander. Die meisten der Werte sind zudem signifikant, jedoch relativ niedrig. Die vier höchsten Werte sind in Tabelle 5 angeführt.

Tabelle 5: Korrelation zwischen Ist-Anreizen und Soll-Anreizen (N = 999 bei gesamten Stichproben)

Korrelation zwischen Ist- und Soll-Anreizen	Institutionelles Anerkennungssystem	Führung durch direkte Vorgesetzte	Organisationsklima	Das Unternehmen selbst als Anreiz
Institutionelles Anerkennungssystem	0,24	0,21	0,18	0,17
Führung durch direkte Vorgesetzte	0,18	0,28	0,22	0,22
Organisationsklima	0,24	0,26	0,26	0,25
Das Unternehmen selbst als Anreiz	0,21	0,28	0,27	0,36

Nur vier von zwölf Anreize korrelieren mittelmäßig bei Ist- und Soll-Wert (Korrelation höher als 0,20, signifikant). Das sind »das Unternehmen selbst als Anreiz«, »Führung durch direkte Vorgesetzte«, »Organisationsklima« und »institutionelles Anerkennungssystem« – alle Anreize des organisatorischen Umfeldes (von Rosenstiel, 1975).

Die Zusammenhänge von Ist- und Soll-Werten können durch mehrere Einflüsse erklärt werden:
– Mitarbeiter selektieren ihr Umfeld bereits nach ihren Bedürfnissen.

- Mitarbeiter können auf diese Anreizdimensionen teilweise selbst Einfluss ausüben.
- Unternehmen reagieren auf die Anforderungen ihrer Mitarbeiter.

Tatsache ist jedoch, dass der Zusammenhang zwischen den Soll-Werten und den tatsächlichen Bedingungen vor Ort relativ niedrig ist. Das bedeutet, die Unternehmen reagieren kaum flexibel auf die individuellen Wünsche der Mitarbeiter. Es gibt also erheblichen Optimierungsbedarf bei der Anreizgestaltung. Weil der aktuelle Arbeitsmarkt in China sehr lebendig ist, versuchen chinesische Mitarbeiter ihr Umfeld zu selektieren und zu beeinflussen. Das kann der Grund sein, warum eine hohe Fluktuationsquote in vielen Branchen in China besteht.

5.2.3 Vergleich von chinesischen und deutschen Unternehmen

Ebenso ist es sinnvoll, zu erforschen, ob chinesische und deutsche Unternehmen sich anhand der Korrelation von Ist- und Soll-Werten voneinander unterscheiden. Daher wird die Korrelation zwischen Ist-Anreizen und Soll-Anreizen innerhalb der deutschen und chinesischen Stichproben getrennt dargestellt.

Das Ergebnis zeigt, dass sich die deutschen und chinesischen Unternehmen hier bei fünf Anreizen unterscheiden: Diese Anreize sind »Einkommen«, »Karriereentwicklung und Aufstiegschancen«, »Weiterbildungspolitik im Unternehmen«, »das Unternehmen selbst als Anreiz« und »Vorschlagswesen«. Chinesische Unternehmen scheinen bei Anreizen wie »Einkommen«, »Karriereentwicklung und Aufstiegschancen«, »das Unternehmen selbst als Anreiz« etwas besser an die individuellen Bedürfnisse angepasst zu sein. Das bedeutet, dass chinesische Unternehmen diese drei Anreize offenbar besser als deutsche Unternehmen in China gestalten. Dagegen ist in chinesischen Unternehmen die »Weiterbildungspolitik im Unternehmen« und das »Vorschlagswesen« etwas geringer mit den Wünschen der Mitarbeiter korreliert. In diesem Punkt zeigt sich eine Schwäche von chinesischen Unternehmen.

Ergebnisse und Empfehlungen

Der sehr geringe Zusammenhang zwischen individuellen Wünschen und tatsächlichen Bedingungen vor Ort zeigt, dass Unternehmen ihre Anreize nicht zielgruppenorientiert gestalten. Daraus lässt sich folgende Empfehlung für Unternehmen in China ableiten: Es besteht ein deutlicher Nachholbedarf für die Personalarbeit. Anreizsysteme sollten sich noch wesentlich stärker an den Bedürfnissen der Mitarbeiter orientieren. Das betrifft sowohl deutsche Unternehmen, die in China aktiv sind, als auch dort ansässige Unternehmen.

5.3 Diskrepanz zwischen Soll-Zustand und Ist-Zustand

Anhand der Diskrepanz zwischen Soll-Zustand und Ist-Zustand kann untersucht werden, welche Anreize von den Mitarbeitern besonders gewünscht, aber nicht ausreichend von Unternehmen beachtet werden.

In Abbildung 17 zeigt sich, dass sich die Diskrepanzen der Anreize grob in drei Klassen differenzieren lassen. Dabei können drei Anreize einer Gruppe mit den höchsten Werten, drei Anreize einer Gruppe mit den niedrigsten Werten und die restlichen Anreize einer Gruppe mit mittleren Werten zugeordnet werden.

Es wird erstens deutlich, dass bei »Einkommen«, »Weiterbildungspolitik im Unternehmen« und »Karriereentwicklung und Aufstiegschancen« ein starkes Defizit besteht. Wie bereits erläutert, werden diese drei Anreize auch am stärksten gewünscht. Grund für diese große Diskrepanz ist vermutlich einerseits, dass die Mitarbeiter größere Ansprüche bei diesen drei Anreizen haben. Andererseits haben die Unternehmen vermutlich gerade hier begrenzte Ressourcen und sind daher bei der Gestaltung sehr eingeschränkt. Entsprechend zeigt Abbildung 16, dass die Anreize auch einen niedrigen Ist-Zustand haben.

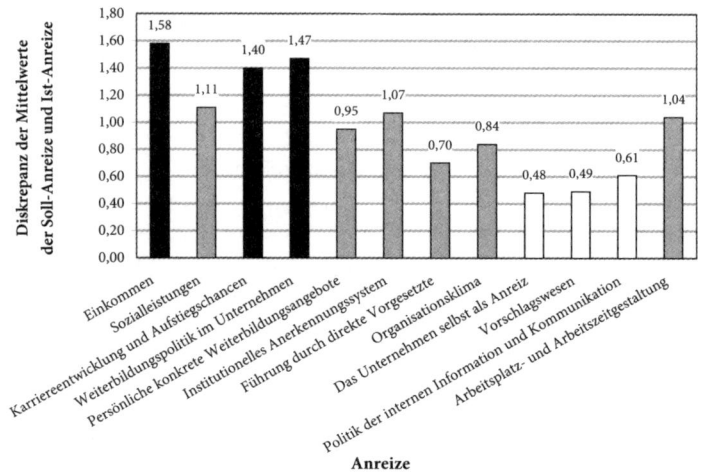

Abbildung 17: Diskrepanz zwischen Soll-Anreizen und Ist-Anreizen (N = 999)

Ein relativ hohes Defizit besteht zweitens bei »Sozialleistungen«, »institutionellem Anerkennungssystem«, »Arbeitsplatz- und Arbeitszeitgestaltung«, »persönlichen konkrete Weiterbildungsangeboten«, »Organisationsklima« und »Führung durch direkte Vorgesetzte«. Diese sechs Anreize werden auch mittelmäßig gewünscht. Nur der Anreiz »persönliche konkrete Weiterbildungsangebote« wurde weniger gewünscht. Wie bereits gezeigt werden diese sechs Anreize als ganz unterschiedlich stark umgesetzt bewertet.

Eine dritte Klasse von Anreizen zeigt schließlich eine nur sehr geringe Diskrepanz zwischen Soll-Zustand und Ist-Zustand. Sie beinhaltet die Anreize »Politik der internen Information und Kommunikation«, »Vorschlagswesen« und »das Unternehmen selbst als Anreiz«. Offenbar haben diese drei Anreize die Erwartungen der Mitarbeiter am besten erfüllt.[36] Ein Blick auf Ab-

---

36 Ein anderer Grund für dieses Ergebnis – niedrige Ansprüche der Mitarbeiter – wurde bereits behandelt. Hier wird daher nicht nochmals darauf eingegangen.

bildung 16 zeigt, dass die Anreize als relativ unwichtig von den Mitarbeitern betrachtet und andererseits im Unternehmen gut umgesetzt werden.

Offenbar haben die chinesischen Werthaltungen diese Ergebnisse mitbestimmt. Die aktuelle stark geprägte materielle Orientierung und die Leistungsorientierung, traditionelle Bildungs- und Aufstiegsorientierung können die hohen Ist-Soll-Diskrepanzen bei den entsprechenden Anreizkategorien erklären. Dem geschwächten Kollektivismus und der reduzierten extrinsischen Orientierung entsprechen mittelmäßige Diskrepanzen zwischen Soll- und Ist-Zustand der sozialen Anreize und der Anreize des organisatorischen Umfeldes.

Ergebnisse und Empfehlungen

Daraus lässt sich eine wichtige Information für Unternehmen in China ableiten: Die Unternehmen sollten – neben der Perspektive der Kosten – ihre Anreizsysteme an den Werthaltungen der chinesischen Mitarbeiter ausrichten.
Besondere Defizite zeigen sich bei Einkommen, Karriereentwicklung und Aufstiegschancen sowie der Weiterbildungspolitik im Unternehmen.

5.4 Globale Zusammenhänge zwischen Ist-Anreizen und beruflichen Einstellungen

Im Weiteren soll anhand des theoretischen Modells der globale Zusammenhang zwischen den Ist-Anreizen[37] und beruflichen Einstellungen überprüft werden. Die Zusammenhänge sind in Tabelle 6 zusammengefasst.

---

37 Da Ist- und Sollwert miteinander korrelieren und nicht voneinander unabhängig sind, wird eine Analyse der Zusammenhänge zwischen Ist-Soll-Diskrepanz und Kriterien hier nicht dargestellt. Die Zusammenhänge sind dort nicht eindeutig erkenn- und interpretierbar. Das Gleiche gilt auch für Zusammenhänge zwischen Soll-Anreizen und Kriterien.

Tabelle 6: Hierarchische Regressionsanalyse der gesamten Ist-Anreize auf die beruflichen Einstellungen, gültige Prozent N = 811

Ist-Anreize auf die beruflichen Einstellungen	Leistung	OCB	Identifikation	Loyalität	Geringe Fluktuations-neigung	Zufriedenheit
R^2	,30	,18	,33	,20	,10	,60
F (12,811)	28,30***	14,34***	33,02***	16,56***	7,32***	103,07***

Es zeigt sich, dass außer »Fluktuationsneigung« alle Dimensionen von beruflichen Einstellungen hohe Zusammenhänge mit den Ist-Anreizen haben. Besonders hoch ist der Zusammenhang zwischen Ist-Anreizen und Zufriedenheit. Zudem zeigen die Ist-Anreize auch hohe Zusammenhänge mit der Leistung und der Identifikation. Insgesamt bestätigt diese Tabelle die Annahme 2 im Modell (Abbildung 12). Ein positiver signifikanter Zusammenhang besteht zwischen Ist-Anreizen und beruflichen Einstellungen.

Es ist ebenfalls sinnvoll, die Korrelationen zwischen einzelnen Dimensionen der Anreize und Aspekten der beruflichen Einstellung zu betrachten.

In Tabelle 7 sind die Korrelationen bei Leistung, Identifikation und Loyalität deutlich erkennbar (über ,30). Bei Zufriedenheit sind sie noch höher ausgeprägt.[38] Bei OCB und der Fluktuationsneigung sind die Korrelationen relativ niedrig. Das Ergebnis stimmt mit den hierarchischen Regressionsanalysen der gesamten Anreize auf die beruflichen Einstellungen überein.

---

38 Einige sind mit über .6 als stark zu bewerten.

Motivationstypen   185

Tabelle 7: Korrelation zwischen einzelnen Dimensionen der Ist-Anreize und beruflichen Einstellungen

Korrelation R	Leistung	OCB	Identifikation	Geringe Fluktuations-neigung	Loyalität	Zufriedenheit
Einkommen	0,31	0,11	0,38	0,20	0,27	0,59
Sozialleistungen	0,32	0,15	0,34	0,14	0,23	0,51
Karriereentwicklung und Aufstiegschancen	0,40	0,24	0,47	0,23	0,38	0,69
Weiterbildungspolitik im Unternehmen	0,30	0,12	0,34	0,13	0,26	0,54
Persönliche konkrete Weiterbildungsangebote	0,30	0,13	0,34	0,08	0,27	0,53
Institutionelles Anerkennungssystem	0,38	0,27	0,39	0,22	0,33	0,55
Führung durch direkte Vorgesetzte	0,48	0,34	0,47	0,23	0,34	0,61
Organisationsklima	0,46	0,28	0,47	0,24	0,34	0,63
Das Unternehmen selbst als Anreiz	0,31	0,19	0,44	0,20	0,29	0,50
Vorschlagswesen	0,32	0,28	0,31	0,13	0,25	0,44
Politik der internen Information und Kommunikation	0,30	0,17	0,31	0,11	0,24	0,47
Arbeitsplatz- und Arbeitszeitgestaltung	0,35	0,16	0,33	0,11	0,29	0,51

5.5 Operationalisierung der Anreizpräferenzen: Motivationstypen

Wie schon dargestellt wurde, können Organisationsmitglieder aus verschiedenen Perspektiven klassifiziert werden. Daher stellt sich die Frage: Können sie auch nach ihren Anreizpräferenzen unterschieden werden? Eine Clusteranalyse beantwortet diese Frage. In China können die Mitarbeiter nach ihrer Anreizpräferenz insgesamt vier Motivationstypen zugeordnet werden.

Mit einer hierarchischer Clusteranalyse (Linkage innerhalb der Gruppen, Pearson-Korrelation) wurden die Mitarbeiter nach ihren Anreizpräferenzen in vier Cluster klassifiziert. Gründe für die Vier-Cluster-Lösung sind:

1. Alle Cluster lassen sich sehr gut interpretieren. Ihnen kann jeweils eine bestimmte Personengruppe zugeordnet werden (siehe Abbildung 18).
2. Die Cluster unterscheiden sich signifikant und bedeutsam (siehe Abbildung 18).
3. Die Cluster unterscheiden sich hinsichtlich der beruflichen Einstellungen signifikant (siehe Tabelle 8).
4. Die Cluster unterscheiden sich bei der Bewertung des Ist-Zustands der Anreize signifikant.
5. Die Cluster stimmen bei Mitarbeitern in chinesischen und deutschen Unternehmen deutlich überein.

Zu 1.: *Alle Cluster lassen sich sehr gut interpretieren. Ihnen kann jeweils eine bestimmte Personengruppe zugeordnet werden.*

Typ 1 – Egoistischer Vorteilsucher (N=228)

Abbildung 18: Die vier Motivationstypen

Typ 2 – Organisationsbürger (N=250)

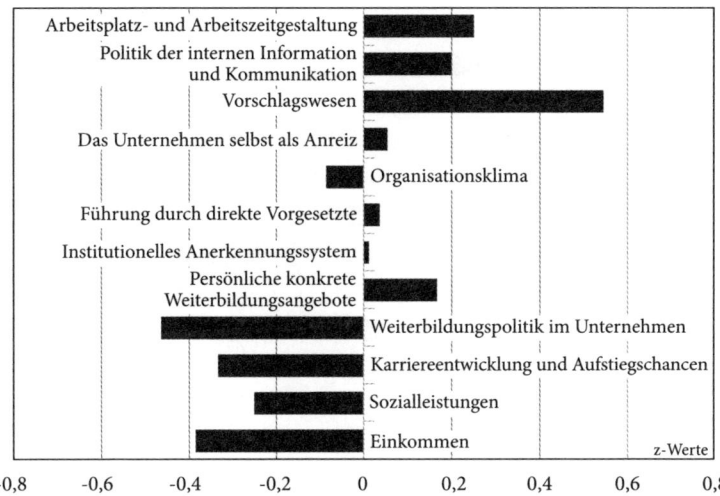

Typ 3 – Kollektivistisch-wachstumsorientierter Typ (N=293)

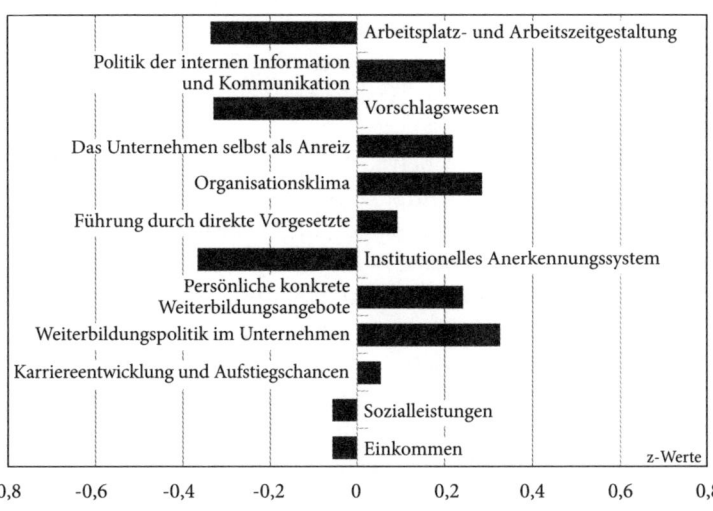

Typ 4 – Prestigeorientierter Typ (N=151)

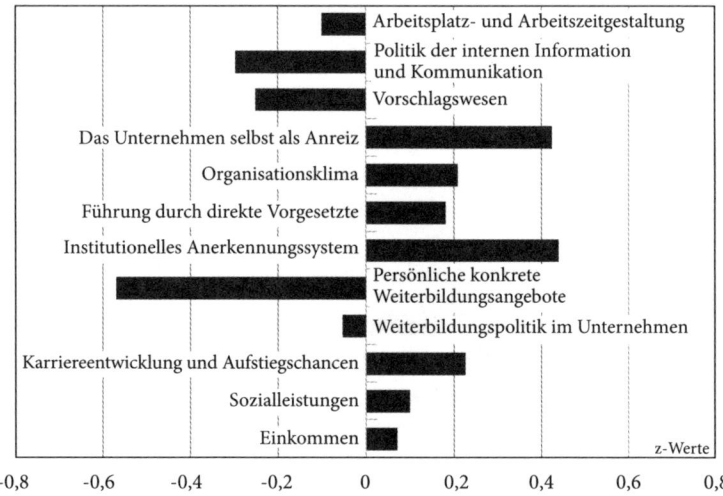

Von *Typ 1* (N = 228) werden finanzielle und individuelle Anreize als besonders wichtig erachtet. Im Gegensatz dazu werden kollektivistische Anreize wie zum Beispiel »das Unternehmen selbst als Anreiz«, »Organisationsklima« und »Politik der internen Information und Kommunikation«, die wichtig für die Zusammenarbeit sind, von diesem Typ als unbedeutsam eingestuft. Daher soll dieser Typ als »egoistischer Vorteilsucher« bezeichnet werden.

Verglichen mit Typ 1 betrachtet *Typ 2* (N = 250) finanzielle Anreize als nicht so wichtig. Dagegen werden Innovation und Eigeninitiative als wichtig eingestuft. Das »Vorschlagswesen«, »Arbeitsplatz- und Arbeitszeitgestaltung« und »Politik der internen Information und Kommunikation« werden ebenfalls als wichtig betrachtet. Somit kann dieser Typ als »Organisationsbürger« bezeichnet werden.

Typ 3 hält Anreize für die eigene Entwicklung und kollektivistische sowie soziale Anreize für besonders wichtig. »Weiterbildungspolitik im Unternehmen«, »persönliche konkrete Weiterbildungsangebote«, »Organisationsklima« und »das Unternehmen selbst als Anreiz« werden hoch bewertet. Im Gegensatz dazu werden die Anreize »institutionelles Anerkennungssystem«, »Vorschlagswesen« und »Arbeitsplatz- und Arbeitszeitgestaltung«, die dem kollektivistischen Zusammenhalt und der Gruppenkohäsion schaden können, eher weniger gewünscht. Dieser Typ kann daher als typisch chinesischer »kollektivistisch-wachstumsorientierter« Charakter beschrieben werden.

Beim *Typ 4* werden die Anreize, die das Bedürfnis nach Selbstachtung erfüllen, als besonders eingestuft. Die Anreize »das Unternehmen selbst als Anreiz«, »institutionelles Anerkennungssystem« und »Karriereentwicklung und Aufstiegschancen« werden daher ausdrücklich gewünscht. Im Gegensatz dazu interessiert sich dieser Typ vergleichsweise wenig für »persönliche konkrete Weiterbildungsangebote«, »Politik der internen Information und Kommunikation« und »Vorschlagswesen«. Daher kann dieser Typ als »prestigeorientierter Typ« bezeichnet werden.

Zu 2.: Alle vier Cluster unterscheiden sich signifikant und bedeutsam. Abbildung 19 zeigt, dass die vier Typen sich in den z-Werten eindeutig unterscheiden. Das demonstriert, dass jede Gruppe eigene Präferenzen hat. Daher ist davon auszugehen, dass die Klassifizierung in vier Cluster sinnvoll ist.

Zu 3.: Die Cluster unterscheiden sich hinsichtlich der beruflichen Einstellungen signifikant. Dies ist bei allen außer bei OCB der Fall. Eine Darstellung der Mittelwerte der beruflichen Einstellungen (Tabelle 8) zeigt zudem, dass der egoistische Vorteilsucher im Vergleich zu den anderen Motivationstypen insgesamt niedrigere Werte bei den beruflichen Einstellungen hat. Der Organisationsbürger hat im Vergleich zu den anderen Motivationstypen hohe Werte bei Loyalität und Zufriedenheit, der Kollektivistisch-Wachstumsorientierte hat eher hohe Werte bei Identifikation und Loyalität. Im Vergleich zu den anderen Motivationstypen hat der prestigeorientierte Typ hohe Werte bei Leistung, OCB und Identifikation sowie eine geringe Fluktuationsneigung.

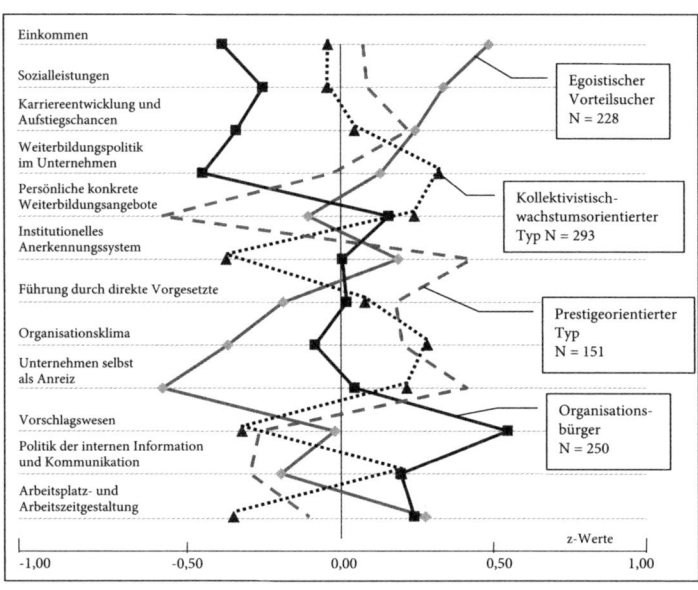

Abbildung 19: Motivationstypen anhand ihren Anreizpräferenzen (z-Werte, N = 999)

Zu 4.: *Die Cluster unterscheiden sich bei der Bewertung des Ist-Zustands der Anreize signifikant.* Insgesamt bewerten der »Organisationsbürger« und der »prestigeorientierte Typ« alle Anreize höher als der »egoistische Vorteilsucher« und der »kollektivistisch-wachstumsorientierte Typ«. Im Vergleich mit den anderen Typen bewertet der »egoistische Vorteilsucher« alle Anreize am niedrigsten.

Zu 5.: *Die Cluster stimmen bei Mitarbeitern in chinesischen und deutschen Unternehmen deutlich überein.* Clusteranalysen wurden je getrennt nach »gesamter«, »deutscher« und »chinesischer« Stichprobe durchgeführt. Die Ergebnisse dieser drei Clusteranalysen zeigen, dass die Cluster der Motivationstypen in chinesischen und deutschen Unternehmen deutlich übereinstimmen. Die Unterschiede sind gering und eher durch die ver-

Tabelle 8: Mittelwerte der beruflichen Einstellungen

Cluster	Leistung	OCB	Identifikation	Loyalität	Geringe Fluktuations-neigung	Zufriedenheit
Egoistischer Vorteil-sucher (N = 228)	3,00	3,42	3,15	2,74	3,76	2,71
Organisationsbürger (N = 260)	3,16	3,36	3,39	2,98	3,92	2,97
Kollektivistisch-wachs-tumsorientierter Typ (N = 293)	3,15	3,38	3,41	2,89	3,96	2,90
Prestigeorientierter Typ (N = 151)	3,18	3,52	3,45	2,85	4,03	2,95
Gesamtstichprobe (N = 999)	3,12	3,41	3,35	2,87	3,91	2,88
F-Werte und Signifikanz bei Gesamtstichprobe (N = 999)	3,28*	1,50	8,01***	4,37***	6,27***	8,59***

schiedenen Unternehmen als durch die nationale Herkunft des Unternehmens zu erklären.

5.6 Sensibilität der Motivationstypen für Anreize

Da sich verschiedene Motivationstypen anhand ihrer Anreiz-präferenz von einander abgrenzen lassen, ist davon auszugehen, dass sie auch unterschiedlich sensibel auf die Anreize reagieren. Diese Sensibilität könnte sich insbesondere in zweierlei Weise äußern. Einmal kann die generelle Sensibilität bei den verschie-denen Typen betrachtet werden, zum anderen die Sensibilität für spezifische Anreize bei den jeweiligen Typen. Schließlich werden Gemeinsamkeiten der Sensibilität von Motivations-typen auf Anreize dargestellt.

5.6.1 Generelle Sensibilität für Anreize

Es ist hier zunächst sinnvoll, die gesamten Zusammenhänge zwischen den Ist-Anreizen und beruflichen Einstellungen gruppenweise zu vergleichen.

Tabelle 9: Generelle Sensibilität für die Anreize bei verschiedenen Motivationstypen[39]

Regression der Ist-Anreize auf die beruflichen Einstellungen*	Egoistischer Vorteilsucher N = 228	Organisations-bürger N = 260	Kollektivistisch-wachstums-orientierter Typ N = 293	Prestigeorientierter Typ N = 151	Gesamte Stichprobe N = 932
Leistung R^2	,33	,32	,30	,40	,30
OCB R^2	,15	,28	,22	,26	,18
Identifikation R^2	,39	,30	,38	,36	,33
Loyalität R^2	,35	,24	,22	,25	,20
Geringe Fluktuatiosneigung R^2	,12	,13	,12	,28	,10
Zufriedenheit R^2	,65	,61	,61	,61	,60

*Alle Ergebnisse sind auf den 1‰-Niveau signifikant.

Aus der Tabelle 9 lassen sich zwei Ergebnisse ableiten: Zum einem unterscheiden sich die Typen hinsichtlich ihrer Sensibilität für Anreize deutlich. Zum anderen erklären die R^2 bei der gesamten Stichprobe die Zusammenhänge zwischen den Ist-Anreizen und den beruflichen Einstellungen insgesamt deutlich weniger als getrennt nach Typen. Das zeigt, dass die Klassifikation der Motivationstypen anhand ihrer Anreizpräferenz sinnvoll ist. Es empfiehlt sich also theoriekonform, die Mitarbeiter nach Motivationstypen differenziert zu behandeln.

---

39 Hier wird R^2 als Zusammenhang zwischen den gesamten Anreizen und den beruflichen Einstellungen angeführt. Die spezifischen Zusammenhänge zwischen einzelnen Anreizen und beruflichen Einstellungen werden im Kapitel 5.6.2 dargestellt.

Zusätzlich lässt sich aus Tabelle 9 folgende detaillierte Information ableiten:

- Anreize hängen besonders bei dem »prestigeorientierten Typ« mit der Leistung zusammen. Der »prestigeorientierte Typ« leistet offenbar am meisten im Unternehmen, wenn er die entsprechenden, gewünschten Anreize im Unternehmen erhalten kann. Vielleicht zeigen die Anreize gerade diesem Typ, auf was Wert gelegt wird und er richtet sich danach, um sein Ansehen zu steigern.
- Anreize hängen besonders bei dem »Organisationsbürger« mit dem OCB zusammen. Das bedeutet, beim »Organisationsbürger« kann das OCB von den Anreizen vermutlich besonders in die gewünschte Richtung korrigiert werden. Die Zusammenhänge zwischen Anreizen und OCB sind bei dem »egoistischen Vorteilsucher« besonders niedrig. Das ist plausibel: Der »egoistische Vorteilsucher« ist nicht oder weniger sensibel beim OCB. Das zeigt die Validität der Klassifizierung nach Motivationstypen.
- Anreize hängen bei dem »egoistischen Vorteilsucher« besonders stark mit der Identifikation zusammen. Der »egoistische Vorteilsucher« identifiziert sich offenbar besonders mit dem Unternehmen, wenn er die entsprechenden gewünschten Anreize im Unternehmen erhalten kann und verweilt dann gerne dort.
- Anreize hängen besonders beim »egoistischen Vorteilsucher« mit der Loyalität zusammen. Der »egoistische Vorteilsucher« hat offenbar die entsprechende Loyalität gegenüber dem Unternehmen, wenn er von den Anreizen profitiert.
- Die Zusammenhänge zwischen den Anreizen und der Fluktuationsneigung sind generell niedrig. Anreize hängen aber besonders beim »prestigeorientierten Typ« mit der Fluktuationsneigung zusammen. Das bedeutet, beim »prestigeorientierten Typ« kann seine Fluktuationsneigung offenbar durch die Anreize verstärkt beeinflusst werden.
- Anreize hängen besonders beim »egoistischen Vorteilsucher« mit der »Zufriedenheit« zusammen. Das ist plausibel: Der »egoistische Vorteilsucher« ist offenbar besonders dann zu-

frieden, wenn er die entsprechenden Anreize und Vorteile im Unternehmen erhält.

Insgesamt entsteht der Eindruck, dass Anreize besonders dann relevant mit beruflichen Einstellungen zusammenhängen, wenn bei den Personen bereits eine ausgewiesene Disposition für die jeweiligen Kriterien besteht.

Ergebnisse und Empfehlungen

Die Typen unterscheiden sich hinsichtlich ihrer Sensibilität für Anreize in ausgeprägter Weise. Bei der gesamten Stichprobe lassen sich die Zusammenhänge zwischen den Ist-Anreizen und den beruflichen Einstellungen insgesamt deutlich weniger getrennt nach Typen erklären.

Daher kann Folgendes empfohlen werden: Die Klassifikation der Mitarbeiter anhand ihrer Anreizpräferenz ist sinnvoll. Das kann bereits bei der Personalauswahl beachtet werden. Zudem sollten Unternehmen ihre Anreizsysteme nach den Motivationstypen differenziert gestalten.

5.6.2 Sensibilität für spezifische Anreize

Um die Wirkungen einzelner Anreize auf die beruflichen Einstellungen zu erfassen, werden die Beta-Werte analysiert. Nach diesem Ergebnis sollte ein Unternehmen sich je nach Zielen der Personalarbeit (z. B. Erhöhung der Leistung, Erhöhung der Identifikation oder Reduzierung der Fluktuationsneigung) auf unterschiedliche Aspekte konzentrieren. Sichtbar wird, mit welchem Instrument welche Motivationstypen besonders angesprochen werden. Dieser zielorientierte Einsatz von Instrumenten kann Kosten senken und die Effizienz steigern helfen.

Tabelle 10: Sensibilität für spezifische Anreize bei verschiedenen Motivationstypen

Signifikante Prädiktoren	Egoistischer Vorteilsucher N=228	Organisationsbürger N=260	Kollektivistisch-wachstumorientierter Typ N=293	Prestigeorientierter Typ N=151
Ist-Anreiz		Leistung		
Führung durch direkte Vorgesetzte		B = ,26**		B = ,47***
Organisationsklima	B = ,27*		B = ,23**	
Das Unternehmen selbst als Anreiz	B = -,15*			
Vorschlagswesen				B = ,27**
Politik der internen Information und Kommunikation	B = ,16*			
Arbeitsplatz- und Arbeitszeitgestaltung		B = ,23*		B = ,22**
Ist-Anreiz		OCB		
Einkommen		B = -,39***		B = -,29***
Karriereentwicklung und Aufstiegschancen		B = ,22*		
Weiterbildungspolitik im Unternehmen			B = -,27**	
Institutionelles Anerkennungssystem			B = ,21*	
Führung durch direkte Vorgesetzte		B = ,31***		B = ,41***

Signifikante Prädiktoren	Egoistischer Vorteilsucher N=228	Organisa-tionsbürger N=260	Kollektivistisch-wachstumsorien-tierter Typ N=293	Prestigeorien-tierter Typ N=151
Organisations-klima			B = ,22*	
Vorschlagswesen			B = ,17**	
Ist-Anreiz		Identifikation		
Karriereentwick-lung und Auf-stiegschancen			B = ,20*	B = ,49***
Persönliche kon-krete Weiterbil-dungsangebote	B = ,18*			
Institutionelles Anerkennungs-system	B = ,33***			
Führung durch direkte Vorgesetzte		B = ,21*		
Das Unter-nehmen selbst als Anreiz	B = ,21**	B = ,22**	B = ,25***	
Vorschlagswesen				B = ,29**
Ist-Anreiz		Loyalität		
Sozialleistungen				B = -,30*
Karriere-entwicklung und Aufstiegs-chancen			B = ,22*	B = ,46***
Institutionelles Anerkennungs-system	B = ,24**			
Organisations-klima		B = ,20*		
Das Unter-nehmen selbst als Anreiz			B = ,27***	

Signifikante Prädiktoren	Egoistischer Vorteilsucher N=228	Organisa- tionsbürger N=260	Kollektivistisch- wachstumorien- tierter Typ N=293	Prestigeorien- tierter Typ N=151
Ist-Anreiz	Geringe Fluktuationsneigung			
Karriereentwicklung und Aufstiegschancen				B = ,39**
Persönliche konkrete Weiterbildungsangebote	B = -,26**	B = ,23*	B = -,37***	
Institutionelles Anerkennungssystem		B = ,24*		
Vorschlagswesen		B = -,21*		B = ,21*
Ist-Anreiz	Zufriedenheit			
Sozialleistungen				B = -,26**
Karriereentwicklung und Aufstiegschancen		B = ,35***	B = ,31***	B = ,42***
Weiterbildungspolitik im Unternehmen			B = ,14*	
Institutionelles Anerkennungssystem	B = ,16*			
Führung durch direkte Vorgesetzte	B = ,16*			
Organisationsklima	B = ,19**	B = ,19**	B = ,17**	B = ,18*
Das Unternehmen selbst als Anreiz	B = ,11*		B = ,10*	
Vorschlagswesen			B = ,12**	B = ,19**
Politik der internen Information und Kommunikation	B = ,13*			B = ,17*

Aus Tabelle 10 lassen sich folgende Informationen ableiten:

1. Insgesamt sind fünf von den zwölf untersuchten Anreizen signifikante Prädiktoren für die Leistungen der vier Motivationstypen.

a) Für den »egoistischen Vorteilsucher« sind das Organisationsklima, die Politik der internen Information und Kommunikation sowie das Unternehmen selbst als Anreiz signifikante Prädiktoren für seine Leistungen. Die Politik der internen Information und Kommunikation ist offenbar wichtig, vielleicht, weil sie als hilfreiches Instrument für das Suchen nach Vorteilen betrachtet wird.

b) Für den »Organisationsbürger« sind die Führung durch direkte Vorgesetzte sowie Arbeitsplatz- und Arbeitszeitgestaltung signifikante Prädiktoren seiner Leistungen. Eventuell hat die Führung hier besondere Bedeutung in Form eines mitarbeiterorientierten und partizipativen Führungsstils. Gute Arbeitsbedingungen werden von dieser Gruppe ebenfalls als wichtig betrachtet.

c) Für den »kollektivistisch-wachstumsorientierten Typ« ist das Organisationsklima ein signifikanter Prädiktor für die Leistung. Offenbar ist das Organisationsklima für den »kollektivistisch-wachstumsorientierten Typ« sehr wichtig, da sich eine kollektivistische Kultur besonders darin zeigt.

d) Für den »prestigeorientierten Typ« sind Führung durch direkte Vorgesetzte, Vorschlagswesen sowie Arbeitsplatz- und Arbeitszeitgestaltung signifikante Prädiktoren seiner Leistungen. Der Führungsstil sollte hier vermutlich aufgabenorientiert sein. Die Wettbewerbsorientierung wird berücksichtigt. Vermutlich kann der »prestigeorientierte Typ« zudem durch das Vorschlagswesen seine Geltungsbedürfnisse gut erfüllen.

2. Insgesamt sind sieben von den zwölf Anreizen signifikante Prädiktoren für das OCB der vier Motivationstypen.

a) Für den »egoistischen Vorteilsucher« gibt es keinen signifikanten Prädiktor für sein OCB. Daraus lässt sich folgern, dass nichts das OCB des »egoistischen Vorteilsuchers« erhöhen kann. Offenbar wirken Anreize nur, wenn bereits eine gewisse Veranlagung (Disposition, Motivstruktur) für ein Verhalten gegeben ist. Da der »egoistische Vorteilsucher« nur an seinem eigenen Vorteil interessiert ist, laufen vermutlich die Anreize für OCB ins Leere. Das Ergebnis bestätigt auch die Relevanz der Cluster und den Zusammenhang mit relevanten Kriterien.

b) Für den »Organisationsbürger« sind Einkommen, Karriereentwicklung und Aufstiegschancen sowie Führung durch direkte Vorgesetzte signifikante Prädiktoren für das OCB. Das Einkommen zeigt einen negativen Zusammenhang zum OCB. Offenbar existiert hier ein Verdrängungseffekt durch die extrinsische Motivation für intrinsisch motivierendes Verhalten.

c) Für den »kollektivistisch-wachstumsorientierten Typ« sind die Weiterbildungspolitik im Unternehmen, das institutionelles Anerkennungssystem, Organisationsklima und Vorschlagswesen signifikante Prädiktoren für OCB. Im Zusammenhang mit der Weiterbildungspolitik zeigen sich negative Zusammenhänge. Offenbar wird auch hier durch einen Anreiz vom OCB abgelenkt.

d) Für den »prestigeorientierten Typ« sind die Anreize Einkommen und Führung durch direkte Vorgesetzte signifikante Prädiktoren für das OCB. Das Einkommen weist einen negativen Zusammenhang mit dem OCB auf. Offenbar besteht hier ebenfalls ein Verdrängungseffekt.

3. Insgesamt sind sechs von zwölf Anreizen signifikante Prädiktoren für die Identifikation der vier Motivationstypen mit dem Unternehmen.

a) Für den »egoistischen Vorteilsucher« sind persönliche konkrete Weiterbildungsangebote, institutionelles Anerkennungssystem und das Unternehmen selbst als Anreiz signifikante Prädiktoren für seine Identifikation.

b) Für den »Organisationsbürger« sind Organisationsklima und Unternehmen selbst als Anreiz signifikante Prädiktoren für seine Identifikation. Je besser das Unternehmen sich entwickelt, desto mehr Stolz empfinden offenbar besonders diese Mitarbeiter für ihr Unternehmen.

c) Für den »kollektivistisch-wachstumsorientierten Typ« sind die Karriereentwicklung und Aufstiegschancen sowie das Unternehmen selbst als Anreiz signifikante Prädiktoren für seine Identifikation.

d) Für den »prestigeorientierten Typ« sind die Karriereentwicklung und Aufstiegschancen und Vorschlagswesen signifikante Prädiktoren für seine Identifikation.

4. Insgesamt sind fünf von den zwölf untersuchten Anreizen signifikante Prädiktoren für die Loyalität der vier Motivationstypen.

a) Für den »egoistischen Vorteilsucher« ist das institutionelle Anerkennungssystem signifikanter Prädiktor für seine Loyalität.

b) Für den »Organisationsbürger« ist das Organisationsklima signifikanter Prädiktor seiner Loyalität. Hier ist offenbar das Organisationsklima ein entscheidender Faktor dafür, dass der »Organisationsbürger« sich im Unternehmen wohl fühlt und dort verweilt.

c) Für den »kollektivistisch-wachstumsorientierten Typ« sind die Karriereentwicklung und Aufstiegschancen und das Unternehmen selbst als Anreiz signifikante Prädiktoren seiner Loyalität. Offenbar wird die Entwicklung des Unternehmens mit der eigenen Entwicklung identifiziert. Unternehmensentwicklung bedeutet für diesen Typ auch eigenes Wachstum. Daher kann eine gesunde und starke Entwicklung des Unternehmens als entscheidender Faktor für die Loyalität betrachtet werden.

d) Beim »prestigeorientierten Typ« sind die Sozialleistungen sowie Karriereentwicklung und Aufstiegschancen signifikante Prädiktoren für die Loyalität. Sozialleistungen wirken sich eher negativ auf seine Loyalität aus. Der »prestigeorientierte Typ« steht für Wettbewerb und Leistungsorientierung. Für ihn sind Sozialleistungen demotivierende Instrumente, da sie nicht leistungs- und wettbewerbsorientiert sind. Unabhängig von Leistung und Potenzial bekommt jeder Mitarbeiter dieses Angebot von den Unternehmen.

5. Vier von zwölf Anreizen sind signifikante Prädiktoren für die Fluktuationsneigung der vier Motivationstypen. Persönliche konkrete Weiterbildungsangebote sind ein signifikanter Prädiktor für die Fluktuationsneigung von drei der vier Motivationstypen.

a) Persönliche konkrete Weiterbildungsangebote verstärken beim »egoistischen Vorteilsucher« die Neigung zur Fluktuation. Das bedeutet, je mehr Weiterbildung dieser Typ bekommt, desto stärker tendiert er zu einem Wechsel des Arbeitsplatzes. Offenbar kann die Qualifikation den Effekt eines Karrieresprungbretts zur Konkurrenz haben.

b) Persönliche konkrete Weiterbildungsangebote, institutionelles Anerkennungssystem sowie das Vorschlagswesen sind für den »Organisationsbürger« signifikante Prädiktoren für die Fluktuationsneigung. Auch das Vorschlagswesen zeigt einen positiven Zusammenhang mit der Fluktuationsneigung.

c) Für den »kollektivistisch-wachstumsorientierten Typ« sind persönliche konkrete Weiterbildungsangebote signifikante Prädiktoren seiner Fluktuationsneigung. Beide stehen in einem positiven Zusammenhang miteinander.

d) Beim »prestigeorientierten Typ« stellen Karriereentwicklung und Aufstiegschancen und das Vorschlagswesen signifikante Prädiktoren für die Fluktuationsneigung dar.

6. Insgesamt sind neun der zwölf Anreize signifikante Prädiktoren für die Zufriedenheit der vier Motivationstypen. Das Organisationsklima ist ein signifikanter Prädiktor für die Zufriedenheit aller vier Motivationstypen. Die Bereitstellung von Karriereentwicklung und Aufstiegschancen sorgt bei drei Motivationstypen für Zufriedenheit.

a) Beim »egoistischen Vorteilsucher« wirken sich das institutionelle Anerkennungssystem, die Führung durch direkte Vorgesetzte, das Organisationsklima, das Unternehmen selbst als Anreiz und die Politik der internen Information und Kommunikation positiv auf die Zufriedenheit aus.

b) Bei dem »Organisationsbürger« sind Karriereentwicklung und Aufstiegschancen sowie das Organisationsklima signifikante Prädiktoren für die Zufriedenheit.

c) Maßnahmen in den Bereichen Karriereentwicklung und Aufstiegschancen, Weiterbildungspolitik, Organisationsklima, Unternehmen selbst als Anreiz und Vorschlagswesen sorgen beim »kollektivistisch-wachstumsorientierten Typ« für Zufriedenheit.

d) Für den »prestigeorientierten Typ« sind Sozialleistungen, Karriereentwicklung und Aufstiegschancen, Organisationsklima, Vorschlagswesen und die Politik der internen Information und Kommunikation signifikante Prädiktoren für die Zufriedenheit. Sozialleistungen wirken sich eher negativ darauf aus.

Ergebnisse und Empfehlungen

Je nach Motivationstyp sind verschiedene Anreize signifikante Prädiktoren für Leistung, OCB, Identifikation, Loyalität, Fluktuationsneigung und Zufriedenheit:

1. Für den »egoistischen Vorteilsucher« sind das institutionelle Anerkennungssystem sowie das Unternehmen selbst als Anreiz besonders relevant.

2. »Organisationsbürger« halten die Führung durch direkte Vorgesetzte sowie das Organisationsklima für besonders wichtig.

3. »Kollektivistisch-Wachstumsorientierte« legen großen Wert auf das Organisationsklima sowie die Karriereentwicklung und Aufstiegschancen.

4. Beim »prestigeorientierten Typ« korrelieren Karriereentwicklung und Aufstiegschancen und Vorschlagswesen besonders hoch mit beruflichen Einstellungen.

Den für die verschiedenen Motivationstypen jeweils wichtigen Anreizen sollte bei der Gestaltung der Anreizsysteme besondere Beachtung zukommen. Typengerechte Anreize könnten die beruflichen Einstellungen der Mitarbeiter in die von den Unternehmen gewünschte Richtung steuern.

5.6.3 Besonders bedeutsame Anreize

Im Folgenden sollen Anreize, die mit allen beruflichen Einstellungen (Leistung, OCB, Identifikation, Loyalität, Zufriedenheit und geringe Fluktuationsneigung) deutlich zusammenhängen, dargestellt werden. Es werden nur Anreize ausgewählt, die sich bei allen vier Motivationstypen als bedeutsam erweisen.

Tabelle 11: Gemeinsamkeiten der Zusammenhänge zwischen vier Ist-Anreizen und beruflichen Einstellungen bei vier Motivationstypen

R^2	Egoistischer Vorteil- sucher N=228	Organisa- tionsbürger N=260	Kollektivistisch wachstumorien- tierter Typ N=293	Prestigeorien- tierter Typ N=151
Ist-Anreiz		Leistung		
Institutionelles Anerkennungs- system	0,16	0,17	0,16	0,07
Führung durch direkte Vorgesetzte	0,19	0,23	0,19	0,29
Organisations- klima	0,21	0,21	0,21	0,12
Karriereentwick- lung und Auf- stiegschancen	0,15	0,19	0,17	0,06
Ist-Anreiz		OCB		
Institutionelles Anerkennungs- system	0,10	0,07	0,08	0,04
Führung durch direkte Vorgesetzte	0,07	0,18	0,11	0,13
Organisations- klima	0,05	0,13	0,10	0,01
Karriereentwick- lung und Auf- stiegschancen	0,08	0,10	0,04	0,02

R^2	Egoistischer Vorteil- sucher N=228	Organisa- tionsbürger N=260	Kollektivistisch wachstumorien- tierter Typ N=293	Prestigeorien- tierter Typ N=151
Ist-Anreiz			Identifikation	
Institutionelles Anerkennungs- system	0,23	0,11	0,19	0,11
Führung durch direkte Vorgesetzte	0,23	0,21	0,24	0,14
Organisations- klima	0,24	0,18	0,23	0,16
Karriereentwick- lung und Auf- stiegschancen	0,21	0,18	0,25	0,22
Ist-Anreiz			Loyalität	
Institutionelles Anerkennungs- system	0,24	0,08	0,12	0,08
Führung durch direkte Vorgesetzte	0,20	0,17	0,09	0,06
Organisations- klima	0,19	0,16	0,09	0,07
Karriereentwick- lung und Auf- stiegschancen	0,21	0,13	0,15	0,15
Ist-Anreiz			Zufriedenheit	
Institutionelles Anerkennungs- system	0,35	0,30	0,33	0,25
Führung durch direkte Vorge- setzte	0,36	0,35	0,39	0,30
Organisations- klima	0,44	0,42	0,37	0,31

R^2	Egoistischer Vorteil- sucher N=228	Organisa- tionsbürger N=260	Kollektivistisch wachstumorien- tierter Typ N=293	Prestigeorien- tierter Typ N=151
Karriereentwick- lung und Auf- stiegschancen	0,41	0,51	0,49	0,45

Ist-Anreiz	Geringe Fluktuationsneigung			
Institutionelles Anerkennungs- system	0,03	0,06	0,02	0,08
Führung durch direkte Vorgesetzte	0,05	0,05	0,03	0,03
Organisations- klima	0,02	0,05	0,04	0,10
Karriereentwick- lung und Auf- stiegschancen	0,03	0,06	0,02	0,13

Insgesamt weisen vier Anreize bei allen Typen hohe Zusammenhänge mit den beruflichen Einstellungen auf: Das sind das »institutionelle Anerkennungssystem«, »die Führung durch direkte Vorgesetzte«, das »Organisationsklima« und die »Karriereentwicklung und Aufstiegschancen«. Sie können als wichtige Anreize für alle chinesischen Mitarbeiter gelten, unabhängig von ihrer Klassifikation in verschiedene Motivationstypen. Diese vier wichtigen Anreize spiegeln die Werthaltungen der Chinesen wider. Zudem decken sich die Ergebnisse mit den globalen Zusammenhängen zwischen Ist-Anreizen und beruflichen Einstellungen.

In Tabelle 11 ist zu erkennen, dass der Zusammenhang dieser vier Anreize mit der Fluktuationsneigung insgesamt niedrig sind. So ist zu erklären, dass die Fluktuationsneigung der chinesischen Mitarbeiter wenig von Unternehmensanreizen beeinflusst wird. Der Grund dafür könnte die große Nachfrage nach

Hochqualifizierten auf dem Arbeitsmarkt sein. Diese Tendenz zeigt sich bei dem prestigeorientierten Typ im Vergleich zu anderen drei Motivationstypen nicht ganz so ausgeprägt. Daher ist davon auszugehen, dass die Fluktuationsneigung beim prestigeorientierten Typ durch das »institutionelle Anerkennungssystem«, das »Organisationsklima« und die »Karriereentwicklung und Aufstiegschancen« reduziert werden kann.

Ergebnisse und Empfehlungen

Trotz unterschiedlicher Präferenzen der verschiedenen Motivationstypen sind generell vier Anreize für die beruflichen Einstellungen der chinesischen Mitarbeiter wichtig: Das sind Karriereentwicklung und Aufstiegschancen, das Organisationsklima, die Führung durch direkte Vorgesetzte und das institutionelle Anerkennungssystem. Diesen vier Anreizen sollte besondere Beachtung geschenkt werden.

5.7 Identifizierung von Motivationstypen

Die Einteilung in verschiedene Motivationstypen ist für die Gestaltung der Anreize in China sehr wichtig. Wie aber können Unternehmen ihre Mitarbeitern den vier Motivationstypen zuordnen? Können die Motivationstypen anhand demographischer Eigenschaften (Geschlecht, Familienstand, Kinder, Alter, Ausbildung, Auslandsstudium und Auslandsarbeit) und Umweltvariablen (Einkommen, Nationalität des Unternehmens, Funktionsstufe im Unternehmen und Dauer der Unternehmenszugehörigkeit) der Mitarbeiter identifiziert und zugeordnet werden? Wenn ja, wäre das sehr hilfreich für die Praxis. Wenn nicht, muss erst ein Instrument entwickelt werden, um die Motivationstypen zu identifizieren, bevor die Unternehmen sich in der Anreizgestaltung gezielt engagieren. Um diese Fragestellung zu klären, ist es wichtig zu untersuchen, ob Zusammenhänge zwischen demographischen Eigenschaften beziehungsweise Umweltvariablen und Anreizpräferenzen und beruflichen Einstellungen bestehen.

Die Frage »Was sind geeignete Indikatoren, um die Anreizpräferenz der Mitarbeiter zu identifizieren?« ist hier zu beantworten. Die Forschungsergebnisse zeigen: Weder demographische persönliche Merkmale noch die Umweltvariablen zeigen einen signifikanten und bedeutsamen Zusammenhang mit den Anreizpräferenzen der Mitarbeiter. Daher sind die beiden Variablengruppen kein geeigneter Indikator für das Identifizieren von Anreizpräferenzen der chinesischen Mitarbeiter.

Im Gegensatz dazu bestehen bedeutsamere Zusammenhänge zwischen Motivationstypen und Anreizpräferenzen. Daher ist es in der Praxis sinnvoll, durch Motivationstypen Anreizpräferenzen für Mitarbeiter zu diagnostizieren.

Auch die Frage »Was sind geeignete Indikatoren, um die beruflichen Einstellungen der Mitarbeiter zu identifizieren?« soll hier beantwortet werden. Wie bei den Anreizpräferenzen hängen weder persönliche demographische Merkmale noch Umweltvariablen mit den beruflichen Einstellungen der Mitarbeiter zusammen. Sie können somit nicht als geeignete Indikatoren dienen.

Die Frage »Was sind geeignete Indikatoren, um die Motivationstypen zu identifizieren?« ist wegen deren starken Zusammenhängen zu den Anreizpräferenzen besonders wichtig. Umweltvariablen sind dafür nicht geeignet. Aber zwischen demographischen Merkmalen und den vier Motivationstypen zeigt sich ein interessantes und praktisch gut verwertbares Ergebnis. Insbesondere bei der Personengruppe unter 26 Jahren besteht ein Effekt: Hier ist die Anzahl der Personen, die den Typen »egoistischer Vorteilssucher« und »prestigeorientierten Typ« zugeordnet werden, substanziell größer als die erwartete Häufigkeit. Bei den Motivationstypen »Organisationsbürger« und »kollektivistisch-wachstumsorientierter Typ« zeigen sich genau gegenläufige Effekte. Diese Typen liegen in dieser Kohorte weit unter den statistisch erwarteten Häufigkeiten. Bei älteren Personen zeigen sich entweder Ergebnisse im Rahmen der statistischen Erwartungen oder eine überproportionale Häufung bei den Typen »Organisationsbürger« und »kollektivistisch-wachstumsorientierter Typ«.

Offenbar lassen sich der »prestigeorientierte Typ« und der »egoistische Vorteilssucher« an der Generation unter 26 Jahren festmachen. Interessanterweise wurde die »Ein-Kind-Politik« 1979 eingeführt. Das betrifft gerade diese Generation, die auch häufig als »kleine Kaiser« bezeichnet wird. Eventuell ist die Sozialisation als verhätscheltes Einzelkind mit verantwortlich für diesen materiell-egoistischen Wertewandel. Das spricht für einen sehr deutlichen Kohorteneffekt. Es weist die Validität der Motivationstypen auf.

Hier zeigt sich in besonderer Dramatik das Ausmaß des Wertewandels in China bei der Jugend. Über die Folgen kann nur spekuliert werden. Jedoch scheint abzusehen: Eine Gesellschaft von jüngeren Egoisten löst die traditionellen und kollektivistischen Werte zunehmend ab. Bei einem Land mit 1,3 Milliarden Einwohnern und einer immer zentraleren Rolle in der Weltpolitik kann diese Entwicklung Anlass zu Besorgnis geben.

Für Unternehmen ist es natürlich schwer, auf Einstellungen von dieser Generation zu verzichten. Es wäre aber denkbar, zu überprüfen, inwieweit ältere Kollegen und die Unternehmenskultur hier einen korrigierenden Sozialisationseffekt haben könnten. Zudem könnten bei Neueinstellungen gezielt Motivationstypen analysiert werden, um die Wahrscheinlichkeit für eine Einstellung allzu egoistischer Mitarbeiter zu reduzieren, denn diese Mitarbeiter schneiden – wie bereits dargestellt (vgl. Tabelle 8) – sehr schlecht bei den relevanten beruflichen Einstellungen ab.

Es gibt hier einen sowohl signifikanten als auch bedeutenden Zusammenhang zwischen dem Alter des Individuums und den Motivationstypen. Mit der Unterscheidung nach Motivationstypen werden hier also Effekte deutlich, die bei einer isolierten Betrachtung der einzelnen Anreizpräferenzen nicht zu sehen sind. Das unterstreicht den Nutzen der Klassifizierung der chinesischen Mitarbeiter.

Die Mitarbeiter können ansonsten nicht gemäß ihrer anderen demographischen Eigenschaften bestimmten Motivationstypen zugeordnet werden. Es zeigen sich zwar leichte Hinweise bei Geschlecht und Familienstand, diese sind aber nach einer Inspektion durch den Alterseffekt zu erklären, der hier ganz klar im Vordergrund steht.

Ergebnisse und Empfehlungen

Hinsichtlich des Alters der untersuchten Mitarbeiter in China zeigt sich ein sowohl signifikanter als auch bedeutender Zusammenhang mit den Motivationstypen. Mitarbeiter unter 26 Jahren sind überproportional häufig vor allem dem egoistischen Vorteilssucher und in zweiter Linie dem prestigeorientierten Typ zuzuordnen.
Unternehmen in China sollten daher spezifische Instrumente entwickeln, um die Motivationstypen zu erkennen und bei der Personalauswahl das Risiko der häufigen Einstellung von egoistischen Vorteilssuchern zu reduzieren. Alles in allem gibt es zwar in dieser Generation noch genug Personen, die anderen Motivationstypen angehören. Doch macht der egoistische Vorteilssucher nahezu ein Drittel aus. Andere demographische Merkmale sind offenbar keine geeigneten Indikatoren für die Motivationstypen.

5.8 Praxisanwendungen

Die Ergebnisse bieten zudem einen reichen Schatz an Handlungsempfehlungen für die Personalführung in der Praxis in China:

Die Anreize Weiterbildungspolitik im Unternehmen, Einkommen und Karriereentwicklung und Aufstiegschancen werden von chinesischen Mitarbeitern am häufigsten gewünscht. Sie spiegeln die Werthaltungen der Chinesen – Bildungsorientierung, Machtorientierung und materiellen Orientierung – wider. Diese Anreize sollten daher besonders beachtet werden.

Die Anreize Unternehmensweiterbildung, Einkommen und Karriereentwicklung und Aufstiegschancen wurden gleichsam als im Unternehmen am wenigsten umgesetzt bewertet. Im Vergleich zum Soll-Zustand der Anreize zeigt der Ist-Zustand ein deutliches Defizit in den Unternehmen: Die Wünsche der chinesischen Mitarbeiter, die auch kulturbedingt sind, wurden offenbar kaum – ja sogar am wenigsten – bei der Anreizgestaltung berücksichtigt. Die hohe Diskrepanz zwischen Ist-Zustand und Soll-Zustand zeigt einen deutlichen Nachholbedarf in diesen Bereichen. Hier sollten die Gewichte verschoben werden, damit Personalarbeitsressourcen effektiv eingesetzt werden können. Es ist daher für deutsche Unternehmen durchaus angebracht, ein werteorientiertes Personalkonzept einzuführen, das bei Auslandsaktivitäten interkulturelle Differenzen berücksichtigt. Das Personalkonzept von BMW könnte als Basis dafür weiterentwickelt werden.

Auch die sehr niedrige Korrelation zwischen Soll- und Ist-Zustand der Anreize zeigt, dass individuelle Bedürfnisse der Mitarbeiter wenig Berücksichtigung finden. Anreizsysteme sind, falls sie überhaupt beachtet werden, noch zu wenig differenziert an individuellen Zielgruppen ausgerichtet. Es gibt daher auch hier erheblichen Nachholbedarf. Verbesserungen können durch die Analyse der Motivationstypen und die Entwicklung eines darauf ausgerichteten Cafeteria-Systems erzielt werden. In diesem System sollten die für die jeweiligen Typen wichtigsten Anreize berücksichtigt werden. Durch die Wahl der Anreize könnte außer der Intervention zudem verdeckt Diagnostik erfolgen und ermittelt werden, welchem Motivationstyp ein Mitarbeiter wahrscheinlich angehört.

Die hohe Fluktuationsquote zeigt, dass die Mitarbeiter durch Firmenwechsel ein passendes Umfeld zu finden versuchen – offenbar ohne großen Erfolg. Unternehmen nutzen das Potenzial der Anreizsysteme offensichtlich nicht zur Motivation vorhandener Mitarbeiter aus. Vermutlich ist dies auch nicht förderlich zur Gewinnung hoch qualifizierter und motivierter neuer Mitarbeiter. Hier legen Wettbewerbsvorteile im Personalbereich verborgen.

Die hohe Korrelation zwischen Ist-Zustand der Anreize und beruflichen Einstellungen (insbesondere bei Leistung, Identifikation und Zufriedenheit) zeigt gleichsam die große Bedeutung der Anreizgestaltung für den Organisationserfolg.

Ein niedriger Ist-Zustand der Zufriedenheit und Loyalität zeigt ebenfalls einen deutlichen Nachholbedarf der Personalarbeit in China. Umso gravierender ist das eklatante Defizit bei der Gestaltung der Anreizsysteme in China. Unternehmen, die hier schnell reagieren und Strukturen schaffen, können sich deutliche Wettbewerbsvorteile verschaffen.

Unterschiedliche Motivationstypen weisen unterschiedliche berufliche Einstellungen auf. Der »egoistische Vorteilsucher« hat durchgehend niedrigere Werte im Vergleich mit den anderen drei Typen bei den beruflichen Einstellungen. Der »Organisationsbürger« zeigt hohe Werte bei Loyalität und Zufriedenheit. Der »Kollektivistisch-Wachstumsorientierte« fällt durch hohe Werte bei Identifikation und Loyalität auf. Im Vergleich zu den anderen drei Motivationstypen hat der »prestigeorientierte Typ« hohe Werte bei Leistung, OCB, Identifikation und eine geringe Fluktuationsneigung. Das verdeutlicht wiederum die Wichtigkeit der Klassifizierung der Motivationstypen im Unternehmen.

Die Unternehmen sollten bei der Einstellung, Entlassung und Beförderung von Mitarbeitern versuchen, die Typen zu diagnostizieren und eine Einstellung des »egoistischen Typs« möglichst vermeiden. Dafür kann das Alter der Bewerber ein Hinweis sein. Insbesondere bei der Kohorte unter 26 Jahren gilt es die Motivationstypen zu diagnostizieren, denn hier ist jeder dritte Mitarbeiter ein »egoistischer Vorteilssucher«.

Durch die Kenntnis der Anreizpräferenzen kann zudem ein passenderes Anreizsystem geboten werden und damit vermutlich auch das Problem der hohen Fluktuation angegangen werden. Einen Ansatz zur Diagnose der Typen für die hier geschilderten Einsatzbereiche kann das hier verwendete Instrument geben.

Interessant ist zudem die Frage, wie stabil die Typen sind: Kommt ein Mitarbeiter bereits als Egoist in das Unternehmen oder wird er durch die Rahmenbedingungen dazu »gemacht«? Offenbar kommen »egoistischer Vorteilsucher« insbesondere in Form junger Mitarbeiter, die durch veränderte gesellschaftliche Rahmenbedingungen geprägt wurden, in die Unternehmen. Können »junge Kaiser« und »egoistischer Vorteilsucher« dennoch im Unternehmen positiv sozialisiert werden? Weitere Forschung kann hier nur nützen.

Als Moderator beeinflussen die Motivationstypen die Effekte der Anreizgestaltung im Unternehmen. Daher ist es wichtig, bei der Anreizgestaltung unterschiedliche Motivationstypen differenziert zu betrachten. Es gibt sehr deutliche Unterschiede der Motivationstypen hinsichtlich der Sensibilität für Anreize. Bei der gesamten Stichprobe sind die Zusammenhänge zwischen den Ist-Anreizen und den beruflichen Einstellungen eindeutig niedriger als getrennt nach Typen. Das zeigt, dass die Klassifikation der Motivationstypen anhand ihrer Anreizpräferenz sinnvoll ist. Damit ist ein viel versprechender Ansatz zur Beeinflussung der beruflichen Einstellungen gegeben. Anreize können gezielt eingesetzt werden und bei den einzelnen Motivationstypen direkt an den Unternehmenszielen (etwa OCB oder Leistung) ausgerichtet werden.

Verschiedene Anreize sind je nach Motivationstypen signifikante Prädiktoren für berufliche Einstellungen. Diese Zusammenhänge können in einem Ursache-Wirkungs-Verhältnis interpretiert werden. Den für die verschiedenen Motivationstypen jeweils wichtigen Anreizen sollte bei der Gestaltung entsprechender Systeme besondere Beachtung zukommen. Typengerechte Anreize könnten die beruflichen Einstellungen der Mitarbeiter in die von den Unternehmen gewünschte Richtung lenken. Unternehmen können durch diese signifikanten Prädiktoren ihre Anreize zielorientiert gestalten. Nur auf dieser Weise können die Anreize ihre Wirkung auf die beruflichen Einstellungen der chinesischen Mitarbeiter maximal entfalten.

Bei den »egoistischen Vorteilsuchern« sind das institutionelle Anerkennungssystem sowie das Unternehmen selbst als Anreiz offenbar besonders relevant für die beruflichen Einstellungen. Das Unternehmen selbst als Anreiz wurde insgesamt von den Mitarbeitern als sehr gut im Unternehmen umgesetzt bewertet. Daher sollte es nicht als Schwerpunkt für Verbesserungen betrachtet werden. Das institutionelle Anerkennungssystem ist für Chinesen aufgrund der kollektivistischen und extrinsischen

Orientierung besonders wichtig. Ein Vorbild im Unternehmen ist für die Motivation der chinesischen Mitarbeiter wichtig. Daher sollte das institutionelle Anerkennungssystem als bedeutsam betrachtet werden. Nur sehr außergewöhnliche Leistungen sollten in ganzem Unternehmen bekannt gemacht werden. Allerdings ist zu beachten, ungesunde Konkurrenz zu vermeiden. Die immateriellen und materiellen Belohnungen sollten dafür bevorzugt gruppenweise verteilt werden. Der direkte Vorgesetzte kann aber beispielsweise innerhalb seines Mitarbeiterbereichs diejenigen loben, die für die Leistungen der Gruppe einen besonders hohen Beitrag geleistet haben. Andere Mitarbeiter sollten durchaus erfahren, dass deren hoher Gruppenbonus mit ihrer Leistung in engem Zusammenhang steht.

Für den »Organisationsbürger« sind Führung durch direkte Vorgesetzte sowie das Organisationsklima besonders wichtig für die beruflichen Einstellungen. Die Führung durch direkte Vorgesetzte und das Organisationsklima wurden insgesamt von den Mitarbeitern als gut im Unternehmen umgesetzt bewertet. Aufgrund der Hierarchieorientierung, der kollektivistischen und femininen Orientierung zu »inneren Gruppen« und dem pragmatischem Handeln der Chinesen sind Verbesserungen dieser zwei Anreize jedoch sehr wichtig.

Führung durch direkte Vorgesetzte kann folgendermaßen verbessert gestaltet werden: Da die Fach-, Sozial- und Führungskompetenz wichtig für eine erfolgreiche Führung von Mitarbeitern in China sind, sollten Führungskräftetrainings einen hohen Stellenwert in der Personalentwicklung erhalten. Egoistisches Verhalten und spontane Planung sollten durch Training reduziert werden, mitarbeiterorientiertes Verhalten sollte geübt werden. Ein 90-Grad-Vorgesetztenbeurteilungssystem könnte für Mitarbeiter angeboten werden. Partizipationsneigung und Engagement der chinesischen Mitarbeiter sollten durch einen offenen und demokratischen Führungsstil unterstützt werden.

Das Organisationsklima kann durch folgende Maßnahmen besser gestaltet werden: Auch hier ist ein Führungskräftetraining sinnvoll. Die Teamentwicklung sollte durch gemeinsame Aktivitäten wie zum Beispiel Betriebsausflüge und gemeinsames

Essen unterstützt werden. Ein Zugehörigkeitsgefühl zur »inneren Gruppe« sollte dadurch geschaffen werden. Teamarbeit und Teamleistung sollten gefördert und ungesunde Konkurrenz zwischen Kollegen zur Verbesserung des Klimas vermieden werden. Zum Beispiel kann die Wichtigkeit der Teamarbeit durch angemessene Verteilungsverhältnisse der Prämien zwischen individuellen und Gruppenprämien betont werden. Das Weiterbildungsprogramm sollte zur Verbesserung der Koordinationsfähigkeit der Mitarbeiter beitragen. Gelegenheiten zum Informationsaustausch sollten beispielsweise durch Anbieten von Gemeinschaftsräumen gewährleistet werden.

Für den »Kollektivistisch-Wachstumsorientierten« sind das Organisationsklima sowie Karriereentwicklung und Aufstiegschancen besonders wichtig. Das Organisationsklima wurde bereits angesprochen. Karriereentwicklung und Aufstiegschancen werden von chinesischen Mitarbeitern stark gewünscht, aber im Unternehmen am wenigsten umgesetzt. Hier besteht ein eindeutiger Nachholbedarf.

Die VIE-Theorie kann helfen, Empfehlungen abzuleiten. Die Valenzen sind in diesem Fall Status und gesellschaftliche Anerkennung. Die Werthaltungen der Chinesen, die extrinsische, kollektivistische Orientierung verdeutlichen, warum Status bei den chinesischen Mitarbeitern von großer Wichtigkeit und Bedeutung ist. Der Aufstieg und eine gute Karriere bedeutet in China »soziales Mian-Zi«, welches wieder Status und Anerkennung beinhaltet. Die Erwartung von Mitarbeiter, durch »Karriereentwicklung und Aufstiegschancen« ihr »soziale Mian-Zi« erhöhen zu können, wird aber aufgrund begrenzter Stellen in der Führungsetage reduziert. Dieses Paradox führt häufig zur Frustration der chinesischen Mitarbeiter, insbesondere bei solchen, die in einem ausländischen Unternehmen arbeiten. Daher ist es sehr wichtig, Maßnahmen in diesem Bereich zu entwickeln und umzusetzen. Aufgrund der begrenzten vertikalen Aufstiegschancen sollten sämtliche horizontale Karriereentwicklungsmöglichkeiten im Unternehmen betont und angeboten werden. Besondere Titel und Stellenbeschreibungen können ebenfalls das Geltungsstreben nach außen unterstützen. Arbeitsinhalte sollten angereichert werden. Job-Rotation, Job-Enlargement und Job-Enrichment können als hilfreiche Mittel eingesetzt werden. Durch Projektarbeit und Weiterbildung kann die Kompetenz der Mitarbeiter erhöht werden, selbständiger zu arbeiten und Verantwortung zu übernehmen. Mentoring-Programme können angeboten werden, damit die Mitarbeiter auch gut und zielorientiert betreut werden.

Der prestigeorientierte Typ zeigt hohe Werte bei Leistung, OCB und Identifikation und hat eine geringe Fluktuationsneigung. Daher ist es für ein erfolgreiches Unternehmen in China sehr wichtig, diesen Typ einzustellen, zu motivieren und zu behalten. Beim »prestigeorientierten Typ« korrelieren Karriereentwicklung und Aufstiegschancen sowie das Vorschlagswesen hoch mit beruflichen Einstellungen. Für den »prestigeorientierte Typ« ist »soziales Mian-Zi« sehr wichtig. Durch Aufstieg und die Bekanntheit des eigenen Namens kann das Geltungsbedürfnis des »prestigeorientierten Typ« befriedigt werden. Karriereentwicklung und Aufstiegschancen wurden bereits besprochen. Hier sollten Maßnahmen für die Gestaltung des Vorschlagswesens ergriffen werden. Da das Geld keine große Rolle bei der Motivation dieses Typen spielt, sollte die finanzielle Würdigung von Vorschlägen hier nicht als Schwerpunkt betrachtet werden. Wichtiger sind diesen Mitarbeitern die Verbesserung von Arbeitsprozessen und -abläufen sowie die Steigerung der eigenen Bekanntheit im Unternehmen durch Verbesserungsvorschläge. Daher sollte deren rationale und offene Bewertung sowie schließlich eine schnelle Umsetzung Schwerpunkt sein. Schriftliche Anerkennung wie Dankesschreiben, Zertifikate und die Bekanntmachung der jeweiligen Namen sollten als Anreiz dienen.

Hier wurden nur die wichtigsten Empfehlungen für die relevantesten Anreize bei den jeweiligen Typen angeführt. Jedoch ist es in der Praxis sehr wichtig, zu beachten, dass weitere Prädiktoren für die unterschiedlichen beruflichen Einstellungen bei den verschiedenen Typen bestehen.

Zusammenfassend wird die zentrale Bedeutung der individuellen Differenzen bei der Bewertung von Anreizen deutlich. Es gibt – außer dem Alter – kaum Zusammenhänge zwischen Demographie, Umweltvariablen und den Motivationstypen. Daher ist ein neues diagnostisches Instrument für das Identifizieren von Motivationstypen nötig. Es kann aus den hier gewonnenen Daten entwickelt und normiert werden. Der Fragebogen oder eventuell eine gekürzte Version kann für die Zuordnung von Motivationstypen und den zielorientierten Einsatz von Anreizinstrumenten in der Praxis eingesetzt werden.

6 Rückblick und Ausblick

Was hat das Buch an Ergebnissen erbracht? Nach Prüfung der Fragestellungen lassen sich folgende Aussagen ableiten:

- Aufgrund der Heterogenität der aktuellen Werthaltungen in China haben die chinesischen Mitarbeiter unterschiedliche Anreizpräferenzen. Anhand dieser Anreizpräferenz können die chinesischen Mitarbeiter verschiedenen Motivationstypen zugeordnet werden. Die vier Motivationstypen können als egoistischer Vorteilsucher, Organisationsbürger, kollektivistisch-wachstumsorientierter Typ und prestigeorientierter Typ bezeichnet werden. Die Eigenschaften und Strukturen dieser Motivationstypen sind durch die chinesische Kultur bedingt.
- Zwischen Anreizen und beruflichen Einstellungen der chinesischen Mitarbeiter bestehen deutliche Zusammenhänge. Daher ist anzunehmen, dass mit passenden Anreizen die beruflichen Einstellungen der chinesischen Mitarbeiter gezielt beeinflussbar sind.
- Die Motivationstypen sind eine Moderatorvariable für Zusammenhänge zwischen Anreizen und beruflichen Einstellungen. Das bedeutet, dass durch die Berücksichtigung der verschiedenen Motivationstypen Anreize gezielter gestaltet werden können. Die Diagnostik von Motivationstypen bietet daher ein effektives Instrument für die Personalführung in China.
- Es zeigt sich ein signifikanter und bedeutender Zusammenhang zwischen Alterskohorten und Motivationstypen. Personen unter 26 Jahren gehören mit größerer Wahrscheinlichkeit zur Gruppe der egoistischen Vorteilsucher oder prestigeorientierten Typen. Darauf sollte bei der Personalselektion und Personalentwicklung Rücksicht genommen werden. Entweder sollte dieser Motivationstyp möglichst ver-

mieden werden oder aber seine individuelle Struktur in den Anreizsystemen beachtet werden.

Welche zukünftigen Forschungsperspektiven eröffnen sich? Ziel dieser Arbeit war es, deutsche Unternehmen bei ihrem China-Engagement zu unterstützen. Das Buch hat in diesem Zusammenhang einige Fragen geklärt und auch zahlreiche weitere Fragen aufgeworfen, die für zukünftige Forschungen fruchtbar sein könnten.

Eine wichtige generelle Frage ist die interkulturelle Übertragbarkeit westlicher Anreizsysteme. Hier wurden Kategorien aus Anreizen, die in westlichen Unternehmen und in der westlichen Forschung verbreitet sind, verwendet und ihre Brauchbarkeit und Relevanz in deutschen Unternehmen in China und großen chinesischen Unternehmen in China überprüft. Es stellt sich allerdings die Frage, ob eventuell bei typischen chinesischen kleinen oder mittelständischen Unternehmen ganz andere Anreizkategorien existent oder von Nutzen sind. Zudem ist von Interesse, ob sich für die chinesische Kultur ganz andere Kategorien an Anreizen ergeben könnten, die im Westen bisher unbekannt sind. Zu denken ist hier etwa an die enorme Bedeutung der sozialen Identität in der inneren Gruppe und damit zusammenhängende Anreize. Dies sollte überprüft werden.

Außerdem wurden keine Mitarbeiter von Unternehmen aus anderen Ländern befragt. Hier sind allerdings keine großen Selektionseffekte zu erwarten, wie auch ein Vergleich mit den Mitarbeitern chinesischer Unternehmen zeigt.

Eine weitere Herausforderung ist die Erschließung des Nutzens der Motivationstypen auch für andere Personalstrategien in China, beispielsweise die Rekrutierung und Personalentwicklung. Auch hier ist Nutzen durch die Berücksichtigung der Motivationstypen zu erwarten. So könnte durch die gezielte Auswahl der richtigen Motivationstypen bei der Einstellung die Passung der Anreizsysteme zu den Mitarbeitern verbessert werden. Dies gilt es zu überprüfen. Hierbei kann der Fragebogen aus dieser Studie Verwendung finden.

Wichtig ist auch zu überprüfen, unter welchen Umweltbedingungen und in welchem Umfeld sich welche Zusammenhänge von welchen Anreizen bei welchem Mitarbeiter zu welchen Kriterien finden lassen: Ein Kontingenzmodell ist gefragt.

Motivationstypen könnten zudem auch in anderen Ländern vorhanden sein. Es stellt sich daher die Frage, ob Motivationstypen in anderen Ländern existieren und, falls ja, wie sie strukturiert sind und ob diese Motivationstypen dort auch gleiche Zusammenhänge zwischen Anreizen und ihren beruflichen Einstellungen aufweisen. Auf dieser Basis könnten die Motivationstypen zwischen verschiedenen Ländern verglichen werden.

Zudem könnte die Diskussion nicht nur auf die ursprüngliche Wertorientierung der Mitarbeiter in den jeweiligen Ländern, sondern auch auf die Interaktion zwischen Person und Unternehmen, auf die Sozialisation durch die Unternehmen gelenkt werden. Eine wichtige Frage ist hier die Stabilität der Motivationstypen. Kommt ein Chinese schon als Organisationsbürger in das Unternehmen oder kann man ihn dazu bewegen, einer zu werden?

Innerhalb des Fragebogens wurde der ausgeübte Beruf nicht erhoben. Daher kann man hier nicht ausschließen, dass Mitarbeiter mit unterschiedlichen Berufen (Mitarbeiter im Entwicklungsbereich wie zum Beispiel Informatiker, Mitarbeiter im Service wie zum Beispiel Betriebswirte, Psychologen usw., Mitarbeiter im Produktionsbereich) auch unterschiedlichen Motivationstypen angehören.

Ein wesentlicher Punkt ist die Erhebung innerhalb einer Querschnittstudie per Fragebogen. Wichtige neue Erkenntnisse könnten durch Langzeitstudien mit mehreren Messzeitpunkten und die Beachtung von objektiven »harten« Kriterien geliefert werden. Zu denken ist dabei an Kriterien wie etwa Fehlzeiten, Fluktuation oder Bewerbungszahlen von Mitarbeitern. Zudem könnten Beobachtungsdaten Vorgesetztenurteile oder die Analyse von Verhaltensergebnissen weiteren Aufschluss geben.

Alles in allem ergeben sich viele Fragen für zukünftige Forschung. Das Buch hat einen Beitrag zur Erforschung der Personalführung in China geleistet. Da China ein spannender Markt bleibt, werden viele interessante Forschungsbeiträge folgen.

7 Literatur

Abegg, L. (1949). Ostasien denkt anders. Zürich: Atlantis.

Adams, J. S. (1963). Toward an understanding of inequity. Journal of Abnormal and Social Psychology, 67, 422–436.

Albrecht, D. A. (1997). Interkulturelles Management in der VR. China – Herausforderungen und Perspektiven. Karriereberater, 6.

Alderfer, C. P. (1972). Existence, relatedness, and growth: Human needs in organizational settings. New York: Free Press.

Alpander, G. G., Carter, K. D. (1995). Strategic multinational intra-company differences in employee motivation. In T. Jackson (Ed.), Cross-cultural Management (pp. 97–110). Oxford et al.: British Library Cataloguing in Publication Date.

Andors, S. (1977). China's industrial revolution. New York: Pantheon.

Arora, R. (2005a). Chinese Economy full of promise for young city dwellers: Income gap growing between rural and urban Chinese (Online Publication). Washington: The Gallup Organization.

Arora, R. (2005b). Nest Eggs and Economic Expansion in China: China among top savers, but still dissatisfied (Online Publication). Washington: The Gallup Organization.

Avolio, B. J., Bass, B. M. (1988). Transformational leadership, charisma and beyond. In J. G. Hunt (Ed.), Emerging leadership vistas (pp. 29–49). Toronto: Lexington.

Baierl, F. (1974). Lohnanreizsysteme, Mittel zur Produktivitätssteigerung (5., völlig überarb. u. erw. Aufl.). München: Hanser.

Bartlett, F. C. (1932). Remembering: A study in experimental and social psychology. Cambridge: Cambridge Univ. Pr.

Bass, B., Avolio, B. (1990). Transformational Leadership Development: Manual for the Multifactor Leadership Questionnaire. Palo Alto: Consulting Psychologist Press.

Bass, B. M. (1994). Improving organizational effectiveness through transformational leadership. Thousand Oaks u. a.: Sage.

Bauer, H. G., Bojanowski, A., Herz, G., Herzer, M. (1993). Arbeitsgestaltung im Betrieb: Analysen und Konzepte. Alsbach/Bergstr.: Leuchtturm-Verlag.

Bauer, W. (1971). China und die Hoffnung auf Glück. München: Carl Hanser.

Bauer, W. (1980). China und die Fremde: 3000 Jahre Auseinandersetzung in Krieg und Frieden. München: Beck.

Beamer, L. (1998). Bridging business cultures. The China Business Review, 25 (3), 54–58.

Beck, M. (1982). Welche Personalzusatzleistungen bevorzugen die Mitarbeiter? In H. Knebel, E. Zander (Hrsg.), Der zweite Lohn. Personalzusatzleistungen (S. 89–96). Bonn: Stollfuß.

Becker, F. G. (1987). Anreizsysteme für Führungskräfte im strategischen Management (2. Aufl.). Bergisch Gladbach u. a: Eul.

Beerman, L., Stengel, M. (2003). Werte im interkulturellen Vergleich. In N. Bergemann, A. J. Sourisseaux (Hrsg.), Interkulturelles Management (3. Aufl, S. 21–68). Berlin u. a.: Springer.

Berthel, J. (1992). Fort- und Weiterbildung. E. Gaugler, W. A. Oechsler, W. Weber (Hrsg.), Handwörterbuch des Personalwesens (S. 883–898). Stuttgart: Poeschel.

Berthel, J. (1995). Karriere und Karrieremuster von Führungskräften. In A. R. Kieser, Gerhard; Wunderer, Rolf (Hrsg.), Handwörterbuch der Führung (Enzyklopädie der Betriebswirtschaftslehre; Bd. 10) (2 Aufl., Sp. 1285–1298). Stuttgart: Poeschel.

Bigoness, W. J., Blakely, G. L. (1996). A cross-national study of managerial values. Journal of international business studies, (Fourth Quarter), 739–752.

Bihl, G. (1982). Die Bedeutung flexibler Arbeitszeitsysteme. am Beispiel der Teilzeitarbeit. Personalführung, 8/9, 196–193.

Bihl, G. (1995). Wertorientierte Personalarbeit: Strategie und Umsetzung in einem neuen Automobilwerk. München: Beck.

Blake, R. R., Mouton, J. S. (1964). The Managerial Grid. Houston, TX: Gulf Publ. Comp.

Blake, R. R., Mouton, J. S. (1968). Corporate excellence through grid organization development. Houston, TX: Gulf Publ. Comp.

Bond, M. H. (1986). The Social psychology of Chinese People. In M. H. Bond (Ed.), The Psychology of the Chinese People. Hongkong: Oxford University Press.

Bond, M. H. (1991). Beyond the Chinese Face: Insights from psychology. Hong Kong: Oxford University Press.

Bond, M. H., Leung, K., Wan, K. C. (1982). How does cultural collectivism operate? The impact of task and maintenance contribution on reward distribution. Journal of Cross-Cultural Psychology, 13, 186–200.

Brendle, G. (1990). Die gleitende Arbeitszeit als Instrument des Arbeits- und Betriebszeitmanagements. In Ackermann, Hofmann (Hrsg.), Innovatives Arbeitszeit- und Betriebszeitmanagement, 115–135. Frankfurt/Main u. New York: Campus.

Bruton, G. D., Ahlstrom, D., Chan, E. S. (2000). Foreign firms in China:

Facing human resources challenges in a transitional economy. Advanced Management Journal, 65 (4), 4–11.

Bühl, W. (1983). Die Angst des Menschen vor der Technik: Alternativen im technologischen Wandel. Düsseldorf u. a.: Econ.

Burkholder, R. (2005). China's Citizens Optimistic, Yet not entirely Satisfied (Online Publication). Washington: The Gallup Organisazation.

Burkholder, R., Arora, R. (2005). Is China's famed »Work Ethic« waning? Personal philosophies shift with affluence. Washington: The Gallup Organization.

Burkholder, R., Lyons, L. (2005). Education in China: Availability, Duration, and Quality Improving (Online Publication). Washington: The Gallup Organisation.

Büsch, K. H., Thom, N. (1982). Kooperations- und Konfliktfelder von Unternehmungsleitung und Betriebsrat beim Vorschlagswesen, Ergebnisse einer empirischen Untersuchung in Industriebetrieben. Betriebliches Vorschlagswesen, 8. Jg., 163–181.

Cai, F. 蔡. 昉. (2004). 中国就业统计的一致性：事实和政策涵义 Einheitlichkeit der Beschäftigungsstatistik in China: Wahrheit und Bedeutung der Politik. 中国人口科学, 3.

Cai, Y. M. 蔡. 扬. (2005). 近五年我国独生子女研究的现状与问题 [Zustand und Probleme: fünf Jahre Forschung zur Einzelkindern in China]. Beijing: 中国青少年研究网.

Campbell, J. P., Pritchard, R. D. (1976). Motivation theory in industrial and organizational psychology. In M. D. Dunnette (Ed.), Handbook of industrial an organizational psychology (pp. 63–130). Chicago: Rand McNally College Publ. Co.

Cascio, W. F. (1978). Applied Psychology in Personnel Management. Reston, Vir.: Reston.

Che, X. L. 车. 艳. (2004). 对当代我国大学生道德价值观的反思 [Nachdenken über Moral und Wertorientierung der chinesischen Studenten]. Journal of Yuncheng University (运城学院学报), 22 (1), 100–102.

Chen, C. C. (1995). New Trends in Rewards Allocation Preferences: A Sino-U.S. Comparison. Academy of Management Journal, 38(2), 408–428.

Chen, C. C., Chen, X.-P., Meindl, J. R. (1998). How can cooperation be fostered? The cultural effects of Individualism-Collectivism. (2), 285–304.

Cheng, Y., Stockdale, M. S. (2003). The validity of the three-component model of organizational commitment in a Chinese context. Journal of Vocational Behaviour, 62, 465–489.

Child, J., Lu, Y. (1995). Führungsforschung in China. In A. Kieser (Hrsg.), Handwörterbuch der Führung (Vol. 2, S. 585–595). Stuttgart: Schäffer-Poeschel.

Chinahrd.net (2005). 近八成中国人希望在工作中能被人尊重 [80 % der Chinesen betrachten »von anderen respektiert werden« als sehr wichtig]. 北京.

Coffman, C. W. (2005). Are Chinese Workplaces fit for Long-term growth (Online Publication). Washington: The Gallup Organisation.

Colarelli, S. M. (1984). Methods of Communication and Mediating Processes in Realistic Job Previews. Journal of Applied Psychology, 69(4), 633–642.

Conger, J. A., Kanungo, R. N. (1987). Towards a behavioral theory of charismatic leadership in organizational settings. Academy of management review, 12, 637–647.

Daft, R. L., Lengel, R. H. (1984). Information Richness: A new approach to managerial behavior and organization design. In L. L. Cummings, M. Barry (Eds.), Research in Organizational Behavior (pp. 191–233). Berkeley, CA: Elsevier.

Daft, R. L., Lengel, R. H. (1986). Organizational Information Requirements, Media Richness and Structural Design. Management Science, Nr. 5, 554–571.

Daft, R. L., Lengel, R. H., Trevino, L. K. (1987). Message Equivocality, Media Selection and Manager Performance: Implications for Information Systems. MIS Quarterly, Vol. 11, 355–366.

Derr, C. B., Laurent, A. (1989). Internal and external careers: A theoretical and cross cultural perspective. In M. B. Arthur, D. T. Hall B. S. Lawrence (Eds.), Handbook of Career Theory (pp. 454–471). Cambridge: Cambridge University Press.

Dreesmann, H. (1996). Motivation im interkulturellen Kontext. In N. Bergemann A. J. Sourisseaux (Hrsg.), Interkulturelles Management (2. Aufl., S. 81–110). Heidelberg: Physica-Verlag.

Dreyer, H. (1973). Beitrag zur Motivationsanalyse für das Betriebliche Vorschlagswesen. Arbeit und Leistung, 27. Jg., 187–189.

Drumm, H. J. (2000). Personalwirtschaft (4., überarb. und erw. Aufl.). Berlin u. a.: Springer.

Drumm, H. J. (2005). Personalwirtschaft (5., überarb. und erw. Aufl.). Berlin u. a.: Springer.

Duan, Q., Huang, X. (1986). 国人行政经理人学研究：香港与上海地区的分析 [Research into compatriot managers. An analysis of Hongkong and Shanghai]. Hong Kong: Chinese University.

Dycke, A., Schulte, C. (1986). Cafeteria-Systeme, Ziele, Gestaltungsformen, Beispiele und Aspekte der Implementierung. DBW, 46. Jg., 577–589.

e-fellows.net. (2005). Employer Branding 2005. München: e-fellows, HHL, tns infratest, Die Zeit.

Elizur, D. (1984). Facets of Work Values: A Structural Analysis of Work Outcomes. Journal of Applied Psychology, 69, 379–389.

England, G. W. (1978). Managers and their value systems: A five-country comparative study. Colombia Journal of World Business, Summer, 35–44.

Evans, M. G. (1995). Führungstheorien. Weg-Ziel-Theorie. In A. Kieser, G. Reber, R. Wunderer (Hrsg.), Handwörterbuch der Führung (S. 1075–1092). Stuttgart: Poeschel.

Evans, P. A. L. (1992). Developing leaders and managing development. European Management Journal, 10(1), 1–9.

Feng, J. 冯. 杰., Han, S.-J. 韩. 树. (2002). 中国社会保障 [Soziale Sicherheit in China]. 郑州: 河南人民出版社.

Festinger, L. (1957). A theory of cognitive dissonance. Evanston: Row and Peters.

Fiedler, F. E., Chemers, M. M., Mahar, L. (1979). Der Weg zum Führungserfolg, Ein Selbsthilfeprogramm für Führungskräfte Stuttgart: Poeschel.

Fisher, C. D., Yuan, A. X. Y. (1998). What motivates employees? A comparison of US and Chinese responses. The International Journal of Human Resource Management, 9 (3), 516–528.

Forschungsgruppe »Unternehmen in China«, 中. (2004). 中国企业经营者价值取向：现状与特征. 2004 年中国企业者成长与发展专题调查报告 [Werthaltungen von chinesischen Unternehmen: Zustand und Eigenschaften. Forschungsbericht über die Entwicklung chinesischer Unternehmen]. 管理世界 (Management Welt), 6.

Frey, B. S. (1997). Markt und Motivation: wie ökonomische Anreize die (Arbeits-)Moral verdrängen. München: Vahlen.

Frieling, E., Sonntag, K. (1999). Lehrbuch Arbeitspsychologie (2. Aufl.). Bern: Huber.

Frieling, H. (1989). Farbe am Arbeitsplatz (3. Aufl.). München: Max Schick GmbH.

Fürstenberg, F. (1962). Das Aufstiegsproblem in der modernen Gesellschaft. Stuttgart: Ferdinand Enke Verlag.

Fürstenberg, F., Strümpel, B. (1987). Wandel in der Einstellungen zur Arbeit. Haben sich die Menschen oder hat sich die Arbeit verändert. In L. Rosenstiel, von (Hrsg.), Wertwandel als Herausforderung für die Unternehmenspolitik (S. 17–22, 23–34). Stuttgart: Schäffer.

Gabrenya, W. K., Hwang, K.-K. (1996). Chinese Social Interaction: Harmony and Hierarchy on the Good Earth. In M. H. Bond (Ed.), The Handbook of Chinese Psychology (pp. 364–378). Hong Kong: Oxford University Press.

Gaugler, E. (1983). Flexibilisierung der Arbeitszeit. Zeitschrift für betriebswirtschaftliche Forschung, 35, 858–872.

Gebert, D. (1992). Organisationsklima. In E. Gaugler, W. Weber (Hrsg.), Handwörterbuch des Personalwesens (Sp. 1498–1507). Stuttgart: Poeschel.

Geier, J. G. (1969). A trait approach to the study of leadership in small groups. Journal of Communication, 17, 316–323.

Gentz, M. (1990). Leistung und Vergütung in der Personalpolitik. Personal, 42.(3), 118–123.

Giacobbe-Miller, J. K., Miller, D. J., Zhang, W. (1997). Equity, Equality and need as determinants of pay allocations. Employee Relations, 19(4/5), 309–321.

Gneveckow, J. (1982). Zur Sozialpolitik der industriellen Unternehmung: Theoretische Analyse der Zusammenhänge und der Auswirkungen. Unveröffentlichte Dissertation. Passau: Universität Passau.

Gomez-Mejia, L. R. (1984). Effect of Occupation on Task Related, Contextual, and Job Involvement Orientation: A Cross-Cultural Perspective. Academy of Management Journal, 27 (4), 706–720.

Goodall, K., Warner, M. (1999). Enterprise reform, labor-management relations, and human resource management in a multinational context. International Studies of Management & Organization, 29 (3), 21–36.

Graef, S. C. (1985). Executive Compensation. In C. Heyel (Ed.), The Encyclopedia of Management (3rd ed., pp. 285–291). New York: Reinhold.

Graen, G. B. (1969). Instrumentality theory of work motivation: Some experimental results and suggested modifications. Journal of Applied Psychology, 53, 1–21.

Granet, M. (1980). Die chinesische Zivilisation, Familie, Gesellschaft Herrschaft von den Anfängen bis zur Kaiserzeit. München: dtv.

Graumann, C. F. (1969). Einführung in die Psychologie: Bd. 1: Motivation. Bern: Huber.

Grawert, A. (1989). Die Motivation der Arbeitnehmer durch betrieblich beeinflussbare Sozialleistungen. München u. Mering: Hampp.

Groeling, E. v. (1972). Chinas langer Marsch. Wohin? Innere Entwicklung und Organisation in der Volksrepublik China 1949 bis 1971. Stuttgart-Degerloch: Seewald.

Groth, U., Kammel, A. (1993). Betriebliche Sozialleistungsmanagement. Personalwirtschaft, 20 (9), 35–36.

Haag, O. (2003). Teilzeitarbeit auf dem Vormarsch. Personal, 55 (6), 60–63.

Haarland, H. P. (1990). Arbeitszeitflexibilisierung aus der Sicht des Mittelstands. Ergebnisse aus einer empirischen Untersuchung. In K.-F. Ackermann, M. Hofmann (Hrsg.), Innovatives Arbeitszeit- und Betriebszeitmanagement (S. 43–67). Frankfurt/Main u. New York: Campus.

Hackman, J. R., Oldham, G. R. (1974). The job diagnostic survey. New Haven: Yale Univ. Pr.

Hall, E. T., Hall, M. R. (1990). Understanding Cultural Differences. Yarmouth, ME: Intercultural Press.

Hanisch, D. (2003). Zur Eignung westlichen Teamtrainings für kollektivistisch orientierte chinesische Manager. Eulen nach Athen tragen? zfo, 5, 266–271.

Harpaz, I. (1990). The importance of work goals: An International Perspective. Journal of international business studies, First Quarter, 75–93.

Hauser, E. (1993). Coaching. In L. von Rosenstiel, E. Regnet, M. Domsch (Hrsg.), Führung von Mitarbeitern. Stuttgart: Poeschel.

Heckhausen, H. (1989). Motivation und Handeln. Berlin: Springer.

Heidack, C. (1992). Vorschlagswesen, Betriebliches. In Handwörterbuch des Personalwesens (2. Aufl., S. 2299–2316). Stuttgart: Poeschel.

Heidack, C., Brinkmann, E. P. (1987). Unternehmenssicherung durch Ideenmanagement: Bd. 2, Mehr Erfolg durch Motivation, Teamarbeit und Qualität (2. Aufl.). Freiburg im Breigau: Haufe.

Hentze, J. (1994). Personalwirtschaftslehre 1, Grundlagen, Personalbedarfsermittlung, -beschaffung, -entwicklung und -einsatz (6. Aufl.). Bern, Stuttgart u. Wien: Haupt.

Hentze, J. (1995). Personalwirtschaftslehre 2, Personalerhaltung und Leistungsstimulation, Personalfreistellung und Personalinformationswirtschaft. (6. Aufl.). Bern, Stuttgart u. Wien: Haupt.

Hentze, J., Kammel, A. (2001). Personalwirtschaftslehre 1, Grundlagen, Personalbedarfsermittlung, -beschaffung, -entwicklung und -einsatz (7. überarb. Aufl.). Bern, Stuttgart u. Wien: UTB.

Hentze, J., Kammel, A., Lindert, K. (1997). Personalführungslehre: Grundlagen, Funktionen und Modelle der Führung (3. Aufl.). Bern; Stuttgart u. Wien: Haupt.

Herrmann-Pillath, C. (1990). China. Kultur und Wirtschaftsordnung, eine system- und evolutionstheoretische Untersuchung. Stuttgart u. New York: Gustav Fischer.

Herrmann-Pillath, C. (1997). Unternehmensführung im chinesischen Kulturraum. In A. Clement, W. Schmeisser (Hrsg.), Internationales Personalmanagement. München: Valen.

Hersey, P., Blanchard, K. H. (1993). Management of organizational behavior. Utilizing human resources (6. Aufl.). Englewood Cliffs: NJ Prentice Hall

Herzberg, F., Mausner, B., Snyderman, B. (1959). The motivation to work. New York: Wiley & Sons.

Ho, D. Y. E. (1989). Socialisation in contemporary mainland China. Asian Thought and Society, 14, 136–149.

Hochmeister, J. (1985). Erfolgsbeteiligung des Managements auf Grundlage strategischer Leistungen. Wien: Fachverl. an d. Wirtschaftsuniv. Wien.

Hofstede, G. (1980). Culture's consequences: International differences in work-related values. Newbury Park, CA: Sage.

Hofstede, G. (1993). Cultural constraints in management theories. Academy of management Executive, 7(1), 81–94.

Hofstede, G. (2001a). Culture's consequences: comparing values, behaviors, institutions, and organizations across nations (Vol. 2). Thousand Oaks: Sage.

Hofstede, G. (2001b). Lokales Denken, globales Handeln: Interkulturelle Zusammenarbeit und globales Management (2. Aufl.): Deutscher Taschenbuch Verlag.

Hofstede, G., Bond, M. H. (1988). The Confucius Connection: From cultural roots to economic growth. Organizational Dynamics, 16 (4), 5–21.

Hofstetter, H. (1985). Betriebliche Weiterbildung in Deutschland. Personal, 37 (1), 17–23.

Hollander, E. P. (1978). Leadership Dynamics, A practical guide to effective relationships. New York.

House, R. J. (1971). A path-goal theory of leader effectiveness. Administrative science quarterly, 16, 321–338.

House, R. J., Mitchell, J. M. (1974). Path-goal-theory of leadership. Journal of contemporary business, 3, 81–97.

Hsu, F. L. K. (1948). Under the Ancestors' Shadow. New York: Columbia University Press.

Hsu, F. L. K. (1961a). Clan, Caste, and Club. Prenceton: Van Nostrand Co.

Hsu, F. L. K. (1961b). Kinship and Ways of Life: An Exploration. In F. L. K. Hsu (Ed.), Psychological Anthropology: Approaches to Culture and Personality. Homewood: Dorsey Press.

Huang, J. H. 黄. 坚. (1964). 瑞文氏非文字推理测试之应用 [Umsetzung eines nicht sprachlichen Logiktests]. 测验年刊, 11, 20–23.

Hwang, G. G. 黄. 光. (1995). 儒家价值观的现代转化：理论分析与实证研究 [Modernisierung der konfuzianischen Werte: Theoretische und empirische Forschung]. In 乔，健，潘，乃古 (Eds.), 中国人的观念与行为 (Denken und Verhalten der Chinesen). 天津: 天津人民出版社.

Hwang, G. G. 黄. 光. (2004). 人情与面子：中国人的权力游戏 [Face: Power game of Chinese people]. In 黄，光国, 胡，先缙 (Eds.), 面子：中国人的权力游戏 [Face: Power game of Chinese people]. 北京: 中国人民大学出版社.

Inglehart, R. (1998). Modernisierung und Postmodernisierung: Kultureller, wirtschaftlicher und politischer Wandel in 43 Gesellschaften. Frankfurt/Main u. New York: Campus.

Jackson, S. (1992). Chinese Enterprise Management: Reforms in Economic Perspective. New York: Walter de Gruyter.

Jenner, W. J. F. (1993). Chinas langer Weg in die Krise, die Tyrannei der Geschichte. Stuttgart: Klett-Cotta.

Jerrentrup, H., H. (1999). Interkulturelle Managementsysteme in internationalen Unternehmen am Beispiel »Asien«. In W. Bühler, T. Siegert (Hrsg.), Unternehmenssteuerung und Anreizsysteme (S. 141–149). Stuttgart: Schäffer-Poeschel.

Jiang, L. 江. 流., Lu, X. Y. 陆. 学. (1996). 1996 社会蓝皮书 [Soziales Blaubuch 1996]. 北京: 中国社会科学出版社.

Jiang, S., Hall, R. H., Loscocco, K. L., John, A. (1995). Job Satisfaction Theories and Job Satisfaction: A China and U.S. Comparison. Research in the Sociology of Work, 5, 161–178.

Jochmann, W. (1990). Berufliche Veränderung von Führungskräften, Untersuchung zu den zugrundeliegenden Entscheidungs- und Motivationsprozessen. Stuttgart: Verl. für Angewandte Psychologie.

Jung, H. (2003). Personalwirtschaft (5., überarb. U. erw. Aufl.). München u. Wien: Oldenbourg Verlag.

Kahn, H. (1979). World economic development: 1979 and beyond. London: Croom Helm.

Kao, J. (1993). The cultural diversity of western conception of management. International Studies of Management and Organization, 13 (1–2), 75–96.

Kasteleiner, R. H. (1974). Partnerschaft und humane Arbeitswelt im Unternehmen von morgen: Wert- u. Zielvorstellungen eines Unternehmers. Düsseldorf: Rau.

Katz, D., Kahn, R. L. (1966). The social psychology of organization. New York u. a.: Wiley.

Keller, J. V. (1995). Kulturabhängigkeit der Führung. In A. Kieser (Hrsg.), Handwörterbuch der Führung 2 (S. 1398–1405). Stuttgart: Poeschel.

Kirkpatrick, S. A., Locke, E. A. (1991). Leadership: Do traits matter? Academy of managment executive, 5, 48–60.

Klages, H. (1985). Wertorientierungen im Wandel: Rückblick, Gegenwartsanalyse, Prognosen (2. Aufl.). Frankfurt/Main u. New Work: Campus.

Klages, H. (1987). Indikatoren des Wertewandels. In L. von Rosenstiel, H. E. Einsiedler, R. K. Streich (Hrsg.), Wertewandel als Herausforderung für die Unternehmenspolitik (S. 1–16). Stuttgart: Schäffer.

Korb, M. (1998). Personalmanagement (2 Aufl.). Berlin: Berlin Verlag.

Kossbiel, H. (1995). Anerkennung und Kritik als Führungsinstrumente. In A. Kieser (Hrsg.), Handwörterbuch der Führung (S. 22–32). Stuttgart: Schäffer-Poeschel.

Kumar, B. N. (1991). Kulturabhängigkeit von Anreizsystemen. In G. Schanz (Hrsg.), Handbuch Anreizsysteme in Wirtschaft und Verwaltung (S. 127–148). Stuttgart: Poeschel.

Laaksonen, O. (1984). The management and power structure of Chinese enterprises before and after the Culture Revolution: with empirical data comparing Chinese and European enterprises. Organization Studies, 5 (1), 1–21.

Laurent, A. (1986). The cross-cultural puzzle of global human resource management. Human Resource Management 25 (1), 91–102.

Lawler, E. E. (1971). Pay and Organizational Effectiveness: A Psychological View. New York: McGraw-Hill Education.

Lawler, E. E. (1977). Motivierung in Organisationen. Bern: Haupt.

Lee, S.-H. (1992). Berufliche Weiterbildung und Aufstiegserweiterung am Beispiel der Teilnehmer an der Export-Akademie Baden-Württemberg. Unveröffentlichte Dissertation. Stuttgart: Universität Stuttgart.

Lee, W. (2002). Probleme der Gestaltung der innerbetrieblichen Beziehungen zwischen Belegschaften und Management in koreanischen Unternehmen in Deutschland. University Dortmund, Dortmund.

Lemming, F. (1977). Street Studies in Hong Kong. Hong Kong: Oxford University Press.

Lesieur, F. (1958). The Scanlon Plan. New York: John Wiley.

Leung, K., Bond, M. H. (1984). The Impact of Cultural Collectivism on Reward Allocation. Journal of Personality and Social Psychology, 47 (4), 793–804.

Li, P. L. 李. 沛. (2004). 中国贫富差距的心态影响和治理对策 [Einflüsse der Distanz zwischen reich und arm auf die chinesische Gesellschaft und Gegenmaßnahmen]. In 李，沛林，李，强, 孙，立平 (Eds.), 中国社会分层 (pp. 93–104). Beijing: 社会科学文献出版社.

LI, Q. 李. 强. (2004). 中国社会分层结构的新变化 [Veränderung der Struktur von chinesischen Gesellschaftsschichten]. In 李，沛林，李，强, 孙，立平 (Eds.), 中国社会分层 (pp. 16–41). Beijing: 社会科学文献出版社.

Lieberthal, K., Lieberthal, G. (2004). Countdown zur Marktwirtschaft. Harvard Business Manager, January, 21–37.

Likert, R. (1961). New Patterns of Management. New York: McGraw-Hill.

Likert, R. (1967). The Human Organization. New York: McGraw-Hill.

Lin, L.-Q. 凌. 文., Fang, L.-L. 方. 俐. (2000). 领导与激励 [Führung und Motivation]. In. Beijing: 机械工业出版社.

Lin, L.-Q. 凌. 文., Fang, L.-L. 方. 俐., Bai, L.-G. 白. 利. (1999). 我国大学生职业价值观研究 [Arbeitsrelevante Werte chinesischer Studenten]. 心理学报, 3, 342–348.

Lin, Y. T. (1935). My Country and My People. New York: John day book.

Lindell, M., Rosenqvist, G. (1992). Management Behavior Dimensions and Development Orientation. Leadership Quarterly, Winter, 355–377.

Ling, W. Q., Fang, L. L., Khanna, A. (1991). The Study of implicit leadership theory in China (in Chinese). Acta Psychologica Sinica, 3.

Liu, X. 刘. 欣. (2004). 转型期中国城市居民的阶层意识 [Klassenideologie der chinesischen Stadtbevölkerung während der Transformationsprozesse in China]. In 李，沛林，李，强，孙，立平 (Eds.), 中国社会分层 (pp. 207–224). Beijing: 社会科学文献出版社.

Lockett, M. (1987). The economic environment of management. In Warner (Ed.), Management Reforms in China (pp. 8–23). London: Frances Pinter.

Lockett, M. (1988). Culture and the Problems of Chinese Management. Organization Studies, 9 (4), 475–496.

Lu, X. Y. 陆. 学., Li, P. L. 李. 沛. (1997). 中国新时期社会发展报告 [Bericht über die derzeitige soziale Entwicklung in China]. 长春: 辽宁人民出版社.

Lu, X. 鲁. 迅. (1991). 说面子 [Diskussion über »Mian-Zi«]. In 鲁迅全集. 北京: 人民文学出版社.

Luo, C. L. 罗. 楚. (2004). 经济转轨与不确定性：微观视角 [Die Transformation der Wirtschaft und Unvorhersehbarkeit: eine Mikroperspektive]. 经济研究资料 [Sammlung der Wirtschaftsforschung], 9.

Luo, W. H., Wei, R., Chen, D. W., Pan, Z. D. (1991). Comparing Research of Job Satisfaction among China Main Land, Hong Kong and Tai Wai. Research about China Main Land, 45(1), 1–17.

Macharzina, K. (1987). Kommunikationspolitik und Führung. In A. R. Kieser, G. Reber, R. Wunderer (Hrsg.), Handwörterbuch der Führung (Enzyklopädie der Betriebswirtschaftslehre) (S. 1210–1221). Stuttgart: Poeschel.

Madsen, K. (1968). Modern theories of motivation. Kopenhagen: Madsen & Muntesgaard.

Mall, R. A. (1997). Interkulturelle Kompetenz. Zur Bedeutung der Grundkenntnisse asiatischen Denkens unter besonderer Berücksichtigung des indischen und chinesischen. In A. Clemont, W. Schmeisser (Hrsg.), Internationales Personalmanagement (S. 49–64). München: Valen.

Markus, H. R., Kitayama, S. (1991). Culture and the Self: Implications for Cognition, Emotion, and Motivation. Psychological Review, 98 (2), 224–253.

Maslow, A. H. (1954). Motivation and Personality. New York: Harper.

Mayne, L., Tregaskis, O., Brewster, C. (1996). A comparative analysis of the link between flexibility and HRM strategy. Employee Relations, Vol. 18, Nr. 3, 5–24.

McClelland, D. (1961). The Achieving Society. Princeton, N. J.: Van Nostrand.

McClelland, D. (1963). Motivational Patterns in Southeast Asia: With Special Reference to the Chinese Case. Journal of Social Issues, 19, 6–19.

McComb, R. (1999). 2009: China's human resources odyssey. The China Business Review, 26 (5), 30–33.

McGregor, D. (1960). The human side of enterprise. New York: McGraw-Hill.

Melvin, S. (2000). Human resources take center stage. The China Business Review, 27 (6), 38–40.

Meng, F. (2004). Sehen deutsche Manager den Boom in China zu optimistisch? Harvard Business manager, 1, 68.

Mentzel, W. (1989). Unternehmenssicherung durch Personalentwicklung, Mitarbeiter motivieren, fördern und weiterbilden (4., aktual. Aufl.). Freiburg im Breisgau: Haufe.

Mercer, H. C. (2004). Nanjing China Survey Profile. All Industry, 5 (Survey). Beijing: Mercer Human Resource Consulting

Meyer, J. P., Allen, N. J. (1991). A three-component conceptualization of organizational commitment. Human Resource Management Review, 1, 61–89.

Mordon, T. (1995). International Culture and Management. Management Decision, 33 (2), 16–22.

Morris, C. (1956). Varieties of Human Values. Chicago: University of Chicago Press.

MOW International Research Team. (1987). The Meaning of Working. London: Academic Press.

Mowday, R. T., Steers, R. M., Porter, L. W. (1979). The measurement of organizational commitment. Journal of Vocational Behavior, 14, 224–247.

Nerdinger, F. W. (1995). Motivation und Handeln in Organisationen. Stuttgart: Kohlhammer.

Neuberger, O. (1972). Experimentelle Untersuchung von Führungsstilen. Gruppendynamik, 3, 191–219.

Neuberger, O. (1974a). Messung der Arbeitszufriedenheit, Verfahren und Ergebnisse. Stuttgart: Kohlhammer.

Neuberger, O. (1974b). Theorien der Arbeitszufriedenheit. Stuttgart: Kohlhammer.

Neuberger, O. (1976). Führungsverhalten und Führungserfolg. Berlin: Duncker & Humblot.

Neuberger, O. (1984). Führung. Stuttgart: Enke.

Neuberger, O. (1985a). Arbeit: Begriff – Gestaltung – Motivation – Zufriedenheit. Stuttgart: Enke.

Neuberger, O. (1985b). Miteinander arbeiten – miteinander reden! (6. Aufl.). München: Bayerisches Staatsministerium für Arbeit und Sozialordnung.

Neuberger, O. (1987). Organisationsklima als Einstellung zur Organisation. In C. G. Hoyos, W. Kroeber-Riel, L. von Rosenstiel, B. Strümpel (Hrsg.), Wirtschaftspsychologie in Grundbegriffen, Gesamtwirtschaft – Markt, Organisation – Arbeit (2. Aufl., S. 128–137). München-Weinheim: Psychologie Verlags Union.

Neuberger, O. (1991). Mikropolitik. In L. von Rosenstiel, E. Regnet, M. Domsch (Hrsg.), Führung von Mitarbeitern (S. 35–42). Stuttgart: Schäffer.

Nevis, E. C. (1983a). Cultural Assumptions and Productivity: The United States and China. Sloan Management Review, Spring, 17–29.

Nevis, E. C. (1983b). Using an American perspective in understanding another culture: toward a hierarchy of needs for the People's Republic of China. Journal of applied Behavioural Science, 19(3), 249–264.

Oberhoff, E. (1973). Taschenbuch moderner Lohnformen, der Einfluss der Lohnform auf Wirtschaftlichkeit und Lohngerechtigkeit. Heidelberg: Sauer.

Oh, T. K. (1976). Theory Y in the People's Republic of China. California Management Review, XIX (2), 77–83.

Opletal, H. (1981). Die Informationspolitik der Volksrepublik China, von der »Kulturrevolution« bis zum Sturz der »Viererbande«. Bochum: Brockmeyer.

O'Reilly, C. A. (1983). The use of Information in Organizational Decision Making: A Model and some Propositions. Research in Organizational Behaviour, 5, 103–139.

Park, S. H., Luo, Y. D. (1998). Guanxi and organizational dynamics: Organizational networking in Chinese firms. Strategic Management Journal, 22, 455–477.

Patton, R. (1969). Interrelationship of organizational leadership style, type of work accomplished, and organizational climate with extrinsic and intrinsic motivation developed within the organization. Unpublished Dissertation. Washington: University of Washington.

Pawlowsky, P., Bäumer, J. (1996). Betriebliche Weiterbildung: Management von Qualifikation und Wissen. München: C. H. Beck'sche Verlagsbuchhandlung.

Payne, R., Pugh, D. S. (1976). Organizational structure and climate. In M. D. Dunnette (Ed.), Handbook of industrial and organizational psychology (pp. 1125–1173). Chicago: Rand McNally.

Pennings, J. M. (1993). Executive reward systems: A cross-national comparison. Journal of Managment Studies, 30 (2), 261–280.

Pinchot, G. (1988). Intrapreneuring. Mitarbeiter als Unternehmer. Wiesbaden: Gabler.

Porter, L. W., Lawler, E. E. (1968). Managerial attitudes and performance. Homewood: Irwin-Dorsey.

Posth, M., Rieken, A. (1998). Personalmanagement in der Volksrepublik China: Erfahrungen des Volkswagen-Konzerns in seinen Joint Ventures. In B. N. Kumar, D. Wagner (Hrsg.), Handbuch des internationalen Personalmanagement. München: Beck.

Pye, L. W. (1984). China. Boston: Littel, Brown and Company.

Qu, X. W. 瞿. 学. (1998). 中国人：脸面类型，关系构成与群体意识 [Chinesen: Typisierung der Identität, Beziehungsstrukturen und Ideologie von Gruppen]. In 沙联香 (Ed.), 社会学家的沉思:中国社会的文化心理 (pp. 262–296). 北京: 中国社会出版社.

Qu, X. W. 瞿. 学. (1999). 个人地位： 一个概念及其分析框架：中国日常社会的真实建构 [Persönlicher Status: Reale Struktur der chinesischen Gesellschaft]. 中国社会科学, 4.

Qu, X. W. 瞿. 学., Qu, Y. 屈. 勇. (1995). 中国人的价值观：传统与现代的一致与冲突 (Die Werthaltungen der Chinesen: Einheitlichkeit und Konflikt zwischen Tradition und Moderne). 社会学研究 (Forschung der Soziologie).

Quintanilla, A. R. (1984). Bedeutung des Arbeitens, Entwicklung und empirische Erprobung eines sozialwissenschaftlichen Modells zur Erfassung arbeitsrelevanter Werthaltungen und Kognitionen. Dissertation. Berlin: Techn. Univ.

Ralston, D. A., Gustafson, D. J., Cheung, D. J., H., T. R. (1993). Differences in managerial values: A study of U. S., Hong Kong and PRC managers. Journal of international business studies, 24 (2), 249–275.

Ralston, D. A., Holt, D. H., Terpstra, R. H., Yu, K.-C. (1997). The impact of national culture and economic ideology on managerial work values: A study of the United States, Russia, Japan, and China. Journal of international Business Studies, 28, 177–208.

Ralston, D. A., Yu, K.-C., Wang, X., Terpstra, R. H., He, W. (1996). The cosmopolitan chinese manager: Findings of a study on managerial values across the six regions of China. Journal of international Management, 2, 79–109.

Redding, S. G. (1980). Cognition as an aspect of culture and its relation to management processes: an exploratory view of the Chinese case. Journal of management studies, 17 (2), 127–148.

Rehu, M., Lusk, E., Wolff, B. (2004). A Performance Motivator in one Country. A Discentive in Another?: New Institutional Economic Analysis of Performance Incentives in a Cross-National Setting. Paper presented at the 7. Kolloquium zur Personalökonomie.

Rice, A. K. (1958). Productivity and social organization: The abmedabad experiment. London: Tavistock Publications.

Riekhof, H.-C. (Hrsg.). (1995). Personalentwicklung als Führungsinstrument. Stuttgart: Poeschel.

Riesman, D. (1958). Die einsame Masse: Eine Untersuchung der Wandlungen des amerikanischen Charakters. Darmstadt, Berlin-Frohnau und Neuwied: Hermann Luchterhand Verlages.

Robbins, S. P. (2003). Organizational Behavior (10th ed.). New Jersey u. a.: Prentice Hall, Pearson Education International.

Ronen, S., Kraut, A. I. (1977). Similarities among countries based on employee work values and attitudes. Colombia Journal of World Business, Summer.

Rosenstiel, L. von (1975). Die motivationalen Grundlagen des Verhaltens in Organisationen. Leistung und Zufriedenheit. Berlin: Duncker & Humblot.

Rosenstiel, L. von (1976). Probleme und Kriterien der Weiterbildungsmotivation. Verwaltung und Fortbildung, 3/76, 115–130.

Rosenstiel, L. von (1987a). Wandel in der Karrieremotivation. Verfall oder Neuorientierung. In L. von Rosenstiel, H. E. Einsiedler, R. K. Streich (Hrsg.), Wertewandel als Herausforderung für die Unternehmenspolitik (S. 35–52). Stuttgart: Schäffer.

Rosenstiel, L. von (1987b). Partizipation und Veränderung im Unternehmen. In L. von Rosenstiel, H. E. Einsiedler, R. K. Streich, S. Rau (Hrsg.), Motivation durch Mitwirkung. Stuttgart: Schäffer.

Rosenstiel, L. von (1992). Betriebsklima geht jeden an! (4. Aufl.). München: Bayerisches Staatsministerium für Arbeit und Sozialordnung, Familie, Frauen und Gesundheit.

Rosenstiel, L. von (1997). Teamentwicklung in der Geschäftsleitung. Zeitschrift für Arbeits- und Organisationspsychologie, 41, 163–167.

Rosenstiel, L. von (1999a). Motivationale Grundlagen von Anreizsystemen. In W. Bühler, T. Siegert (Hrsg.), Unternehmenssteuerung und Anreizsysteme: Kongress-Dokumentation 52. Deutscher Betriebswirtschafter-Tag 1998 (S. 47–78). Stuttgart: Schäffer-Poeschel.

Rosenstiel, L. von (1999b). Entwicklung von Werthaltungen und interpersonaler Kompetenz. Beiträge der Sozialpsychologie. In K. Sontag (Hrsg.), Personalentwicklung in Organisationen: Psychologische Grundlagen, Methoden und Strategien. Göttingen u. a.: Hogrefe.

Rosenstiel, L. von (1999c). Anerkennung und Kritik als Führungsmittel. In L. von Rosenstiel, E. Regnet, M. Domsch (Hrsg.), Handbuch für erfolgreiches Personalmanagement (S. 243–253). Stuttgart: Schäffer-Poeschel.

Rosenstiel, L. von (1999d). Motivation von Mitarbeitern. In L. von Rosenstiel, E. Regnet, M. Domsch (Hrsg.), Führung von Mitarbeitern, Handbuch für erfolgreiches Personalmanagement (S. 173–192). Stuttgart: Schäffer-Poeschel.

Rosenstiel, L. von (2000). Grundlagen der Organisationspsychologie: Basiswissen und Anwendungshinweise (4. Aufl.). Stuttgart: Schäffel-Poeschel.

Rosenstiel, L. von (2001a). Führung. In H. Schuler (Hrsg.), Lehrbuch der Personalpsychologie (1. Aufl., S. 317–347). Göttingen: Hogrefe.

Rosenstiel, L. von (2001b). Motivation im Betrieb: mit Fallstudien aus der Praxis (10., überarb. u. erw. Aufl.). Leonberg: Rosenberger Fachverl.

Rosenstiel, L. von (2003a). Grundlagen der Organisationspsychologie: Basiswissen und Anwendungshinweise (5. Aufl.). Stuttgart: Schäffer-Poeschel.

Rosenstiel, L. von (2003b). Motivation managen: Psychologische Erkenntnisse ganz praxisnah. Weinheim, Basel, Berlin: Beltz Verlag.

Rosenstiel, L. von, Weinkamm, M. (1980). Humanisierung der Arbeitswelt: Vergessene Verpflichtung? Stuttgart: Poeschel.

Rosenthal, R., Jacobson, L. (1968). Pygmalion in the classroom: Teacher expectation and pupils' intellectual development. New York: Holt.

Rothlauf, J. (1999). Interkulturelles Management: mit Beispielen aus Vietnam, China, Japan, Russland und Saudi-Arabien. München; Wien: Oldenbourg.

Rousson, M. (1992). Die Bedeutung finanzieller Anreize zur Förderung der Leistungsbereitschaft von Mitarbeitern. In L. Probst (Hrsg.), Die Förderung der Leistungsbereitschaft des Mitarbeiters als Aufgabe der Unternehmungsführung (S. 303–319) Tapernoux u. Heidelberg: Physica-Verlag.

Rüttinger, B., Rosenstiel, L. von, Molt, W. (1974). Motivation des wirtschaftlichen Verhaltens. Stuttgart: Kohlhammer.

Sadler, G. (1970). Zur Problematik der gleitenden Arbeitszeit. ZfO, 141–145.

Sadowski, D. (1984). Der Handel mit Sozialleistungen. Zur Ökonomie und Organisation der betrieblichen Sozialpolitik. Die Betriebswirtschaft, 44, 579–590.

Sarges, W. (2000). Diagnose von Managementpotenzial für eine sich immer schneller und unvorhersehbarer ändernde Wirtschaftswelt. In L. von Rosenstiel, A. Thomas (Hrsg.), Perspektiven der Potenzialbeurteilung (S. 107–128). Göttingen: Verlag für Angewandte Psychologie.

Savin, V. (2005). Anreizgestaltung für russische Mitarbeiter deutscher Unternehmen in Russland. Berlin: Duncker & Humblot.

Schanz, G. (1991). Motivationale Grundlagen der Gestaltung von Anreizsystemen. In G. Schanz (Hrsg.), Handbuch Anreizsystem (S. 4–30). Stuttgart: Poeschel.

Schanz, G. (2000). Personalwirtschaftslehre. München: Vahlen.

Schanz, G., Klein, M., Wunderlich, L. (1991). Europäisierung der Unternehmenstätigkeit und Gestaltung von Anreizsystemen. In G. Schanz (Hrsg.), Handbuch Anreizsysteme in Wirtschaft und Verwaltung (S. 149–170). Stuttgart: Poeschel.

Schein, E. H. (1980). Organisationspsychologie (T. Münster, Trans.). Wiesbaden: Gabler.

Schmincke, H. (1988). Das Büro von morgen, Rationale Organisation, Kostengünstige Ausstattung und leistungssteigernde Arbeitsplatzgestaltung. München: Wilhelm Heyne Verlag.

Schneewind, K. A. (1973). Zum Selbstverständnis der Psychologie als anwendungsorientierter Wissenschaft vom menschlichen Handeln und Erleben. Psychologische Rundschau, 24, 227–247.

Schneider, S. C. (1988). National versus corporate Culture: Implications for Human Resource Management. Human Resource Management, 27 (2), 231–246.

Schneider, S. C., Barsoux, J.-L. (2002). Managing across cultures (Y.-H. Shi, Trans.). Beijing: Economic Management Publishing House.

Scholz, C. (2000). Personalmanagement, Informationsorientierte und verhaltenstheoretische Grundlagen (5te Aufl.). München: Vahlen.

Schubert, H. (2001). Humane Arbeit?: Die Forschungsprogramme in gesellschaftspolitischer Gesamtschau mit Entwurf eines Folgeprogramms. Unveröffentlichte Dissertation. Wuppertal: Bergische Universität-Gesamthochschule Wuppertal.

Schwalbach, J. (1999). Motivation, Kompensation und Performance. In W. Bühler, T. Siegert (Hrsg.), Unternehmenssteuerung und Anreizsysteme (S. 169–182). Stuttgart: Schäffer-Poeschel.

Sensenbrenner, J., Sensenbrenner, J. (1994). Personnel priorities. China Business Review, November-December, 40–45.

Shamir, B., House, R. J., Arthur, M. B. (1993). The motivational effects of charismatic leadership: a self-concept based theory. Organization Science, 4, 577–595.

Shang Guan, Z. M. 上. 子. (2004). 创造力危机：中国教育现状反思 [Krise der Innovationskräfte: Nachdenken über den Zustand der Bildung in China]. Shanghai: 华东师范大学出版社.

Shartle, C. L., Stogdill, R. M., Champbell, D. T. (1949). Studies in Naval Leadership. Columbus, OH.

Shenkar, O., Ronen, S. (1990). Culture, Ideology, or Economy: A comparative exploration of work goal importance among managers in Chinese Societies. Advances in International Comparative Management, 5, 117–134.

Silin, R. H. (1976). Leadership and Values: The organization of large scale taiwanese enterprises. Cambridge: Harvard University Press.

Singh, P. N., Huang, S. C., Thompson, G. C. (1962). A Comparative Study of Selected Attitudes, Values, and Personality Characteristics of American, Chinese, and Indian Students. Journal of Social Psychology, 57, 127–132.

Sirota, D., Greenwood, M. (1971). Understand your overseas work force. Harvard Business Review, January-February, 53–60.

Skinner, B. F. (1938). The behavior of organisms: An experimental analysis. New York: Appelton-Century.

Smith, C. A., Organ, D. W., Near, J. P. (1983). Organizational Citizenship Behaviour: Its Nature and Antecedents. Journal of Applied Psychology, 68, 653–663.

Smith, P. B., Wang, Z.-M. (1996). Chinese Leadership and Organizational Structures. In M. H. Bond (Ed.), The Handbook of Chinese Psychology (pp. 322–337). Hong Kong: Oxford University Press.

Solomon, R. H. (1965). Educational Themes in China's Changing Culture. China Quarterly 21, 154–170.

Staehle, W. H. (1994). Management, eine verhaltenswissenschaftliche Perspektive (7. Aufl.). München: Vahlen.

Staehle, W. H., Conrad, P. (1987). Organisationsklima und Führung. In A. Kieser, G. Reber, R. Wunderer (Hrsg.), Handwörterbuch der Führung (Sp. 1607–1618). Stuttgart: Poeschel.

Staudt, E., Rebbein, M. (1988). Innovation durch Qualifikation: Personalentwicklung und neue Technik. Frankfurter Zeitung.

Stewart, S., Him, C. C. (1990). Chinese Winners: Views of Senior PRC Managers on the Reasons for their Success. International Studies of Management and Organization, 20, 57–68.

Stogdill, R. M. (1972). Persönlichkeitsfaktoren und Führung. Ein Überblick über die Literatur. In M. Kunczik (Hrsg.), Führung, Theorien und Ergebnisse (1. Aufl., S. 86–123). Düsseldorf u. a.: Econ.

Strümpel, B. (1987). Wandel in der Einstellung zur Arbeit. Haben sich die Menschen oder hat sich die Arbeit verändert? In L. von Rosenstiel, H. E. Einsiedler, R. K. Streich (Hrsg.), Wertewandel als Herausforderung für die Unternehmenspolitik (S. 23–34). Stuttgart: Schäffer.

Sun, G. H. (1993). The five interpersonal relationships in the four books: a study of Confucian ethics. National Taiwan University Journal of Sociology, 22, 1–48.

Sun, L. P. 孙. 立. (2004). 转型与断裂：改革以来中国社会结构的变迁 [Transformation und Bruch: Veränderung der chinesischen sozialen Strukturen mit der Reform]. Beijing: 北京清华大学出版社.

Sun, L. P. 孙. 立., LI, Q. 李. 强., Shen, Y. 沈. (2004). 中国社会结构转型的近中期趋势与潜在危机 [Tendenz und Risiken der Reformierung der chinesischen Sozialstruktur]. In P. L. 李. 沛. Li, Q. 李. 强. LI, L. P. 孙. 立. Sun (Eds.), 中国社会分层. 北京: 社会科学文献出版社.

Tagiuri, R. (1968). The concept of organizational climate. In R. Tagiuri, G. H. Litwin (Eds.), Organizational climate: Explorations of a concept (pp. 11–32). Boston: Harvard University.

Teriet, B. (1977). Die Wiedergewinnung der Zeitsouveränität. In F. Duve (Hrsg.), Technologie und Politik, Bd. 8 (S. 75–111). Reinbek bei Hamburg: Rowohlt.

Testa, M. R., Mueller, S. L., Thomas, A. S. (2003). Cultural Fit and Job Satisfaction in a Global Service Environment. Management international Review, 43, 129–148.

The Chinese Culture Connection. (1987). Chinese values and the search for culture-free dimensions of culture. Journal of Cross-Cultural Psychology, 18 (2), 143–164.

The World Bank. (1998). 共享增长的收入 中国收入分配问题研究 [Gemeinsamer Genus von wachsendem Einkommen: Forschung über Einkommensverteilung in China]. 北京: 中国财政经济出版社.

Theis, E. (1992). Akkordlohn. In G. Weber (Hrsg.), Handwörterbuch des Personalwesens (2., neubearb. und erg. Aufl., S. 10–18). Stuttgart: Poeschel.

Thom, N. (1991). Anreizaspekte im Betrieblichen Vorschlagswesen. In G. Schanz (Hrsg.), Handbuch Anreizsysteme (S. 595–614). Stuttgart: Poeschel.

Thom, N. (1992). Die Förderung der Leistungsbereitschaft in betrieblichen Innovationsprozessen, Eine Analyse am Beispiel des Betrieblichen Vorschlagswesens. In C. Lattmann, G. J. B. Probst, F. Tapernoux (Hrsg.), Die Förderung der Leistungsbereitschaft des Mitarbeiters als Aufgabe der Unternehmensführung (S. 239–259). Heidelberg: Physica-Verlag.

Thomas, A. (1996). Aspekte interkulturellen Führungsverhaltens. In N. Bergemann, A. J. Sourisseaux (Hrsg.), Interkulturelles Management (2. Aufl., S. 35–58). Heidelberg: Physica-Verlag.

Triandis, H. C. (1995). Individualism and collectivism. Boulder, CO: Westview.

Trompenaars, F. (1993). Riding the waves of culture: Understanding diversity in global business. London: The Economist Books.

Tung, R. (1981). Patterns of Motivation in Chinese Industrial Enterprises. Academy of Management Review, 6 (3), 481–489.

Ulich, E. (1999). Lern- und Entwicklungspotenziale in der Arbeit. Beiträge der Arbeits- und Organisationspsychologie. In K. Sonntag (Hrsg.), Personalentwicklung in Organisationen: Psychologische Grundlagen, Methoden und Strategien (2. Aufl., S. 123–153). Göttingen: Hogrefe.

Ulich, E. (2001). Arbeitspsychologie, (4. Aufl.). Zürich: vdf, Hochschulverl. an der ETH Zürich.

Vertinsky, I., Tse, D. K., Wehrung, D. A., Lee, K.-H. (1990). Organizational Design and Management Norms: A Comparative Study of Manager's Perceptions in the People's Republic of China, Hong Kong, and Canada. Journal of Management, 16 (4), 853–867.

Volpert, W. (1990). Welche Arbeit ist gut für den Menschen?: Notizen zum Thema Menschenbild und Arbeitsgestaltung. In F. Frei, I. Udris (Hrsg.), Das Bild der Arbeit (S. 23–40). Bern: Huber.

Vroom, V. H. (1964). Work and Motivation. New York: Wiley.

Vroom, V. H., Yetton, P. W. (1975). Leadership and decision-making. Pittsburgh: Pittsburgh Press.

Wächter, H. (1991). Tendenzen der betrieblichen Lohnpolitik in motivationstheoretischer Sicht. In G. Schanz (Hrsg.), Handbuch Anreizsysteme (S. 195–215). Stuttgart: Poeschel.

Wagner, D. (1986). Möglichkeiten und Grenzen des Cafeteria-Ansatzes in der BRD. Betriebswirtschaftliche Forschung und Praxis (BfuP), 38, 16–27.

Wall, J. A. (1990). Managers in the People's Republic of China. Academy of management Executive, 4 (2), 19–32.

Weggel, O. (1973). Die Alternative China, Politik, Gesellschaft, Wirtschaft der Volksrepublik China. Bramsche: Hoffmann und Campe.

Weiner, B. (1996). Motivationspsychologie. Weinheim: Beltz.

Weinert, A. B. (1984). Menschenbilder in Organisations- und Führungstheorien. ZfO, 54, 30–62.

Weinert, A. B. (1987). Menschenbilder und Führung. In A. Kieser (Hrsg.), Handwörterbuch der Führung (S. 1427–1442). Stuttgart: Poeschel.

Weldon, E., Jehn, K. (1993). Work goals and work-related beliefs among managers and professionals in the United States and the People's Republic of China. Asia Pacific Journal of Human Resources, 1, 58–70.

Weldon, E., Vanhonacker, W. (1999). Operating a foreign-invested enterprise in China: Challenges for managers and management researchers. Journal of World Business, 34 (1), 94–107.

Wen, C. Y. 文. 崇. (1988). 从价值取向谈中国国民性 [Diskussion über die Nationalität der Chinesen aus einer Werteperspektive]. In 杨，国枢 (Ed.), 中国人的性格 (Nationalität der Chinesen). 台北: 桂冠图书公司.

White, R. K., Lippitt, R. (1960). Autocracy and Democracy. An experimental inquiry. New York: Harper.

Wildemann, H. (1996). Verbesserungsvorschläge: Leitfaden zur Einführung eines mitarbeiterorientierten, innovativen betrieblichen Vorschlagswesen. München: Transfer-Centrum Verlag GmbH.

Wilson, R. W. (1970). Learning to be Chinese. Cambridge: MIT Press.

Witt, F.-J. (1986). Bestimmungsgrößen der Mitarbeiteraktivität im Betrieblichen Vorschlagswesen. Betriebliches Vorschlagswesen, 12. Jg., 63–68.

Witte, E., Kallmann, A., Sachs, G. (1981). Führungskräfte der Wirtschaft: Eine empirische Analyse ihrer Situation und ihrer Erwartungen. Stuttgart: Poeschel.

Wolff, B. (2004). Internationales Human Resource Management: Internationalisierung und Vergütung [Electronic Version]. Retrieved Otto-von-Guericke-Universität, Magdeburg.

Wong, C. S., Law, K. S. (1999). Managing localization of human resources in the PRC: A practical model. Journal of World Business, 34 (1), 26–40.

Wright, P., Szeto, W. F., Cheng, L. T. W. (2002). Guanxi and professional conduct in China: A management development perspective. International Journal of Human Resource Management, 13:1, 156–182.

Wu, Y. H. 吴. 燕. (1991). 中国人口政策与独生子女的教养 [Bevölkerungspolitik und Erziehung des einzelnen Kindes in China] In 乔健 (Ed.), 中国家庭及其变迁 (pp. 277–286). Hong Kong: 中文大学.

Wu, Y. H. 吴. 燕. (1995). 华人父母的权威观念与行为: 海内外华人家庭教育之比较研究 [Autoritäre Einstellungen und Verhalten von chinesischen Eltern: Vergleich der chinesischen Familienerziehung im Inland und Ausland]. In 健. 乔, 乃. 潘 (Eds.), 中国人的观念与行为 (pp. 339–350). 天津: 天津人民出版社.

Xin, W.-P. 信. 卫. (2002). 公平与不平 当代中国的劳动收入问题 [Gerechtigkeit und Ungerechtigkeit: Forschung über Einkommensdistanz im modernen China]. 北京: 中国劳动社会保障出版社.

Xu, X. X. 许. 欣. (2004). 中国城镇居民贫富差距演变趋势 [Entwicklungstendenz der Einkommensunterschiede in chinesischen Städten]. In 李, 沛林, 李, 强, 孙, 立平 (Eds.), 中国社会分层 (pp. 76–85). Beijing: 社会科学文献出版社.

Yang, G. S. 杨. 国. (1989). 中国人的蜕变 [Veränderung der Chinesen]. 台北: 台北桂冠图书公司.

Yang, G. S. 杨. 国. (1993). 中国人的社会取向 [Soziale Neigung der Chinesen]. In 杨, 国枢, 余, 安邦 (Eds.), 中国人的心理与行为：理论与方法篇. 台北: 台北桂冠图书公司.

Yang, K. S. (1988). Will societal modernization eventually eliminate cross-cultural psychological differences. In M. H. Bond (Ed.), The cross-cultural challenge to social psychology. Newbury Park: Sage Publications.

Yang, K.-S. 杨. 国., Cheng, P.-S. 郑. 伯. (1989). 传统价值观，个人现代性及组织行为: 后儒家假说的一项微观验证 [Confucianized values, individual modernity, and organizational behavior: An empirical test of the post-confucian hypothesis]. 中央研究院民族学研究所季刊 (Bulletin of the institute of ethnology academia sinica), 64, 1–49.

Yang, Y. Y. 杨. 宜. (1995). 试论人际关系及其分类 [Persönliche Beziehungen und deren Kategorisierung]. 社会学研究 (Forschung der Sociologie), 5.

Yang, Y. Y. 杨. 宜. (1997). 自己人及其边界 [Die innere Gruppe und deren Grenzen]. Unpublished Dissertation, 中国社会科学院, 北京.

Yates, J. F., Lee, J.-W. (1996). Chinese Decision-making. In M. H. Bond (Ed.), The Handbook of Chinese Psychology. Hong Kong: Oxford University Press.

Yeung, I. Y. M., Tung, R. L. (1996). Achieving Business Success in Confucian Societies: The Importance of Guanxi. Organzational Dynamics, Autumn, 54–65.

Yu, W. Z. (1992). Motivational mechanism of the allocation system reform (in Chinese). Paper presented at the Proceedings of the annual conference of industrial psychology committee of the Chinese psychological society and cognitive society, Shanghai.

Zeng, M., Williamson, P. (2004). Die verborgenen Drachen. Harvard Business manager, Jan, 56–67.

Zerres, M. P. (1981). Aspekte einer Arbeitsfeld- und Arbeitsplatz-gestaltung. Frankfurt/Main: Haag und Herchen.

Zhu, Q. 朱. 谦. (1995). 中国大陆当今文化价值观念之探索 [Forschung über aktuelle Kultur und Werte in China]. In 乔, 健, 潘, 乃古 (Eds.), 中国人的观念和行为 (Denken und Verhalten der Chinesen) 天津: 天津人民出版社.

Zwarg, I., Nerdinger, F. W. (1998). Aufstiegserwartung in den neuen Bundesländern: Realistische Bewertung der Aufstiegsbedingungen oder sozialisationsbedingte Altlast. In L. von Rosenstiel, F. W. Nerdinger, E. Spieß (Hrsg.), Von der Hochschule in den Beruf. Wechsel der Welten in Ost und West (S. 169–183). Göttingen: Verlag für Angewandte Psychologie.

Sylvia Schroll-Machl
Die Deutschen – Wir Deutsche
Fremdwahrnehmung und Selbstsicht im Berufsleben

Die Globalisierung ist inzwischen allgegenwärtig. Diese Tatsache stellt viele Menschen vor neue Situationen: Kulturunterschiede sind nicht mehr nur etwas, was Touristen fasziniert und Wissenschaftler anregt, sondern sie sind weitgehend Alltag geworden, insbesondere auch in beruflichen Zusammenhängen.
Das Buch wendet sich an beide Seiten dieser geschäftlichen Partnerschaft: zum einen an jene, die mit Deutschen von ihrem Heimatland aus zu tun haben, oder als Expatriate, der für einige Zeit in Deutschland lebt, zum anderen an die Deutschen, die mit Partnern aus aller Welt im Geschäftskontakt stehen, sei es per Geschäftsbesuch oder via Kommunikationsmedien. Für die erste Gruppe ist es wichtig, Informationen über Deutsche zu erhalten, um sich auf uns einstellen zu können. Für Deutsche selbst ist es hilfreich zu erfahren, wie unsere nicht-deutschen Partner uns erleben, um uns selbst im Spiegel der anderen zu sehen.
Sylvia Schroll-Machl berichtet auf dem Hintergrund langjähriger Praxis als interkulturelle Trainerin und Wissenschaftlerin über viele typische Erfahrungen mit uns Deutschen und typische Eindrücke von uns.
Es geht ihr aber auch darum, diese Erlebnisse und Erfahrungen aus deutscher Sicht zu beleuchten, damit die nicht-deutschen Partner entdecken, wie wir eigentlich das meinen, was wir sagen und tun. Zudem beschäftigt sich die Autorin auch mit den kulturhistorischen Hintergründen, die uns Deutsche prägen.

Auch in englischer Sprache erhältlich:
Doing Business with Germans
Their Perception, Our Perception

Sylvia Schroll-Machl writes about German cultural standards. Although her work is empirically ascertained and presented in a systematic way, she is able to maintain a certain self-critical levity. Her target groups are Germans and foreigners, who vocationally have something to do with Germans. Her goal is to promote mutual understanding and to offer assistance for intercultural interactions.

Trainingsprogramm für den beruflichen Aufenthalt in China

V&R

Alexander Thomas /
Eberhard Schenk
Beruflich in China
Trainingsprogramm für Manager,
Fach- und Führungskräfte

Handlungskompetenz im Ausland.
2. Auflage 2005. 148 Seiten mit 11
Cartoons von Jörg Plannerer, kartoniert
ISBN 978-3-525-49050-1

Ein Markt mit einer Milliarde Menschen.
Die Trainingsmaterialien bieten künftigen Geschäftsreisenden eine bessere Vorbereitung auf die Tätigkeit und Lebenssituation in China. Anhand vieler Situationen aus verschiedenen Arbeits- und Lebensbereichen werden realistische Konflikte und problematische Erlebnisse geschildert, wie sie Deutschen in China bei wirtschaftlichen Kontakten typischerweise begegnen. Die Situationen wurden bei deutschen Managern, die in China tätig sind, gesammelt und in Zusammenarbeit mit deutschen und chinesischen Experten für das Trainingsprogramm aufbereitet.

– Darf der stellvertretende chinesische Abteilungsleiter seinen Chef vertreten?

– Können chinesische Trainees zugeben, dass sie etwas nicht verstanden haben?
– Warum trifft man bei der Vertragsunterzeichnung auf andere Verhandlungspartner als bei den Vorgesprächen?
– Warum schlafen chinesische Mitarbeiter ein, wenn ihnen ihr neuer deutscher Chef vorgestellt wird?

»Als Leser dieses Buches wird man zuweilen recht nachdenklich, man hinterfragt sein eigenes Kulturverständnis, kommt eventuell seinen eigenen, oft allzu schnellen Beurteilungen von kulturellen Besonderheiten auf die Schliche und reflektiert so sein eigenes Orientierungssystem. Selbst wenn, wie die Autoren betonen, das Buch kein Gruppentraining ersetzen kann, so leistet es doch wertvolle Sensibilisierungsarbeit. Was könnte es besseres geben, um sich als Fach- oder Führungskraft – nicht nur in China – in einen fruchtbaren Dialog mit anderen Menschen und seinen eigenen Vorstellungen zu begeben?«
Wirtschaftspsychologie aktuell

In der Reihe sind zahlreiche weitere Bände erschienen

Vandenhoeck & Ruprecht

Schlüsselqualifikation: Interkulturelle Handlungskompetenz

V&R

Alexander Thomas /
Eva-Ulrike Kinast /
Sylvia Schroll-Machl (Hg.)
Handbuch Interkulturelle Kommunikation und Kooperation

Band 1: Grundlagen und Praxisfelder

2., überarb. Auflage 2005. 463 Seiten
mit 23 Abb. und 14 Tab., kartoniert
ISBN 978-3-525-46172-3

Die Fähigkeit zur interkulturellen Kommunikation und Kooperation mit Menschen aus unterschiedlichen Nationen wird immer bedeutsamer. »Interkulturelle Handlungskompetenz« ist bereits eine von vielen Arbeitgebern geforderte Schlüsselqualifikation.
Die Autoren erläutern praxisorientiert die zentralen Begriffe interkultureller Kommunikation und Kooperation und den aktuellen Stand der Forschung. Sie diskutieren Methoden der Diagnose, des Trainings und der Evaluation von interkultureller Handlungskompetenz und behandeln interkulturelle Praxisfelder in Unternehmen, z.B. interkulturelle Personalentwicklung, sowie zentrale Managementfelder – beispielsweise Verhandlungsführung, Konfliktmanagement, Projektmanagement – unter interkulturellen Gesichtspunkten. Überlegungen zu einem strategischen Gesamtkonzept für interkulturelles Handeln in Unternehmen beschließen den Band.

Band 2: Länder, Kulturen und interkulturelle Berufstätigkeit

2., durchgesehene Auflage 2007.
398 Seiten mit 7 Abb. und 6 Tab.,
kartoniert
ISBN 978-3-525-46166-2

Ergänzend, aufbauend und weiterführend zu Band 1 widmet sich dieses Buch konkreten Ländern und Kulturen und gibt einen Überblick über interkulturelle Problemstellungen und Anforderungen in den unterschiedlichsten Berufsfeldern, in denen Internationalität eine Rolle spielt und interkulturelle Kompetenz gefragt und gefordert ist.

 Band 1 und 2 zusammen zum Vorzugspreis

ISBN 978-3-525-46186-0

Vandenhoeck & Ruprecht